水産総合研究センター叢書

日本漁業の制度分析
漁業管理と生態系保全

牧野 光琢 著

恒星社厚生閣

まえがき

　本書は，漁業制度を学び始めようとする学生，あるいは現場で漁業に関する研究や実務にたずさわっている方々を対象に，我が国漁業制度の包括的な理解を目的とした書である．

　本書の特徴は，大きく2つある．第1は，できるだけ多様な側面からの接近により，我が国漁業制度の輪郭描写を試みた点である．たとえば，我が国漁業を取り巻く自然生態系の特徴と社会経済の特徴を抽出したうえで，その特徴に即した議論の展開を試みた．また，通常の制度研究で用いられる法学的な考察に加え，制度の歴史的経緯の整理や国際比較，そして具体的な事例研究に章を割いている．

　本書のもう1つの特徴は，我が国漁業制度を多様なテーマに即して議論している点である．沿岸漁業，沖合漁業の具体事例に加え，海洋性レクリエーションや，生態系保全，海洋保護区，ユネスコ世界遺産，気候変動などのテーマを考察することにより，自然と人間のかかわり方に通底する一般原理への接近を試みた．本書の目的と構成について，より詳しくは第1章§3.を参照されたい．また，上記の2つの試みに本書がどの程度まで奏功しているかについては，読者諸賢のご批判に俟ちたい．

　このような包括的な制度研究アプローチは，京都大学大学院の恩師である北畠能房博士のご指導に拠る．なお，北畠先生からご教授頂いたもう1つの分析ツールである，定量経済分析については，紙幅の都合上，本書では引用に留めざるを得なかった．本書でも繰り返し述べたように，定量経済分析は，自然科学と並び，制度研究の強力な分析ツールである．稿を改めて上梓することとしたい．また，本書で紹介している視点や視座，あるいは具体事例分析については，ここではとても列記できないほど本当に数多くの恩師や共同研究者から頂いた助言と激励に負うところが大きい．ここに深く感謝の意を表させていただく．最後に，本書の出版にあたっては，恒星社厚生閣の小浴正博氏に温かいご理解とご尽力をいただいた．ここに記して御礼を申し述べる．

　2013年7月

(独) 水産総合研究センター中央水産研究所
牧野光琢

日本漁業の制度分析　漁業管理と生態系保全　目次

第1章　序　論 11
　§1. 制度とはなにか 11
　§2. なぜ漁業に関する制度が必要なのか 13
　　2・1　制度がないと，どうなるのか（13）　2・2　制度をつかって，なにができるのか（15）
　§3. 本書の目的と構成 16
　§4. 主な法律と用語の紹介 19
　　4・1　水産に関する主な法律（19）　4・2　用語の定義（22）
　コラム1　社会科学における資源の概念 24

第2章　日本漁業の姿 26
　§1. 自然の条件 26
　§2. 社会の条件 29
　§3. 日本漁業の国際的特徴 32
　§4. 漁業生産と資源の状況 33
　　4・1　漁業生産の推移（33）　4・2　水産資源の状況（36）
　　4・3　漁業就業者の状況（38）
　§5. 漁業の種類 39
　　5・1　漁具による分類（39）　5・2　漁場による分類（41）
　　5・3　管理体系による分類（42）
　コラム2　生物の環境と社会の関係を扱う学問分野 43

第3章　日本の漁業管理の沿革 45
　§1. 近世まで 45
　§2. 明治維新と近代化 48
　　2・1　明治維新（48）　2・2　明治漁業法（48）
　§3. 敗戦と戦後漁業制度改革 51

3・1　日本漁業を取り巻く社会状況（*51*）　3・2　現行漁業法の立法過程（*53*）
　§4．水産資源保護法と漁区拡張 ……………………………………………… *60*
　§5．まとめ ……………………………………………………………………… *62*
　コラム 3　制度の縦軸と横軸 ………………………………………………… *63*

第 4 章　現在の漁業管理制度 …………………………………………………… *65*
　§1．漁業法と総合的漁業調整 ……………………………………………… *65*
　　　1・1　漁業法の目的（*65*）　1・2　漁業権と漁業許可（*66*）
　　　1・3　漁業調整機構（*68*）
　§2．漁業管理の制度的枠組み ……………………………………………… *70*
　　　2・1　資源管理型漁業と資源管理協定（*70*）　2・2　資源回復計画と資源管理計画（*72*）　2・2　日本型 TAC（*75*）

第 5 章　漁業権の法的性格と国際的特徴 …………………………………… *78*
　§1．漁業権の法的性格 ……………………………………………………… *78*
　　　1・1　漁業経済学会と漁業法研究（*78*）　1・2　漁業権の法的性格に関する近年の議論（*79*）
　§2．アメリカと日本の制度比較 …………………………………………… *83*
　　　2・1　漁業権の比較（*83*）　2・2　漁業管理制度の比較（*84*）
　　　2・3　まとめ（*87*）
　コラム 4　世界の法系 ………………………………………………………… *89*
　コラム 5　英米法系の漁業管理制度とマグナカルタ ……………………… *90*

第 6 章　沿岸における漁業管理の事例 ……………………………………… *93*
　§1．日本の沿岸漁業の特徴 ………………………………………………… *93*
　§2．陸奥湾ナマコ漁業 ……………………………………………………… *94*
　　　2・1　背　景（*94*）　2・2　ナマコ漁業の概要（*96*）
　　　2・3　漁業管理のしくみ（*96*）
　§3．伊勢湾イカナゴ漁業 …………………………………………………… *98*

3・1　背　景（98）　3・2　イカナゴ漁業の概要（100）
　　3・3　漁業管理のしくみ（100）
　§4. 北部日本海ハタハタ漁業 102
　　4・1　背　景（102）　4・2　ハタハタ漁業の概要（104）
　　4・3　漁業管理のしくみ（104）
　コラム6　ハタハタの配分文化 106

第7章　沖合における漁業管理の事例 109
　§1. 京都府ズワイガニ底びき網漁業 109
　　1・1　背　景（109）　1・2　ズワイガニ漁業の概要（110）
　　1・3　漁業管理のしくみ（112）
　§2. 北部太平洋大中型まき網漁業 114
　　2・1　大中型まき網漁業の概要（114）　2・2　漁業管理のしくみ（115）　2・3　魚種交替現象の下での漁業管理（116）
　コラム7　魚種交替に応じた漁業管理とは 121

第8章　漁業管理と海洋性レクリエーション 123
　§1. 問題の背景 123
　§2. 判例の紹介 124
　　2・1　家島における遊漁と漁業（124）　2・2　大瀬崎におけるダイビングと漁業（127）
　§3. 制度的課題 128
　　3・1　3つの論点（128）　3・2　公物法理論における海の利用（129）　3・3　漁業権の海域利用管理権限（132）
　　3・4　漁業権侵害罪の実際（134）　3・5　まとめ（134）
　コラム8　制度としての群れと家族 135

第9章　漁業管理のこれから 138
　§1. 総合的な漁業管理の考え方 138

1・1　はじめに（*138*）　1・2　総合的な管理とは：目的について（*138*）　1・3　総合的な管理とは：評価基準について（*140*）　1・4　総合的な管理とは：管理手法について（*140*）
　§2. 日本漁業の3つの将来シナリオ *148*
　　　2・1　水産政策における価値観について（*148*）　2・2　グローバル競争シナリオ：産業効率重視型の自由主義的シナリオ（*149*）　2・3　国家食料供給保障シナリオ：食料供給の公共性を重視した平等主義的シナリオ（*151*）　2・4　生態的モザイクシナリオ：資源・環境保全の地域主義的シナリオ（*152*）
　§3. 国民の政策ニーズ把握とシナリオ評価 *153*

第10章　生物多様性条約と生態系アプローチ *156*
　§1. 生態系保全と漁業管理 *156*
　　　1・1　生態系と生物多様性（*156*）　1・2　漁業管理と生態系保全（*157*）
　§2. 国連生物多様性条約と生物多様性国家戦略 *158*
　§3. 生物多様性条約生態系アプローチ *159*
　§4. 日本の漁業管理制度の評価 *161*
　　　4・1　生態系サービスの提供（原則5）（*162*）　4・2　コンセンサスの形成（原則1, 11, 12）（*162*）　4・3　管理のためのインセンティブ（原則4）（*163*）　4・4　資源の保全と利用のバランス（原則6, 10）（*164*）　4・5　スケール横断的統合（原則2, 3, 7, 8）（*165*）　4・6　順応的能力の形成（原則9）（*165*）
　§5. まとめ *166*
　コラム9　漁業管理ツール・ボックス *167*
　コラム10　生態系保全をめぐる様々な用語 *168*

第11章　ミレニアム生態系評価 *170*
　§1. はじめに *170*
　　　1・1　ミレニアム生態系評価と生態系サービス（*170*）

1・2　漁業に関する記述の概要（*172*）
　§2. ミレニアム生態系評価において注目される概念 ………………*173*
　　2・1　権利に基づく漁業管理（*173*）　2・2　海洋保護区（*175*）
　　2・3　システムの非線形的変化とレジリエンス（*176*）
　§3. 漁業の現状に関する記述 ………………………………………*177*
　§4. まとめ …………………………………………………………*179*
　コラム11　総合研究における人文・社会科学の役割 ……………*181*

第12章　海洋保護区 …………………………………………………*183*
　§1. 背景と定義 ……………………………………………………*183*
　§2. 海洋保護区の分類 ……………………………………………*185*
　　2・1　国際自然保護連合（IUCN）による分類（*185*）
　　2・2　日本における分類（*186*）　2・3　自主的海洋保護区の
　　長所と課題（*190*）
　§3. 海洋保護区の社会的側面 ……………………………………*191*
　　3・1　海洋保護区の目的（*191*）　3・2　地域漁業者らの役割
　　（*192*）
　コラム12　里　海 …………………………………………………*193*

第13章　知床世界自然遺産 ………………………………………*195*
　§1. 知床世界自然遺産の概要 ……………………………………*195*
　　1・1　はじめに（*195*）　1・2　生態系の概要（*196*）
　　1・3　知床世界遺産海域における漁業（*197*）　1・4　遺産登
　　録までの経緯（*197*）
　§2. 知床方式 ………………………………………………………*198*
　　2・1　セクター間調整のための新組織（*198*）　2・2　海域管
　　理計画（*200*）　2・3　絶滅危惧種トド（*202*）　2・4　海と陸
　　の生態系相互作用（*203*）
　§3. 気候変動への適応 ……………………………………………*204*
　　3・1　UNESCO/IUCN 現地視察と海域管理計画改定（*204*）

3・2　知床の生態系と水産業への影響（*206*）　3・3　知床に
　必要とされる適応の考え方（*208*）
　§4. 知床方式の評価と行政コスト ································· *209*
　コラム 13　バランスのとれた漁獲の提唱 ·························· *211*

第 14 章　総合考察（1）：漁業管理 ·························· *214*
　§1. 比較分析の枠組み ·· *214*
　§2. 6つの漁業管理事例の比較 ···································· *216*
　　2・1　陸奥湾ナマコ漁業（第6章§2.）（*216*）　2・2　伊勢
　湾イカナゴ漁業（第6章§3.）（*217*）　2・3　北部日本海ハ
　タハタ漁業（第6章§4.）（*218*）　2・4　知床半島スケトウ
　ダラ漁業（第13章）（*219*）　2・5　京都府ズワイガニ底びき
　網漁業（第7章§1.）（*220*）　2・6　太平洋マサバまき網漁
　業（第7章§2.）（*221*）
　§3. 考　察 ··· *222*
　　3・1　漁業者，政府，科学の役割（*222*）　3・2　管理制度の
　時空間スケール（*224*）

第 15 章　総合考察（2）：生態系保全 ·························· *229*
　§1. 漁業管理と生態系保全の制度比較 ···························· *229*
　§2. 生態系保全制度の国際比較 ···································· *230*
　　2・1　比較の目的と枠組み（*230*）　2・2　各国の生態系と漁
　業の概要（*221*）　2・3　生態系保全における漁業の位置づけ
　と役割（*237*）　2・4　考　察（*238*）
　§3. 今後の研究課題 ·· *240*
　　3・1　制度の多様性（*240*）　3・2　生態系保全の目的（*241*）
　　3・3　社会－生態系の変化とレジリアンス（*242*）
　コラム 14　「望ましい生態系の姿」をどう科学的に分析するか ··· *243*

第1章 序 論

　本章ではまず,「制度(Institution)」について,様々な定義と考え方を紹介した後,漁業に関する制度が社会で必要とされる理由を議論する.次いで,本書の目的と各章の構成を述べる.この部分は,本書を読み進めていく上での羅針盤となる部分である.最後に,漁業に関する主な法律の概要紹介と用語定義を行う.

§1. 制度とはなにか

　一般に「制度(Institution)」というと,読者は何をイメージするだろうか.たとえば「法律」を思いだす人は多いだろう.また,人によっては「民主主義」や「議院内閣制」,「資本主義」など,もう少し大きな概念が頭に浮かぶだろう.あるいは,「挨拶」や「握手」,「町内会・子供会」,「右側通行」,「週休2日制」など,もっと日常生活に近いものを思い浮かべる人もいるかもしれない.事実,これらはすべて制度なのである.
　制度とはなにかについて,これまで様々な議論がなされてきた.たとえば現代社会学の開拓者であるフランスのE.デュルケーム(Durkheim, 1895[1950])は,制度を「その集団によって設けられる,全ての信念と行動様式」と定義した.アメリカの社会・経済学者T.ヴェブレン(Veblen, 1919)は,制度を「人々の総体に共通なものとして定着した思考の習慣」と定義している.これらはいわば,集団や組織に共通してみられる傾向に着目した見方である.政治学,法学,経済学などの分野でも幅広い業績を残した哲学者F.A.ハイエク(Hayek, 1976)は,社会環境の不確実性や変動性,複雑性を前提に,制度を「われわれが無知に対処するための仕掛け」と定義している.我々が社会についてごく限られた知識しかもっていなくても,制度に従っていれば,大きな失敗なく目的を達成することができる,という機能に着目した見方である.アメリカのノーベル経済学賞受賞者D.C.ノース(North, 1991)は「政治的・経済的・社会的相互関係を形作るために,人為的に作られた制約」と定義し,同じく目的達成のために役立つ機能の面に着目している.アメリカの社会学者W.R.スコット

(Scott, 1995) は「社会的行為に安定性と意味づけとを与える構造および活動」と定義し，個人・組織の様々な行動の背後にあるものとして位置づけている．

制度の定義に関するこれら様々な議論は，大きく2つの見方（制度観）に分けることができるだろう．第1は，制度を個人や組織・グループにとっての「意思決定に課される制約」あるいは「目的を達成するための道具」と捉える見方である．まず個人や組織が先にあり，事後的・意図的に作られた機能に注目した見方である．もう1つの制度観は，個人や組織・グループの「理解や行動を意味づけるもの」あるいは「ニーズや可能性を生みだすもの」という見方である．これは，各個人・組織の行動の基にある考え方や価値観自体を形作る背景としての役割に注目している．この2つの見方は，それぞれ経済学的定義と社会学的定義（河野，2002），あるいは制度の主体説と構造説（Greif，2006）と表現されることもある．

近年の研究においても，制度に関する様々な定義がなされているが，著者の見るかぎり，これら2つの見方を止揚する概念はいまだ提唱されていない．また，実際の漁業の現場を考えてみても，これら2つの見方は同等に重要である．これから本書を通じて解説するように，たとえば第1の見方に基づく制度の機能面は，乱獲の防止や生態系の保全のしくみとして非常に重要な意義がある．同時に，第2の見方に基づく背景としての制度も，日本の漁業管理の特徴や，漁業者らの価値観，あるいは漁業管理に必要とされる科学的知見の性質を決定づける，最も大きな要因の1つとして看過できない．漁業協同組合などの組織そのものも，重要な制度である．よって読者諸氏は，まずは制度を「社会的なしくみ」と大まかに捉え，上記の2つの見方の両方を意識しながら，本書を読み進められることにより，漁業制度の理解を深められたい．

なお，制度には，憲法や法律・政令・条例，条約，それらに基づいて作られる組織など，一定の手続に従って決定され明文化されたフォーマルな制度（Formal Institutions）と，日々の生活のなかで常識となっている道徳や慣習，あるいは地域に特有の文化やおきて，宗教など，インフォーマルな制度（Informal Institutions）がある．これから本書で議論する，漁業に関する制度にも，フォーマルな制度とインフォーマルな制度が併存しており，また両者が相互に補完しあいながら，各現場の課題と目的に即した制度が工夫されていることを紹介する[i]．

---

[i] フォーマルな制度に類似した概念に「法」がある．これは，社会生活を規律する準則としての社会規範の一種であり，憲法，法律，政令などの成文法と，慣習法，判例法，条理などの不文

§2. なぜ漁業に関する制度が必要なのか

次に，制度研究の存在意義について考えてみよう．漁業の制度が研究される理由は，それが社会にとって必要であり，よって，変わり続ける社会的および生態的状況の下で，今より少しでも良い制度を模索し続ける必要があるからである．では，なぜ，漁業に関する制度が社会にとって必要なのだろうか？　以下，2つのアプローチを用いて考えてみる[ii]．

2・1　制度がないと，どうなるのか

第1のアプローチは，もし仮に漁業に関する制度がないと，漁業はどうなってしまうのか，を考えることである．そして，そこで想定される悪い事態を避けるために，適切な制度を設計し導入することが必要だという考え方である．

たとえば，ある海域に，ある魚種が生息していたとしよう．この魚は獲りやすく，美味しく，また高い価格で売れる見込みがあるとする．つまり，有望な水産資源である（コラム1参照）．このような資源があれば，自分が食べるため，あるいは他人に売って現金を得るために，多くの人が先を争って獲るだろう．獲った人が「美味しかった」あるいは「儲かった」という話を周りにすれば，それを聞いてさらに獲る人は増えるだろう．しばらくすると，その海域の資源のなかでも，特に大型で可食部が多く，あるいは高く売れる魚から順番に，数が減っていく．その結果，より小さな個体も漁獲の対象になっていくだろう．また，大型の個体は通常は親魚であるから，親魚の減少は生まれてくる子魚の数の減少を意味する．これらの影響が重なると，その海域で獲れる魚の数（尾数）も量（重量）も少なくなっていく．これが「生物学的乱獲（Clark, 2010）」と呼ばれる現象である．さらにこの状態が続くと，この魚種を餌としている他の生物も減っていき，結果としてその海域の生態系が壊れるという事態も生じかねない．

また，高く売れる魚は誰でもできるだけ沢山獲り，より多くの収入を得たいと思うだろう．最新の高性能漁具と漁船を買って操業すれば，その海域で一番

　　法をも含む概念である．これらの「法」は，最終的に国家の強制力がその実現を保障している点において，道徳，慣習，宗教などの「法」に含まれない諸制度と区別される（内閣法制局法令用語研究会 1993）．

[ii] ここでは漁業に関する制度を議論するが，制度一般に関する意義や課題，研究目的などについては，本章で参照した河野（2002）やGrief（2006）などを参照．

多く獲ることができる．一方，漁獲と儲けが減ってしまった周りの人は，この競争に負けないよう，やはり新しい漁具と漁船を買って漁獲努力量を高めるだろう．このような「軍拡競争」が続けば，漁獲のコストはどんどん高くなっていく．そのコストを回収するためには，小さい魚でも先を争ってどんどん獲ることになるだろう．先ほどの生物学的乱獲の効果と相まって，獲れる魚の数と量は減少し，収入も減っていくのに，コストは増えていく．いずれ経営が赤字になってしまい，漁業をやめる人が出てくるだろう．しかし，残った人も高コストで少ない資源を対象とした漁業を行い続けるため，利益はほとんど出ない状態が続くことになる．これを「経済学的乱獲」という．水産資源を有効に活用できないばかりではなく，過剰な投資と過剰なコストで利益が出ないという，貨幣的資源の浪費が発生するのである．

　いずれ，みなが「今の漁業は獲りすぎだ，乱獲だ」という認識を共有するだろう．しかし，海の魚は野生生物であり，誰のものでもない．よって自分が他人よりも先に獲ってしまえば，その魚は自分のものになるが，他人が先に獲ってしまえばもう文句を言えない（無主物先占）．今，そこにいる小魚を獲ってしまえば，少なくとも自分は一時的に得をすることができる．しかし，この小魚を獲ることによって発生する海域全体への負の影響は，この海域を利用している全員で分担することになる（私的費用と社会的費用の乖離）．今，この魚を獲って現金化し，銀行にあずければ，利子も確実に稼げる（将来割引）．やはり「親の敵と魚は見つけたら獲れ」という言葉があるように，すぐに取った方が得だろう．そもそも，この小魚が本当に成長して卵をうみ，資源が増えるかどうかはわからない．成長の途中で他の魚に食べられるかもしれないし，温暖化の影響で自然死するかもしれない．逆に 1980 年代のマイワシのように，急に資源が増えて大豊漁になることもありうる（大きな不確実性，変動性）．しかも，海は広い．自分がこの小魚を獲ったとしても，他の人にはどうせわからないだろう（監視の困難性）．このようにして，その後も小さい魚を獲り続けることになるため，資源水準は回復せず，生物学的にも経済学的にも望ましくない負の連鎖が続いていく．いずれ倒産と失業者が沿岸にあふれ，犯罪率の上昇など社会的モラルも低下し，地域は荒廃の一途をたどる……．

　以上はあくまで最悪のシナリオだが，万が一にもこのような事態の発生を避けるためには，何らかの制度が必要である．

2・2 制度をつかって，なにができるのか

漁業制度の必要性を明らかにする，第2のアプローチは，制度によってどのような社会が実現できるのか，を考えることである．これは，理想を追求するための手段として制度が必要だという考え方である．では，水産資源をはじめとする自然の恵みにより，我々はどのような望ましい社会像を描くことができるだろうか？

水産資源は，石油や石炭，鉄鉱石などの資源とは異なり，適切に管理すれば永久に使うことができる「打ち出の小槌」である（再生産性資源）．しかも，日本近海は世界有数の生産力に恵まれており，今の日本にとってほとんど唯一の豊かな天然資源である．世界人口は70億を超え，その栄養特性に対する評価の高まりもうけて，世界的に水産物への需要が増大する中，世界の水産資源の多くはすでに万限あるいはそれ以上に利用されているという現状がある．日本人は，動物性タンパク質源として水産物に大きく依存していることから，水産物を安定的に国民に供給することは，軍事的な安全保障とならび，国が国民に対して果たすべき最も重要な役割の1つであろう（食料安全保障）[iii]．

また漁業は，大都市から遠く離れた場所でも，老若男女を問わず幅広い雇用を生み出し，またその関連産業（漁具・漁船の建造・保守，水産加工，流通，販売など）を含めて，地域経済を駆動することができる．東京や大阪などの大都市のみに人口が集中するのではなく，38万 km^2 の国土，約3万5,000 km にわたる日本の海岸線に分散して人が住み（国土の有効利用），亜寒帯から熱帯まで多様な海洋生態系を地域が大切に守りながら，そこから得られる自然の恵みを享受することで，豊な文化を形成することができるだろう（文化的多様性）．このようにして各地域で育まれた文化は，大都市に居住する人々にとっても貴重で魅力的な文化的資源である．また，たとえ遠隔地であっても，実際に人が住み，その周りの海で魚を獲るという営みを続けることは，国際的には，そこがまさに日本の領土・領海であるということを法的に裏付ける根拠となる．

[iii] 2011年度の日本の食料自給率はカロリーベースで39%にまで低下し，先進国の中で最低水準である．日本への輸入農産物の生産に必要な海外の作付面積は，国内耕作面積の2.5倍を超えている（農林水産省，2008）．その一方で，農業センサスによれば，国内の耕作放棄地面積は1975年から2010年の間に3倍に増えている．国際市場が機能さえしていれば，我が国の食料安全保障は心配がないとする論者もいるが，著者はそうした説を取れない．食料輸入を可能とするだけの経済力維持の問題を別にしても，堀口ら（1993）が指摘するように，途上国の飢餓と食料輸入大国日本における飽食の共存状態が，政治的トラブルなしに長続きするとは思えない．

このように，日本の社会・経済や生態系の特徴を踏まえ，その特徴に即した制度を構築することによって，海の自然の恵みを十分に国民が享受し続けることが可能となると同時に，文化的にも豊かで安全・安心な国民生活を営むことができる．常に変化しつづける社会的・生態的状況の下で，このような理想的な社会に少しでも近づくためには，漁業に関するよりよい制度を絶えず工夫しつづけていく必要がある．

§3. 本書の目的と構成

本書は，自然から得られる様々な恵みを人間が持続的に享受するために，どのような制度が必要なのかについて，漁業を対象に考察することが目的である．具体的には，日本において，漁業の管理や海の生態系保全と，人々の暮らしを，うまく両立させていくために，どのような制度が必要かを考える．なお，紙幅の都合上，海の採捕漁業（海の野生生物としての水産動植物を採捕する事業）を対象に議論を行い，養殖業や内水面漁業については割愛する．

上記の目的を達成するために，どのような研究的方法論が必要であろうか．この点に関して，大正・昭和期の民法学者で法社会学の先駆者でもある末弘厳太郎の見解が参考となる．末弘（1946）は，実用法学を解釈法学と立法学（政策学）に二分した上で，科学的な立法学の方法論としては，現行制度の深い理解とともに，法哲学，法史学，比較法学，さらには経済学など法学以外の社会科学の応用が重要であると主張している．Dror（1971）や足立・森脇（2003）が指摘するように，政策研究や制度研究は必然的に学際的研究となる．

また，本書で議論する漁業は，野生生物を相手にした食料生産活動である．特に日本周辺海域は，非常に豊度の高い海であり，太古から食料を求めて人々が沿岸に集まり，集落を作り，数千年の魚食の歴史を経て，今日の魚食文化を形成してきた．つまり，今日の日本の文明・文化は，日本周辺の自然環境や生態系，そして日本がたどってきた歴史に依存しているのである．よって，日本の漁業に関する制度を理解し，また将来に向けてよりよい制度を考察する際には，日本漁業を取り巻く自然の条件（自然環境や生態系の特徴）と人間社会の条件（社会経済的背景や食としての重要性）の両方を踏まえた検討が必須である．たとえば，いわゆる新大陸における未踏のフロンティアに比較的近年つくられた移民国家や，漁獲のほとんどを輸出し外貨獲得産業として水産業を位置づけてい

る国・地域における漁業管理と，日本の漁業管理では，おのずと適した制度は異なるであろう．さらに，同じ日本であっても，太平洋戦争での敗戦後間もなく，食料が不足し，疲弊した復員兵らが大量に存在する状況と，今日とでは，適した制度は全く異なるはずである．

以上の見地から，本書では，以下のような構成で議論を進めていく（図1・1）．まず，第2章では日本の地理や周辺海域の生態系，人口，食料需給，経済構造など，日本の漁業を規定する自然の条件と社会の条件を整理することを通じて，その国際的な特徴を把握する．また，漁業の構成や資源の状態を概観することにより，日本の漁業の現状を把握する．これらはいわば，第3章以降に行う議論のための前提作業として位置づけられる．第3章から第9章までは，漁業の管理に関する制度を議論する[iv]．第3章では，日本の漁業管理制度の歴史的変遷を解説する．日本漁業の長い歴史の中で，その時々の人々が知恵を絞って考案してきた制度が，漁業をとりまく生態的・社会的状況の変化に応じてどのように変遷

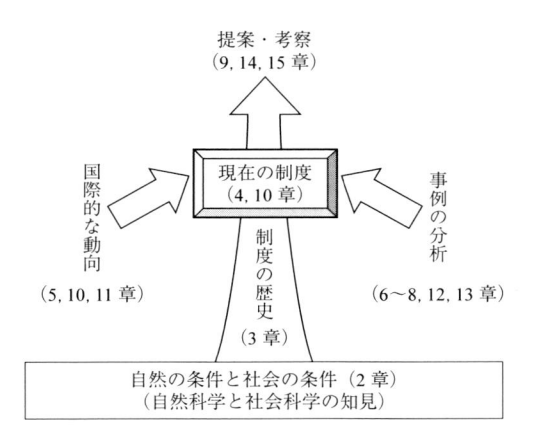

図1・1　本書の構成

[iv] 本書では清光・岩崎（1986）を参考に，「資源管理」と，「漁業管理」を以下のように定義する．「資源管理」とは，人間が望む状態に水産資源が保たれあるいは接近するように，漁業規制などの施策をとることをいう．主に生物学的特性に基づく概念であるが，「人間が望む状態」をどのように設定するかについては社会科学的側面が含まれる．一方，「漁業管理」とは，社会的経済的法則にしたがって運動している漁業が望ましい状態に保たれあるいは接近するように施策をとることをいい，「資源管理」を包含した社会科学的概念である．資源そのものを人間が管理することは本質的に不可能であること，および，資源には多様な見方があり，その価値観や利害の調整も含めて管理すべきこと（コラム1参照）から，本書では，特に生物学的側面を強調する場合を除き，漁業管理という表現を使用する．

してきたか，そのダイナミクスの描写を試みる．現在の日本の漁業制度に特に大きな影響を与えた歴史的出来事は，明治維新と第二次世界大戦である．第4章では，これらの経緯を経て構築された現在の漁業管理制度を解説する．フォーマルな制度とインフォーマルな制度，日本で発達し諸外国に波及した制度と，諸外国から日本に移入した制度などを整理する．第5章では，日本の漁業制度の基幹である漁業権について，その法的な性格を解説するとともに，この日本の漁業制度が世界的にみたときにどのような性格をもっているのか，英米法（アメリカ）との比較によってその国際的特徴の整理を行う．

　以上の法学的な整理を基礎として，第6章から第8章までは，様々な特徴を有する実際の漁業管理事例を紹介する．第6章は沿岸における漁業管理の事例として，青森県陸奥湾のナマコ漁業（定着性の高い地域資源を採捕），伊勢湾イカナゴ漁業（2つの県が異なる生活段階で採捕する資源を採捕），北部日本海ハタハタ漁業（4つの県をまたがり回遊する資源を複数の漁業種が採捕）を扱う．第7章の沖合漁業では，京都府ズワイガニ底びき網漁業（定着性が高い資源を採捕），マイワシ・マサバを対象とした北部太平洋の大中型まき網漁業（6つの道県をまたがる回遊と大規模な変動を示す資源を大規模漁業で採捕）を紹介する．つづく第8章では，一般市民による遊漁（釣り）やダイビングなどの海洋性レクリエーションと漁業管理の関係について，判例を用いながら問題点と今後の課題を整理することを通じて，漁業と他セクターとの関係を議論する．以上の事例研究では，様々な特徴をもつ現場において，フォーマルな制度およびインフォーマルな制度が互いに補完しながら機能している点と，様々な制度が関係者の行動を意味づけ，価値観を形作る背景となっている点に注目してほしい．以上の法学的整理と事例分析を踏まえ，第9章では，これからの漁業管理の考え方と将来シナリオを考察する．この第9章は本書の漁業管理制度に関する小括として位置づけられる．

　第10章以降は，考察の対象を広げ，水産資源を含む海洋生態系の保全を議論するが，基本的な議論の展開（制度の法学的整理と，事例に基づく考察）は本書前半と同じである．まず，生態系保全に関する理論的・国際的な動向として，生物多様性条約（第10章）とミレニアム生態系評価（第11章）を紹介する．また，第10章では，日本の漁業制度を生態系保全に拡張させていく上での制度的長所や，必要となる補完施策も考察する．第12章では生態系保全のための具体的な施策として，国内外で多くの議論を集めている海洋保護区について，その背景や

日本での取り組みを紹介する．海域生態系保全の具体事例としては，第13章で知床世界自然遺産海域の活動を分析する．日本でも指折りの盛んな漁業が存在する知床が，2005年にユネスコ世界遺産条約に基づく世界"自然"遺産に登録された．日本の漁業管理制度に基づく水産資源利用と，ユネスコの基準による生態系保全を両立するために，様々な努力と工夫がなされており，結果としてユネスコが「他の世界自然遺産地域の管理のための素晴らしいモデル」と称賛するほどの成功を収めた事例である．最後に第14章と第15章では本書を総括するとともに，各事例の比較考察をおこない，残された課題を整理する．

なお，本書は主に法学的な見地からの考察に重点を置きつつ，必要に応じて生態学や資源学などの知見も援用して議論を進めていく．しかし，末弘が指摘するように，経済学をはじめとする法学以外の社会科学が制度研究に寄与する点は大きい．第9章で紹介するように，制度・政策の評価基準には，効率性（経済効率性や雇用の効率性など，結果と努力量やコストの比較），有効性（どれだけ政策目的を達成したか），十分性（政策ニーズを十分満たしているか），公平性（受益や費用の分配），対応性（特定のニーズや価値を満たしているか），適切性（社会にとって適切か）などの基準がある．社会科学の様々な学問領域は，これらの評価基準について，緻密な理論と幅広い分析手法を発展させてきた．たとえば，本章の§2で使った私的費用，社会的費用，将来割引，などの概念は，もともとは経済学で発展してきた概念である．特に，現実の漁業管理において，現場の関係者が合意を形成し施策として実際に実行する上で，どの管理方策を，どの程度の規模で導入すべきか，そこに必要とされる費用とそこから得られるプラスの効果とではどちらが大きいのか，その確度はどれくらいか，といった定量的な経済分析（Quantitative economic analyses）が不可欠である．本書では紙幅の制限上，経済分析については詳しく議論できないが，必要に応じ本文中で文献を紹介するとともに，より詳しい内容については稿を改めて紹介することとしたい[v]．

§4. 主な法律と用語の紹介

4・1 水産に関する主な法律

フォーマルな制度（§1．参照）のうち，現場での漁業管理に深く関連する法律，

---

[v] 漁業の経済分析に関する英文教科書としては，Clark（2010）や Anderson and Seijo（2011）がある．日本の漁業経済学の成果と展望については，漁業経済学会（2005）が詳しい．

政令，省令，規則などは多数存在する．たとえば，水産法令研究会監修「水産小六法」(2011) には，70以上の法律と，200以上の政令・省令・規則などが収録されている．これらすべての内容や相互関係，さらにはこれらの法令に基づく判例を解説することは本書の範囲を超えるが，ここでは漁業管理に関する法律のうち重要なものを6つだけ簡単に紹介する[vi]．

最初の3つの法律は，太平洋戦争敗戦後に連合国軍の占領下で制定された法律である．漁業法（1949年12月15日成立）は，漁業生産に関する基本的な制度を定めた法律である．本書の第3章で詳しく述べるように，日本で数少ない独自の系譜をもつ法律である．全部で10章，146条から構成されており，その目的は「漁業者および漁業従事者を中心とする漁業調整機構の運用によって，水面を総合的に利用し，もって漁業生産力を発展させ，併せて漁業の民主化を図ること」である（第1条）．この法律に基づいて漁業権・許可が設定され，様々な漁業種類間の調整が行われる．つまり漁業法は，誰が漁業をするのか，どのように漁業をするのか，などを定めた，日本の漁業管理の基幹法である．

水産業協同組合法（1948年12月15日成立，通称水協法）は，漁業者や加工業者らの組織と，その役割について定めた法律である．全部で9章，134条からなっており，法の目的は「漁民および水産加工業者の協同組織の発達を促進し，その経済的社会的地位の向上と，水産業の生産力の増進とを図り，国民経済の発展を期すること」である（第1条）．漁業法が，漁業という行為に関する法律であるのに対し，この法律は，組織についての法律という性格をもっている．本書で事例を含めて詳しく述べるように，実際の漁業管理の主体となるのが，本法に基づいて設立される漁業協同組合などの組織であり，漁業法と不可分の関係にある法律である．

水産資源保護法（1951年12月17日成立，通称，資源保護法）は，漁業を営む上での前提条件である，水産動植物の保護に関する法律である．全部で6章，41条からなる．第1条は「この法律は，水産資源の保護培養を図り，且つ，その効果を将来にわたって維持することにより，漁業の発展に寄与することを目的とする」としている．第3章で紹介するように，もともとは漁業法の一部の条文を，連合国総司令部（GHQ）の指示により別途法律として成立させたもの

[vi] 各法律の本文は水産法令研究会（2011）や，総務省の法令データ提供システムを参照．各条文の法律学的な内容や解釈については，漁業法研究会（2008），金田（2008），金田（2001）などを参照．

である．漁業管理に関する様々な公的規制や，本書の第12章で紹介する海洋保護区の一部についても，この法律と漁業法が根拠となっている．以上が，戦後漁業制度改革（第3章）で制定された，漁業管理の基本3法である．

　その後も，国際情勢・社会情勢の変化を踏まえ，さらにいくつかの重要法律が制定された．まず，海洋生物資源の保存及び管理に関する法律（1996年6月14日成立，通称，資源管理法）は，日本国の国連海洋法条約（UNCLOS）の批准にともない，その国内対応法として制定したものである．全部で25条からなり，第1条では「この法律は，我が国の排他的経済水域等における海洋生物資源について，その保存及び管理のための計画を策定し，並びに漁獲量及び漁獲努力量の管理のための所要の措置を講ずることにより，漁業法又は水産資源保護法による措置等と相まって，排他的経済水域等における海洋生物資源の保存及び管理を図り，あわせて海洋法に関する国際連合条約の的確な実施を確保し，もって漁業の発展と水産物の供給の安定に資することを目的とする」としている．漁獲可能量（TAC）など欧米由来の資源管理のしくみと考え方が，国際条約として上から降ってきたため，既存の国内制度と上手くすり合わせるための工夫が凝らされていることを本書第4章で解説する．

　水産基本法（2001年6月29日成立）は，漁業のみならず，加工業や流通，そして消費者も対象として，水産政策全般の理念・基本方針を示した法律である．全部で4章，39条からなり，その目的は「水産に関する施策について，基本理念及びその実現を図るのに基本となる事項を定め，並びに国及び地方公共団体の責務等を明らかにすることにより，水産に関する施策を総合的かつ計画的に推進し，もって国民生活の安定向上及び国民経済の健全な発展を図ること」である（第1条）．第2条と第3条では，基本理念として「水産物の安定的供給の確保」と「水産業の健全な発展」が謳われている．基本法は一般に，具体的な権利・義務関係に影響することはなく，プログラム法としての性格が強い（小野寺，1999）．また，水産基本法はその立脚点を，漁業者ではなく消費者も含めた「国民」においていること，国民生活全体の視点から，水産業や漁村が我が国経済社会において果たすべき役割を明確化していること，また対象を「漁業」から「水産業」に拡張し流通・加工業，遊漁，消費者も含めて一貫した施策を規定していること，さらに水産業を「食料供給産業」と位置づけ，水産業の発展と資源の適切な保存・管理の両方を通じて，食料の安定的供給を目的としていること，などが特徴である（大川，2001；佐藤，2001；水産基本政策研究会，

2002). この法律による漁業管理制度の変化としては，広域的な管理体制としての広域漁業調整委員会制度や，資源回復計画がある（第4章参照）．また，遊漁の管理や消費者の役割にも触れている点も特徴である．本法第11条に基づき，おおよそ5年ごとに水産基本計画が策定され，我が国の水産政策の基本的な方針や自給率目標などが定められている．

最後に，漁業に深く関連するもう1つの基本法として，海洋基本法がある（2007年4月17日成立）．日本は1996年に国連海洋法条約を批准し，陸地面積の12倍にあたる，447万km^2（領海＋排他的経済水域）という，世界で6番目に広い管轄海域を有する国家となった（寺島，2008）．海洋基本法は，この海域を統合的に管理することを通じて，日本が真の海洋国家として，海洋を基盤とした将来を戦略的に構想する方向性を示している（奥脇，2008）．その第2条〜第7条には，6つの基本理念として，①海洋の開発及び利用と海洋環境の保全との調和，②海洋の安全の確保，③海洋に関する科学的知見の充実，④海洋産業の健全な発展，⑤海洋の総合的管理，⑥海洋に関する国際的協調，が謳われている．この法律には，国土交通省，水産庁，経済産業省，文部科学省，防衛省，外務省など，海洋に関する様々な行政機関の垣根を超えた施策を可能とする法的根拠としての役割が期待されている．よって第16条の規定に基づき，おおよそ5年に一度ずつ，具体的な政策を示した海洋基本計画が策定されている．また，省庁を越えた総合的・一元的な海洋政策を推進するための組織として，第29〜38条に基づき，内閣総理大臣を本部長とする総合海洋政策本部が設置されている（石引，2007）．

4・2 用語の定義

法律を読むうえでの「言葉」の意味をすこし考えてみよう．法律（および政令・条例・規則などの成文法）は，言葉によって制度を表現するものであり，また言葉によって権力をコントロールするものである．よって，いかなる法律を読む場合でも，その前提として用語の定義を正確に把握することが必要となる．

たとえば，法律用語としての「漁業」の意味するところを理解するためには，まず法文中の定義を読むとよい．漁業法第2条（定義）には，「この法律において『漁業』とは，水産動植物の採捕又は養殖の事業をいう」とある．一読して，おおよその意味は想像できるだろう．しかし，この定義が意味するところを厳密に理解するためには，文中の「水産動植物」，「採捕」，「養殖」，「事業」という

用語の意味を明らかにし，多義的な解釈や曖昧な理解を排除する必要がある．このような場合，過去の判例を紐解く必要があるが，実用的には法律用語辞典，当該法律に関する逐条解説書を利用すると便利である．たとえば，法律一般の用語を簡単に調べるためのコンパクトな辞書としては，小野寺・高岡（2010）「法律用語辞典」が便利である．漁業法に関しては，漁業法研究会（2008）「最新逐条解説漁業法」や金田禎之著（2008）「新編漁業法詳解」などがある．

　これらの資料を利用すると，「水産動植物」とは，水界を生息環境とする一切の動植物のことであり，魚類・貝類・甲殻類・哺乳類・軟体動物・植物・両生類，さらに珊瑚や海綿なども含まれることがわかる．しかし，海底の土砂や鉱物の採取，海中からの塩や海水の採取は含まれないこともわかる．同様に，漁業法第2条の「採捕」の意味を調べると，天然的状態にある水産動植物を人の所持その他事実上支配しうる状態に移す行為をいい，いわゆる「漁労」によるものを意味することがわかる．よって，養殖はこの言葉には含まれないこともわかる．

　では「養殖」とは，法律的には何であろうか．それは，収穫の目的をもって人工的手段を加え，水産動植物の発生または生育を積極的に増進し，その数または個体の量を増加させまたは質の向上を図る行為である．また，類似の用語である「蓄養」（市場操作あるいは餌料として短期間保存するもの），「増殖」（人工孵化放流，親魚放流，産卵床造成など，人工的手段により数・個体の増加を図るが，養殖のように投餌や曝気などの管理手段を要しないもの），などとの区別も明確となる．最後に「事業」とは，一定の目的をもって同種の行為を反復継続することをいう．利益を目的とした営利事業のほか，教育事業，試験事業，福祉事業など，営利目的以外の活動も含まれるが，遊漁，自家消費のための採捕，試験研究や実習などは漁業には含まれない．

　以上をまとめると，漁業法における「漁業」の厳密な意味は，「天然的状態にある魚類・貝類・甲殻類・哺乳類・軟体動物・植物・両生類，さらに珊瑚や海綿など水圏を生息環境とする一切の動植物（海底の土砂や鉱物，海中の塩や海水などは含まれない）を人の所持その他事実上支配しうる状態に移す行為，又は収穫の目的をもって人工的手段を加え，その生育を積極的に増進し，その数または個体の量を増加させまたは質の向上を図る行為を，一定の目的をもって反復継続する活動」であることが明らかになる．各法文の中で，各用語にこれだけの文量を記載することは非効率であるため，実際には記載されていないが，法文の理解・解釈の背景にはこのような正確さ，厳密さ，が前提条件となって

いることがイメージできただろう.

　もう1つ,今度は法律用語としての定義と一般的な感覚が異なる例を紹介しよう.それは,「漁業者」という語である.漁業法第2条第2項には,「この法律において『漁業者』とは,漁業を営む者をいい,『漁業従事者』とは,漁業者のために水産動植物の採捕又は養殖に従事する者をいう」とある.つまり,法律的には,自己の名をもって漁業を経営するものが漁業者であり,そこで雇用されているものが漁業従事者である.これは読者の一般的な感覚とすこし違うだろう.浜の日常生活では,特別な場合を除き,相手が経営者か被雇用者かを厳密に区別しない.一括して「漁業者」や「漁師」などと表現する方が便利であり,また常識的でもある.しかし法律的には,漁業者と漁業従事者は区別して用いる必要があり,これら両方を指す場合には「漁民」あるいは「漁業者ら」と呼ぶことになっている.

コラム1：社会科学における資源の概念

　社会科学においては,資源とは単にモノではない.それは「目的達成のための手段的価値をもち,外部から行為過程に投入される要素」(森岡ら,1993)である.よって,モノは社会に使える,価値のある状況になって初めて"資源"となる.人間社会がまだ発見していないモノ,あるいは発見していても技術的・経済的に活用できないモノは,資源ではない(例えば他惑星の地下鉱物).逆に,技術や制度が進歩することにより,それまで資源でなかったものが資源化することもある(ペットボトルなど).経済学者E.W.ジンマーマンは,資源を「自然–人間–文化の相互作用から生まれるもの」と定義している(Zimmermann, 1933).このような定義に基づき,佐藤(2008)は「資源を見る」という行為を,モノそのものを見ることではなく,その先にある可能性を見ることであるとする.そして,その人・集団がおかれている立場や,技術,資本が異なる以上,資源の中身も異なるのであり,それゆえ資源管理には共通理解の醸成と利害調整,交渉が必要になる,と指摘している.

Zimmermann E W (1933)：World Resources and Industries. Harper & Brothers
佐藤 仁 (2008)：資源を見る目：現場からの分配論. 東信堂
森岡清美, 塩原勉, 本間康平 (1993)：新社会学辞典. 有斐閣

引用文献

Anderson L G, Seijo J C（2011）：Bioeconomics of Fisheries Management. Wiley-Blackwell
Clark C W（2010）：Mathematical Bioeconomics: The Optimal Management of Renewable Resources. Wiley-Interscience
Durkheim E（1895）[1950]：The Rules of Sociological Method. The Free Press
Dror Y（1971）：Design for Policy Sciences. American Elsevier Publisher（宮川公男訳（1975）政策科学のデザイン．丸善）
FAO（2008）：Case Studies in Fisheries Self-governance. *FAO Fisheries Technical Paper*, 504
Grief A（2006）：Institutions and the Path to the Modern Economy. Cambridge University Press（岡崎哲二，神取道宏（2009）比較歴史制度分析．NTT 出版）
Hayek F A Von（1976）：Law Legislation and Liberty. Vol 2. University of Chicago Press
North Douglass C（1991）：Institutions. *Journal of Economic Perspectives* 5(1): 97-112
Scott W Richard（1995）：Institutions and Organizations. Sage Publications
Veblen T B（1919）：The Place of Science in Modern Civilisation and Other Essays. Huebsch
足立幸男，森脇俊雅（2003）：公共政策学．ミネルヴァ書房
石引康裕（2007）：海洋政策の総合的な推進．時の法令　1800: 18-27
大川昭隆（2001）：水産基本法をめぐる国会論議．立法と調査　225: 38-43
小野寺幸二，高岡信夫編（2010）：法律用語辞典．法学書院
小野寺理（1999）：基本法．立法と調査　209　pp 41
奥脇直也（2008）：海洋基本法制定の意義と課題．ジュリスト　1365: 11-19
金田禎之（2001）：漁業関係判例総覧・続巻．大成出版社
金田禎之（2008）：新編漁業法詳解．成山堂書店
河野　勝（2002）：制度．社会科学の理論とモデル 12．東京大学出版会
漁業経済学会編（2005）：漁業経済研究の成果と展望．成山堂書店
漁業法研究会（2008）：最新逐条解説「漁業法」．水産社
佐藤　正（2001）：新たな水産基本政策の構築―水産物の安定供給の確保と水産．時の法令　1656: 31-44
清光照夫，岩崎寿男（1986）：水産政策論．恒星社厚生閣
水産基本政策研究会（2002）：逐条解説水産基本法解説．大成出版社
水産法令研究会（2011）：平成 23 年度改訂版水産小六法．水産社
末弘厳太郎（1946）：立法学に関する多少の考察―労働組合立法に関連して．法学協会雑誌　64(1)（法律時報　53(14): 14-20（1981）再録）
寺島紘士（2008）：海洋基本法の制定の背景，経緯，論点．ジュリスト　1365: 6-10
内閣法制局法令用語研究会編（1993）：法律用語辞典．有斐閣
農林水産省（2008）：平成 19 年度食料・農業・農村白書．農林統計協会
堀口健治，矢口芳生，豊田　隆，加瀬良明（1993）：食糧輸入大国への警鐘．農山漁村文化協会

第2章　日本漁業の姿

本章では，日本の漁業制度に関する考察を行う前提作業として，日本の地理的特徴や生態的特徴などの「自然の条件」と，食料としての位置づけや漁業構造などの「社会の条件」を整理する．次いで，漁業生産の推移や資源状況，漁業就業者の構造を概観した後，様々な漁業種類の概要を紹介する．

§1. 自然の条件

　地球の表面積の約7割に相当する3億6千万 km^2 に及ぶ海は，地球の水や熱，有機物，無機物などの循環に大きな役割を果たすと同時に，地球上の気候・気象の動向にも大きく影響を与え，地球上の多様な生物の存在を支えるかけがえのないものである．およそ40億年前に生命体が誕生したのも，原始の海の中と考えられており，我々人類を含むすべての生物は様々な海の恵みを享受しながら進化してきた（環境省, 2011）.

　太平洋北西部に位置する日本は，6,852の島，総面積37万7,944 km^2 を有し，世界で第60位の国土面積をもつ国である．我が国の領海および排他的経済水域（EEZ）の広さは，それぞれ43万 km^2 および404万 km^2 に及び，EEZの面積では，アメリカ，オーストラリア，インドネシア，ニュージーランドそしてカナダに次ぐ世界第6位を誇る．つまり，日本は陸地こそ小さいものの，海を含めた面積は世界でも上位の大きな国なのである．

　世界の海の面積の約半分は，大洋底と呼ばれる平坦な海底である．しかし日本の近海は，ユーラシア，北アメリカ，太平洋，フィリピン海という4つのプレートがぶつかり合っているため，プレートの沈み込みにより海溝などが形成され，深浅が激しく変化に富んだ海底地形を形成している．たとえば東シナ海や北海道西岸・オホーツク海沿岸は，0〜200 mの比較的なだらかな大陸棚が広がるが，本州太平洋側や九州・沖縄では4,000〜6,000 m以上の深海へ落ち込む急峻な海底地形となっており，また南西諸島海嶺や伊豆・小笠原海嶺などの海山も存在する．日本海には水深2,000 mほどの比較的大きな盆地がある．

日本列島は北緯45度以北から北回帰線（北緯23度）以南まで，約3,000 kmにわたり南北に長く分布している．近海には，世界最大の暖流である黒潮や，ベーリング海に端を発する栄養豊富な親潮，対馬暖流，千島海流をはじめとする多くの寒・暖流が流れている．その結果として，知床のように流氷で覆われる亜寒帯から，石西礁湖のようにサンゴ礁が広がる熱帯まで，多様な生態系を有している点が大きな特徴である．また本州の太平洋岸には，黒潮と親潮による潮目（移行領域）が形成されるため，この海域は世界的に見ても生物生産力の高い漁場の1つとなっている．総延長約3万5,000 kmという，長く複雑な海岸線と沿岸域には，藻場，干潟，サンゴ礁などが分布し，多様な生息・生育環境が形成されている．

　このような多様な生態系を反映し，日本近海には世界に生息する127種の海棲哺乳類のうちの50種（クジラ・イルカ類40種，アザラシ・アシカ類8種，ラッコ，ジュゴン），世界の約300種といわれる海鳥のうち122種，同じく約1万5,000種の海水魚のうち約25％にあたる約3,700種が生息・生育するなど，世界的にみても非常に高い生物多様性に恵まれている．

　こうした生物多様性の高い海を対象にした日本の漁業は，その漁獲対象も多様性が高い．図2・1は，漁業生産量上位40カ国を対象に，各国の魚種別漁獲量統計（トン）にShannonの多様度指数（MacArthur and MacArthur, 1961）を適用することにより，水産資源利用多様度を算出し（横軸），各国の首都の緯度（縦軸）との関係を整理したものである．魚種別漁獲量の統計資料にはFAO FishSTATにおける2006～2010年の平均値を利用した[i]．なお，統計制度が整備されている先進諸国と，制度整備が比較的遅れていると思われる発展途上国とを同時に比較することは不適当と考えられるため，ここでは，先進国のグループとしてのOECD加盟国のみを表示している[ii]．図をみると，高緯度ほど

---

[i] 国連食糧農業機関（Food and Agriculture Organization of the United Nations: FAO）が運営している，世界で最大かつ最も包括的な漁業統計（漁獲量や養殖生産量，輸出入など）のオンラインデータベース．専用フリーソフトFishSTAT Plusを用いて，1950年以降の世界各国の公式統計がな料で閲覧できる．

[ii] OECD（Organization for Economic Co-operation and Development：経済協力開発機構）は，フランスのパリに本部をおく国際機関である．もともとは，第二次世界大戦により混乱状態にあった欧州の経済復興を目的として戦後に設立された．現在は，先進国間の意見交換・情報交換を通じた，経済成長や貿易自由化，発展途上国の支援を目的としている．「先進国クラブ」とも呼ばれ，国際社会ではOECDへの加盟が先進国として認められた証左とされることがある．日本は1964年に加盟．

多様度が低く，低緯度ほど多様度が高い傾向があらわれている．陸域の生態学研究では，低緯度から高緯度に向かって，各地域に棲む種の多様性が減少するパターンが知られており，これを種の多様性の緯度勾配という（Gaston and Blackburn, 2000；宮下・野田, 2003）．この種の多様性の緯度勾配という自然的条件に対応して各国の水産業が営まれてきたとすれば，各国の漁業種類や漁業生産の構成，ひいては漁業管理制度のあり方にも，種の多様性の緯度勾配が影響を及ぼしていると考えられる．つまり，アイスランドやノルウェーなど，多様度の低い生態系を対象とした漁業の制度と，日本の漁業制度は，単純に比較すべきではなく，この本質的な自然の違いを踏まえた議論が必要なのである[iii]．また，こうした利用多様度の違いは，次に述べる水産物の食文化の多様性とも関連していると考えられる．

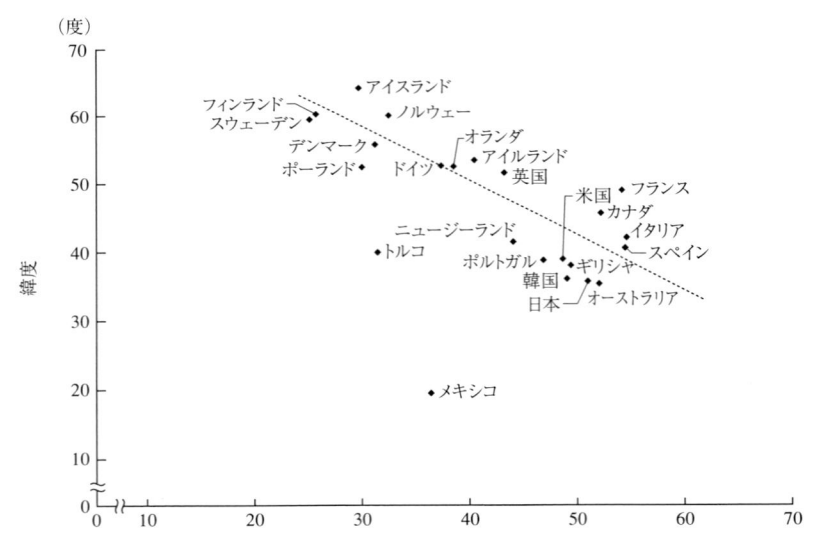

図2・1　OECD諸国における水産資源利用多様度の緯度勾配
（データ：FAO FishSTAT 2006～2010）

[iii] なお，この図は種（Species）に関する多様度を示しているが，目（Order）で同様の計算を行うと，中緯度あたりが極大を示し，日本とアメリカが世界で最大の多様度となる（牧野未発表）．これは，日本やアメリカの海が多様な生態系を有していること（日本は亜寒帯から熱帯まで，アメリカでは寒帯から亜熱帯まで）を反映していると思われる．同じ目や科に属する種はその生物特性が類似している点に鑑みれば，多様な目を漁獲対象とする国では，多様な漁具・漁法が用いられていると考えられる（漁業種類の多様性）．

§2. 社会の条件

漁業管理制度を考察する背景となる，人間側の社会の条件として，まず水産物の食としての重要性を比較しよう．図2・2は，世界各国の平均的国民の動物性タンパク質摂取（重量）における水産物への依存度を計算した結果である．対象国は漁獲量の上位40カ国とOECD諸国である．データにはFAO Food Balance Sheetを利用した[iv]．図2・1と同様，縦軸に緯度，横軸に水産物への依存度（％）を示している．

この図は，水産物の食料安全保障上の重要性，あるいは食文化上の重要性を示す指標として解釈することが可能であろう．高緯度ほど低く，低緯度ほど高いという一般的傾向がうかがえる．北欧の水産国として有名なアイスランド，ノルウェーは高緯度に位置しながらも突出して依存度が高い．また日本と韓国は中緯度諸国の中で突出していることがわかる．日本・韓国はOECD加盟国であり，

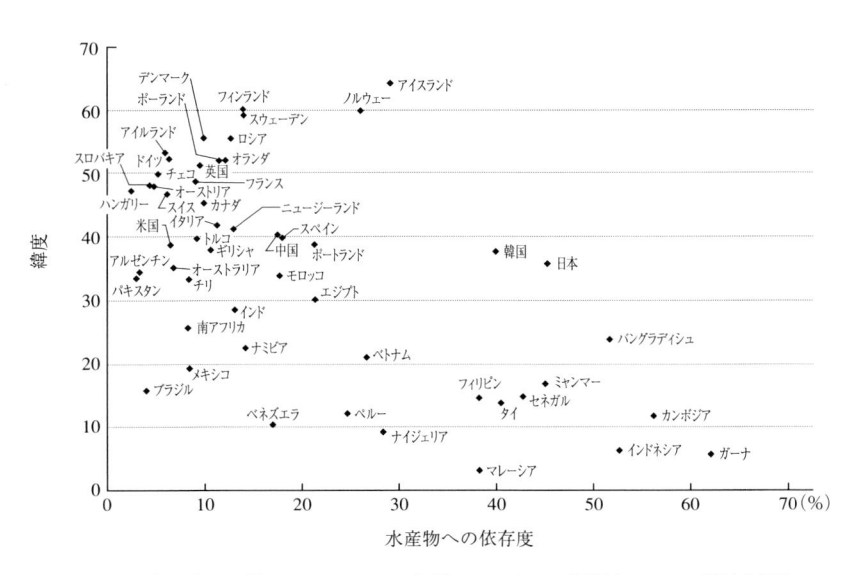

図2・2 漁業生産量上位40カ国＋OECD加盟国における，動物性タンパク質摂取源としての水産物の割合．
（データ：FAO Food Balance Sheet 2009）

[iv] FishSTATと同じく，FAOにより公開されている世界各国の食料需給表．これらの使用方法については，たとえば国際農林業協働協会（2008）を参照．

畜肉を購入する所得は十分にあるので，嗜好として水産物を多く消費していると思われる．一方で，欧州大陸諸国やその移民国家では，水産物よりも畜肉の方が重要である．これは，良い，悪い，の問題ではなく，地理的条件および食文化の反映であろう．低緯度に多い発展途上国の平均的国民は，畜肉を多く購入するだけの経済力がないため，好むと好まざるとに関わらず，自給自足的に水産物を摂取している場合もあると思われる．なお，魚類に含まれる不飽和脂肪酸であるDHA，EPAなどが血流や脳の働きに良いことはよく指摘されるところである（長崎，1994）．日本の魚食文化は，アイスランドと並び，世界でも最も長い平均寿命を誇る要因の1つであろう．

次に，雇用創出源として，あるいは地域コミュニティーを構成する住民としての重要性を示す指標として，海岸線1km当たりの平均漁民数を算出した結果が，図2・3である．対象国は，漁獲量上位40カ国＋OECD諸国のうち，FAO（1999）において総漁業者数が記載されている国である．海岸線のデータはCIA（2012）を使用した．

熱帯域に近くなるほど，漁民数が大きくなるという一般的傾向がうかがえる．なお，この人数は漁業生産部門のみの就業者である．日本をはじめ，水産物を国民の食料として消費する国では，このほかに水産加工・流通業も，各地域の雇用創出源として重要な位置づけにある．

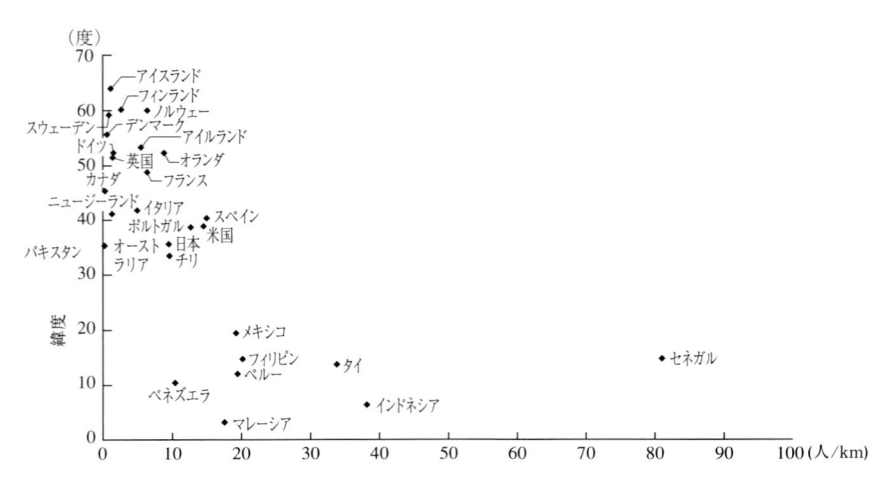

図2・3　海岸線1km当たりの漁民数
（データ：FAO 1999, CIA 2012）

表2・1　主要漁業国の漁業生産構造
（データ：FAO 1999, FAO Global Fishing Fleet）

国　名	漁民数	漁船数	零細比率
アイスランド	6,300	826	0.63
ノルウェー	22,916	8,664	0.89
デンマーク	4,792	4,285	0.86
イギリス	19,044	9,562	0.82
フランス	26,113	6,586	0.78
カナダ	84,775	18,280	0.74
ニュージーランド	2,227	1,375	0.74
スペイン	75,434	15,243	0.76
アメリカ	約290,000	27,200	0.53
韓国	180,649	50,398	0.9
日本	278,200	219,466	0.98
オーストラリア	13,500	約5,000	N.A.

　一般に，管理の執行コストは漁民数や漁船数，対象魚種数などの増加関数と考えられている．特に発展途上国ほど，政府の財政能力や統治能力は低いため，上位下達（Top Down）的な漁業管理は困難になる．漁民数が多く，その密度も比較的高い場合には，管理執行の権限と責任を，政府と地域の資源利用者が分担することによって，公費による執行コストを抑えることが政策効率上望ましいことが指摘されている．これを，共同管理（Co-management）という．このような見地からは，図2・3に示す漁民密度は，その値が高いほど潜在的人的資源が大きいという解釈も可能である．ただし，特に東南アジアやアフリカ沿岸国については，沿岸に住む零細漁民の数があまりに多いことが，乱獲や貧困を助長する最大の要因である，という認識も国際的に存在していることを付記しておきたい．

　最後に，主要水産国の漁業の構造について，漁民数・漁船数・零細比率を整理した結果が表2・1である．漁民数はFAO（1999）を，漁船に関する資料はFAO Global Fishing Fleetにおける1997年当時の値を使用した[v]．また，零

---

[v] FAOがウェブ上で公開している漁船データベース．15年以上前のデータしか入手できないが，世界全体の漁船数を国連が国別に集計したものとしては，現時点ではこれが最新である．なお，FAOでは世界各国の漁船データを再度集計するプロジェクトを2008年3月より開始しており，近年中の成果公表が望まれる．

細比率は，漁船国際統計分類（ISCFV）単位25トン以下の漁船の比率を示している．漁民数はアメリカ・韓国・日本が他の国よりも一桁多く，また零細比率はノルウェー，デンマーク，韓国，日本が高い．仮に，漁船統計の整備状況が表中の各国間で大きく異なると想定しても，日本は零細比率が著しく高いという特徴がある．なお，東南アジア諸国やアフリカ沿岸国は日本以上に零細漁業中心の漁業構造を有している．

§3. 日本漁業の国際的特徴

以上の結果を基に，日本漁業の国際的な特徴を，諸外国との比較により簡単にまとめる．

アイスランドでは，水産物の食としての重要度は中位（29%）である．FAO Food Balance Sheetによれば，2009年のアイスランド国民一人当たりの水産物供給量は87.46 kgであり，日本の59.03 kgを大きく超えるが，それ以上に肉類・乳製品などを大量に摂取するため，割合としては日本より低くなっている．水産資源の利用多様度は非常に低く（$H'=2.96$），漁獲構成は単純である．周知の通り，水産業は国の主要産業の1つであり，漁業の職としての重要度は非常に高いが，国民人口が非常に小さいため（約30万人），漁業者数，漁船数ともに絶対数は少なく，また零細漁船の比率も低い．ただし陸地の約75%が不毛地帯とも言われており，地域的な漁業者密度の差は大きいと思われる．いわば，アイスランドにおける漁業は，国の主要産業としての企業的漁業が，単純な構造の資源を対象に，タンパク源の1つとしての水産物を有効利用するという位置づけになっていると考えられる．

ニュージーランドは，水産資源の利用多様度は中位（$H'=4.39$）であるものの，食としての重要度は低く（動物性タンパク質に占める割合は13%），水産業は外貨獲得のための輸出産業としての性格が非常に濃い．また，漁業者数や漁船数は極めて少なく，零細漁船比率と漁業者密度も低い．いわば，ニュージーランドにおける漁業は，原油や鉱物資源と同様，特定の企業が天然資源の最適な利用によって外貨を獲得するための産業という位置づけになっていると思われる．換言すれば，漁業管理政策に食料政策という性格はほとんど含まれておらず，資源・経済政策に純化している．ただし，先住民族については別途管理制度が設けられているため，議論の区別が必要である．

ニュージーランドに民族的に近い国がオーストラリアである．よって，社会的な指標はニュージーランドと類似している．しかしオーストラリアは大陸全体が国土であるため，日本同様に多様な海域生態系を有しており，利用多様度も高い（H'＝5.19）．漁船数と漁船規模については，統計情報が入手できなかった．操業海域の生態系が比較的均一である国（ニュージーランド）と，熱帯域から寒帯域までの海域を含む国（オーストラリア）では，おのずと採用される制度に違いが出るであろう．つまり，この両国の間の漁業制度の差異は，対象とする海洋生態系の違い（自然の条件の違い）に由来するものと想定することができるだろう[vi]．

日本は南北に長いEEZを有しており，亜寒帯から熱帯の海洋生態系を含んでいる．よって水産資源利用多様度は高いが（H'＝5.09），同水準の多様度を有するオーストラリアとは異なり，食料としての重要度が非常に高いという特徴がある（動物性タンパク質に占める割合は40％以上）．職業としての重要度は，ニュージーランドおよびオーストラリアよりは高いものの，国家人口が多いため，アイスランドやノルウェーよりは低い．漁業者数，漁船数ともに絶対数が多く，また零細漁業の割合が著しく高いことが特徴である．いわば日本における漁業は，多様な資源を国民の主たるタンパク源として有効利用すると同時に，多数の零細漁業者が生計を立てるための産業という位置づけになっている．日本と類似した位置づけの漁業は，韓国漁業である．日本と韓国には，アイスランドやニュージーランドとの共通点がほとんどない．しかし，零細漁業比率の高さや，漁民数の多さ，食料としての重要性などについては，アジア太平洋諸国やアフリカ沿岸国との共通点が多いと思われる．この点は，日本の漁業管理制度や生態系保全制度が有する国際的な役割に関連して，後に詳しく議論することにしたい．

§4. 漁業生産と資源の状況

4・1 漁業生産の推移

日本の漁業の中身を少し詳しくみてみよう．図2・4は，漁業・養殖業生産統計年報を用いて，1962年から2011年まで50年間の漁業生産量（トン）の推

[vi] 両国の漁業管理事例については，FAO（2008）を参照．なお，著者らが両国で行った漁業管理制度の現場調査によれば，ニュージーランドは原則としてすべての商業漁業をITQ（第5章参照）で管理しているのに対し，オーストラリアでは魚種と漁法を選んでITQを導入している．

移を示したものである（各漁業の分類については本章§5.を参照）．1960年代後半から1970年代前半にかけては，日本の遠洋漁業が発展した時期である．この時期を代表する漁獲対象の1つが，北洋漁業で盛んに採捕されていたスケトウダラであろう（図中折線参照）．1977年以降は，アメリカ・旧ソ連をはじめとする各国の200海里宣言にともない，漁場へのアクセスが困難となったため，スケトウダラを含めた遠洋漁業は大幅に縮小している．

　遠洋漁業に替り，1970年代中旬から日本の漁業生産量の中心を担ってきたのが沖合漁業である．特に，まき網漁業が中心となって採捕したマイワシは，1988年には漁獲量が400万トンを超え（図中折線参照），当時の日本は総漁獲量世界一を誇った．その後，1989年を境にマイワシ資源量は急速に低下し，現在は数万トン〜10万トン程度である（第7章§2. およびp.121 コラム7 参照）．

　沿岸漁業・海面養殖業は，他の漁業種類に比べると比較的安定した生産を続けている．しかし，環境の悪化，資源の低迷，魚価低下による漁業経営の悪化などにより，1980年代中旬に350万トンを超えていた生産は，近年は250万トン程度にまでゆるやかに減少している．

　現在の日本の漁業生産は，生産量では沖合漁業が，生産金額では沿岸漁業と海面養殖業が，その中核を担っている．なお，2011年は東日本大震災の影響に

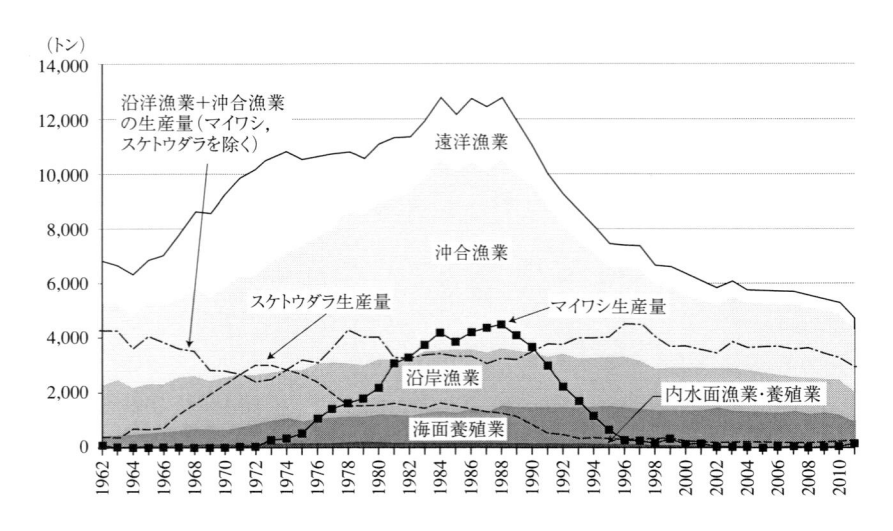

図2・4　日本の漁業生産量（トン）の推移
（データ：農林水産省大臣官房統計部 1963〜2012）

より，すべての漁業種類で生産が減少した．

図2・5は，各大海区の漁獲構成を，東日本大震災前の5年間の平均値により整理した図である．データは図2・4と同じく漁業・養殖業生産統計年報を用いた[vii]．各円グラフの大きさは，各海区の総漁獲量（トン）に比例している．この図をみると，我が国周辺海域の多様な生態系が各海区の漁獲構成にも反映していることがわかるだろう．たとえば北海道太平洋北区と北海道日本海北区は，さけ・ます類，貝類（ホタテガイ），スケトウダラ，ホッケなど冷水性の資源が

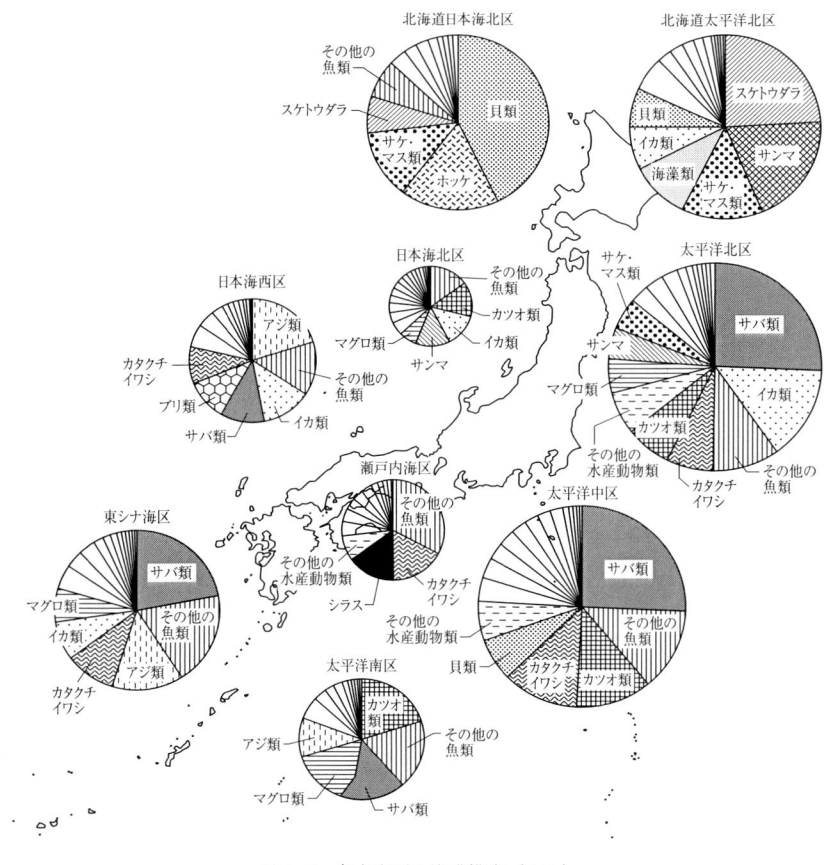

図2・5　各大海区の漁獲構成（トン）
（データ：農林水産省大臣官房統計部2007～2011）

[vii] 大海区の区分については，漁業・養殖業生産統計年報の冒頭にある「利用者のために」を参照．

目立つ．一方で太平洋南区や東シナ海区，日本海西区，瀬戸内海区などでは，まぐろ類やあじ類など，温水性の資源が目立つ．また，生物多様性の高さを反映し，多様な種からなる「その他の魚種」が多いことも特徴である．黒潮と親潮が混ざり合う移行域に対応する，太平洋北区や中区では，さば類（マサバ，ゴマサバ），カタクチイワシなどの多獲性浮魚類がめだっている．

4・2 水産資源の状況

漁業を操業するうえで，もっとも基本的な要素が，その採捕の対象となる水産資源である．資源水準の変化の動向を科学的に把握することにより，持続的な資源利用と，国民への安定的な供給を実現することが重要である．よって水産庁の委託により，独立行政法人水産総合研究センターが，沿岸都道府県の参画を得つつ，主要水産資源の水準や動向に関する科学的な評価を取りまとめている．2012 年末現在，我が国周辺の 52 種，84 系群について，その動向（増加・横ばい・減少）と水準（高位・中位・低位）が評価されている．個別系群ごとの資源評価の結果は，資源評価票と呼ばれ，全てインターネットで公開されている[viii]．

2012 年現在，資源水準が低い状態にあるものは，マサバ太平洋系群（低位増加），スケトウダラ日本海北部系群（低位横ばい），スケトウダラ根室海峡系群（低位増加），ズワイガニオホーツク海系群（低位横ばい）などである．逆に高い水準にある主要資源は，ゴマサバ太平洋系群（高位横ばい），ズワイガニ日本海系群Ｂ海域（高位横ばい），ズワイガニ北海道西部系群（高位増加），スルメイカ秋季発生系群（高位横ばい），などである．

（独）水産総合研究センターが資源評価を取りまとめているすべての系群について，1995 年から 2011 年までの資源水準の推移をまとめたものが，図 2・6 である[ix]．過去 15 年ほどで，低位の割合が減少し中位が増加しつつあることが見て取れる．

また，第 4 章で説明するように，国民生活上重要な魚種や資源状況が悪く緊

[viii] 我が国周辺海域の資源評価は（http://abchan.job.affrc.go.jp/）．また，まぐろ・かつお類をはじめとした遠洋水域で漁獲される国際資源についても，日本の消費者および漁業に重要な位置づけにある資源については，国際的な管理を科学的に行うための基礎資料として資源評価が公表されている（http://kokushi.job.affrc.go.jp）．

[ix] 評価単位を統合した際に水準が異なる場合には，両水準を併記してある．また，2004 年からは新たにマチ類（4 種，全て低位）の評価が開始されている．

§4. 漁業生産と資源の状況　37

急に管理を強化すべき魚種，あるいは日本周辺海域で外国により漁獲されている魚種については，海洋生物資源の保存及び管理に関する法律（資源管理法）に基づき，採捕量の上限として「漁獲可能量（Total Allowable Catch：TAC）」が設定されている．現在 TAC が設定されているのは，サンマ，スケトウダラ，マアジ，マイワシ，さば類（マサバ，ゴマサバ），スルメイカ，ズワイガニ，である．これら TAC 対象 8 魚種 14 系群について，資源利用の推移をまとめたものが図 2・7 である．図中の「要改善」は現在の漁獲では資源減少が続くと考え

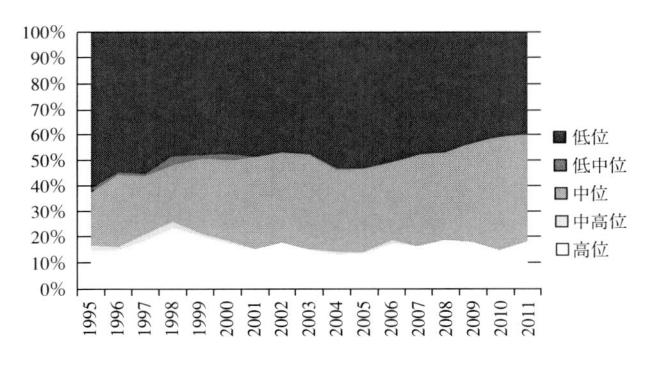

図 2・6　資源評価対象系群の資源水準の推移
（データ：資源評価票）

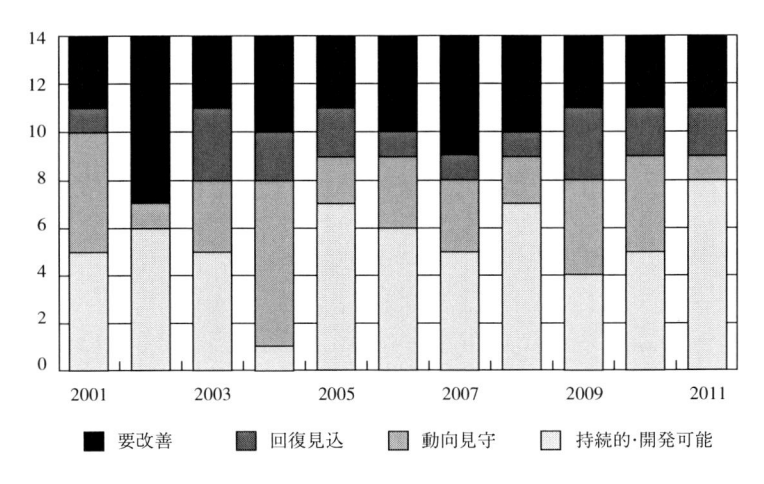

図 2・7　TAC 対象種 14 系群の資源利用の状況
（データ：資源評価票）

られているもの，「回復見守り」は現状の漁獲で資源の回復が見込まれているもの，「動向見守り」は現時点では特に懸念がないものの将来的には減少も予測されるもの，「持続的・開発可能」は現状で持続的な利用が行われているか，あるいはもっと漁獲を増やすことが可能なもの，を表している[x]．要改善の系群が3系群あるものの，残りの11系群はおおむね合理的な資源利用が行われている．

4・3 漁業就業者の状況

最後に，水産資源と並んで漁業のもっとも基本的な要素である，漁業就業者（漁業者および漁業従事者）の動向を簡単に整理しよう．戦後間もなくのころ，統計上100万人を超えていた漁業就業者数は，東日本大震災前の2010年時点で，約5分の1の，20万3千人に減少している（農林水産省大臣官房統計部, 2011）．特に留意すべき点は，その年齢構成である．現在，60歳以上が50.0％，65歳以上が35.9％を占める一方で，40歳未満は15.4％，25歳未満はわずか2.8％にとどまっている．漁業という産業が，元気な高齢者が働く場として機能することは，社会的によいことであるが，あまりに年齢構成が高齢者に偏りすぎることは産業として健全とはいえず，また漁業管理のための意思決定にも影響が及ぶであろう．よって，近年は官民を挙げて新規漁業就業者の確保にむけた取り組みが進められている．その結果もあり，直近3年間（2008～2010年）の平均漁業就業者数は，10年前の約35％増の1,900人/年程度にまで増加し，そのうち3分の2が40歳未満により占められている．また，これまで漁業とは関係をもたない者による新規就業（Iターン）にも注目が集まっている（大谷, 2011）なお，性別構成をみると，全体の14.8％が女性就業者であり，特に漁獲物の選別やカキの殻むきなど，陸上作業の従事者数では，女性が全体の約4割を占めるなど，漁業生産において大きな役割を担っている（水産庁, 2012）．

---

[x] ここでは，資源評価票における資源重量がBlimitを下回るものを，資源回復が必要なものとし，また漁獲圧がFlimitを超えるものを，今後資源の減少が予測されるものと判断している．なおサンマはBlimitが不明のため除外している．

§5. 漁業の種類

5・1 漁具による分類

　我が国では多様な生態系を対象に，長年にわたり漁業が営まれてきた歴史に基づき，様々な漁具や漁法が各地に存在する．一見類似した漁具であっても，地域によって名称や操業方法が異なることも多い．理論的には，我が国の漁具は以下の3つに分類することが可能である（金田，2005）．以下，その代表的なものを簡単に紹介するが，詳しい構造や対象魚種については専門書（有元・難波，1996；野村，2000；東海・北原，2001など）を参照されたい．また，各漁業の名称は漁業・養殖業生産統計年報の用法に従った．

1）網漁業

　「網漁業」とは，網を用いて行う漁業のことであり，日本の主要漁業の多くを占めている．網は漁獲能力が高い漁具であるため，漁業管理上は，漁業権や漁業許可などにより細かい制限が行われている．

　網漁業のうち，「まき網漁業」は，網具により漁獲対象を包囲し，その逃路を絶ち，次第に包囲形を縮小して採捕する漁業である．日本で最も生産力の高い漁業種類の1つであり，東日本大震災前の5年間（2006～2010年）の漁獲統計によれば，総漁業生産量の3割以上を占めている．本書でも第7章において，北部太平洋でさば類・マイワシなどを漁獲する大中型まき網漁業を紹介する．「底びき網漁業」は，網を海底に接地させ，船舶により曳航することにより，主にベントス類を漁獲する漁業であり，日本の総漁業生産量の約2割を占めている．本書第6章においてナマコ桁（けた）網漁業を，第7章ではズワイガニの底びき網漁業を紹介する．「船（ふな）びき網漁業」は，中層または表層を曳航して行う漁業であり，海底を曳航する底びき網とは制度上区別されている．第6章で紹介するイカナゴは，この船びき網漁業で採捕されている．「定置網漁業」は，水面に漁具を固定して回遊してくる資源を採捕する漁業である．一定の水面を占有し，他の漁具による操業に大きな影響を与えることから，漁業権や許可に基づく操業以外は禁止されているが，総漁獲量の1割以上が定置網漁業により生産されており，特に沿岸漁業においては重要な位置づけを占めている．第6章で紹介するハタハタでは，定置網漁業が底びき網漁業とならび主要な漁業種

類である．「敷網（しきあみ）漁業」とは，網を海中に敷設し，その上に魚が移動したら網を引き揚げて採捕する漁業である．日本各地で様々な網の形態，規模，操業範囲があるが，代表的なものはさんま棒受け網である．「刺網漁業」は，対象資源が遊泳通過する場所を遮断するように細長い帯状の網を設置し，網目に絡ませたりして漁獲する漁業である．沿岸海域においても，また沖合海域においても，多くの漁業者らが操業する重要な漁業種類である．

2）釣り漁業

「釣り漁業」とは，糸と針を有する釣り具を使用し，餌または疑似餌などの誘因物により対象生物をおびき寄せ，針にかからせ採捕する漁業をいう．縄文時代の遺跡からもその漁具が発掘されるほど歴史が古いが，大量の魚を一度に漁獲することができないため，網漁具の発達に伴い，漁獲量に占める総体的割合は低下していった．資源に対する圧力も小さいことから，漁業管理制度上は最も規制が少ない漁業種類である．しかし，多くの資本を必要とせず，また漁獲物の鮮度が高く単価が高いため，現在でも特に沿岸漁業にとっては重要漁業種類の1つである．

代表的な釣り漁業として，いか釣漁業がある．戦前は手動であったが，現在は機械化・自動化され，生産性が大幅に向上した．最近5年は平均17万トンを超える漁獲をあげている．いか釣りは竿ではなく回転式のドラムを用いた漁法であるが，「竿釣り漁業」として代表的なものは，かつお一本釣り漁業である．この漁業でも機械化・自動化が進み，近年は平均で12万トンを超える漁獲を上げている．なお，釣り漁業で最も漁獲量が多く，また漁獲金額も大きいものは，マグロを対象とした「はえ縄漁業」である．浮子により海面から吊るして使用する浮子縄を使用する漁業であり，規模の大きなものでは幹縄が150 km以上，枝縄の数は2,000本以上になる．近年は平均で18万トン以上の水揚がある[xi]．

3）雑漁業

「雑漁業」とは，網漁具と釣り漁具以外の漁具を用いて行う漁業の総称であり，その種類も多い．主なものとしては，スマルと呼ばれる掛け針を鉄棒またはロープに多数つけ，海底などを曳くことにより魚介類をひっかけて採捕する「空釣

[xi] カツオ，マグロ漁業の歴史や技術変化，漁業管理，国際比較などを包括的に研究した文献として，大海原（1996）．

り漁業」（第6章イカナゴ漁業においては，資源量調査の一部で使用）や，木・竹などの設置物により魚介類を誘導し採捕する「えり・やな漁業」がある．また，筒や箱，かごなどを設置してその中に入った魚介類を採捕する「筌（せん）漁業」も有名である．

5・2 漁場による分類

漁場や，沿岸からの距離によって，漁業を分類する場合もある．大きく分けて，沿岸漁業，沖合漁業，遠洋（公海）漁業，そして内水面漁業の4種に分けられる．図2・5では，この分類に従って漁業生産の推移をあらわしている．

1) 沿岸漁業

我が国の漁業生産金額および漁民数では最も重要な漁業種類である．操業海域は地先海域であり，雇用人数は少なく，多くが個人で経営する．漁業の管理は地元の漁協が中心である．他漁協の漁業者が当該海域で操業することは原則許されず，例外的に操業する場合は地元漁協の法的な承認（入漁権）が必要となる．主たる対象魚種はいわゆる"根付き"の資源であるが，回遊性の魚種が採捕されることも多い．沿岸漁業等振興法（2001年廃止）では，小型の漁船を使用して，または漁船を使用しないで行う漁業，漁具を定置して行う漁業，養殖業，の3つを沿岸漁業と定義していた．今でも，日常の語用としては，沿岸漁業に養殖業を含めることが多い．漁業・養殖業生産統計年報では，2010年度版までは「沿岸漁業とは，漁船非使用漁業，無動力船及び10トン未満の動力漁船を使用する漁業並びに定置網漁業及び地びき網漁業をいう」と定義されていた．しかし2011年度版では漁船トン数ではなく，漁法によって沿岸漁業を定義している[xii]．

2) 沖合漁業

沖合漁業は多くが会社経営であり，我が国の漁業生産量（トン）の面では最も重要性が高い．第7章で紹介する大中型まき網漁業のような例外はあるものの，多くの漁船は100トン未満であり，県境を越えて排他的経済水域（EEZ）内を広く操業する．ただし，沿岸漁業と比較して圧倒的に効率的な漁獲能力を有す

[xii] 船びき網，その他の刺網（遠洋に属する漁業を除く），大型定置網，さけ定置網，小型定置網，その他の網漁業，その他のはえ縄（遠洋および沖合に属する漁業を除く），ひき縄釣，その他の釣，採貝・採藻，その他の漁業（沖合に属する漁業を除く）．

るため，しばしば沿岸漁業者との間に軋轢が発生する．たとえば，産卵のために接岸回遊する親魚を保護する必要がある場合，たとえ沿岸漁業が産卵域を禁漁区に指定していても，その禁漁区に向かう途中の魚を沖合漁業が集中的に漁獲してしまうことも技術的には可能である．このため，沿岸漁業と沖合漁業の調整は，行政にとって最も重要な業務の 1 つとなっている．

3）遠洋漁業（公海漁業）

遠洋漁業は，沖合漁業よりも高度に資本化されており，公海や外国の EEZ で操業する．1970 年代に 200 海里体制が確立する以前は，日本で最も生産力の高い漁業種類であったが，現在は漁獲量が大幅に減少している．なお，本書では遠洋漁業を考察の対象としていないが，興味のある読者は，川上（1972），長谷川（1988），東京水産振興会（1992），小野（1999）などを参照されたい．

4）内水面漁業

内水面漁業は，現行漁業法では「第 5 種共同漁業」として規定され，農林水産大臣の指定する湖沼（琵琶湖，浜名湖，霞ヶ浦北浦，厚岸湖など）を除く河川，湖沼や，農林水産大臣の指定する海面（久美浜湾，与謝海）において行う漁業をいう．生産はごく少ないが，特に中山間地における動物性タンパク質生産として歴史的に重要な役割を担っている．また，乱獲に陥りやすいことから，上記のように現行漁業法においても独自の扱いを受けている．本書では，第 8 章において，第 5 種共同漁業の立法経緯を簡単に紹介する．

5・3 管理体系による分類

我が国の漁業は，法制度上は 3 つの管理体系（漁業権漁業，許可漁業，その他漁業）に分類されている．詳しくは第 4 章で紹介するため，ここでは概要のみ触れることにする．

まず，第 3 章で紹介するように，沿岸の地先水面においては，古くから地元の漁村により水産資源利用のルールが定められてきた．この基本的な仕組みを引き継いだものが，現在の漁業権漁業である．漁業法第 6 条には，漁業権の種類として，定置漁業権，区画漁業権，共同漁業権が定められている．定置漁業権とは，定置網漁業の中で大型のもの（基本的に身網の最深部が 27 m 以上のもの）を営む権利である．区画漁業権とは，一定の区画内において養殖業を営む

権利であり，その敷設材料によって第一種～第三種に区分される．また，区画漁業権の中でも比較的共同漁業（地区の漁業者が共同して営む）に類似するものを，特定区画漁業権と呼ぶ．共同漁業権とは，一定の水面を共同に利用して小規模漁業を営む権利をいう．漁協・漁連のみに付与され，その組合員が共同で権利を行使する．

　許可漁業とは，水産資源の保護，漁業調整その他の公益上の目的から，一般にはその操業を禁止した上で，特定の者に限って禁止を解除した漁業を言う[xiii]．都道府県知事が漁業調整規則に基づき許可する漁業を知事許可漁業という．各地の生態系や漁法・伝統に基づき，その内容は非常に多様である．このうち，広域的な資源の管理など公益上の目的から，国としての全体的な調整が必要なものについては，農林水産大臣が各県の許可隻数などを設定している．これを法定知事許可漁業（大臣枠づけ知事許可漁業）という．また，政府間の取り決め

コラム 2：生物の環境と社会の関係を扱う学問分野

　生物学の一分野に生態学（ecology）がある．生態学は「個体もしくはそれ以上のレベルでの生命現象に主な関心を寄せる生物学」と定義される（巌佐ら，2003）．特に，様々な環境要因や社会的要因のもとでの個体の生理的反応や，個体間の関係，群衆の行動などを理解する分野として，生理生態学（physiological ecology）や行動生態学（behavioral ecology），群衆生態学（community ecology）などがある．これらの分野では，生物世界の社会関係に着目した考察が行われる．たとえば今西錦司が提唱した「棲み分け理論」は種同士の社会的関係に着目した理論であり，群衆生態学の川那部浩哉は「群衆とは関係の総体だ」と指摘する（川那部，1996）．なお，水産資源と海洋環境の相互作用に着目した学問分野である水産海洋学（fisheries oceanography）は日本が世界を牽引してきた分野である．

　環境は生物を形づくり，また生物は環境を形作る，という観点からは，生物の一種であるヒトも同様である．生物学を基盤として，あるいは社会科学を基盤として，ヒトを個体および個体群レベルで対象とし，環境や社会との関係を考察する分野としては，人類学（anthropology）や人類生態学（human ecology）といった分野がある（大塚ら，2012）．

巌佐　庸，菊沢喜八郎，松本忠夫，日本生態学会（2003）：生態学事典，共立出版
大塚柳太郎，河辺俊雄，高坂宏一，渡辺知保，安部　卓（2012）：人類生態学第 2 版，東京大学出版会
川那部浩哉（1996）：生物界における共生と多様性，人文書院

[xiii] 海の使用に関する権利と許可の法的性格については第 8 章で詳しく議論する．

や漁場の位置関係などにより，国が統一して制限措置をとるべきものを指定漁業（大臣許可漁業）という．指定漁業は許可漁業のうち，最も大規模で企業化されている．

引用文献

CIA（2012）：The World Fact Book. CIA
FAO（1999）：Number of fishers 1970-1997. FAO Fisheries Circular 929 FAO
Gaston K, Blackburn T（2000）：Pattern and Process in Macroeciology. Wiley-Blackwell
MacArthur R, MacArthur J W（1961）：On Bird Species Diversity. Ecology 42:594-598
有元貴文，難波憲二編（1996）：魚の行動生理学と漁法．水産学シリーズ108．恒星社厚生閣
大海原博（1996）：カツオ・マグロ漁業の研究―経営・技術・漁業管理．成山堂書店
大谷　誠（2011）：Iターン労働力の特質―島根県を事例として―．漁業経済研究 55（2）:1-16
小野征一郎（1999）：200海里体制下の漁業経済．農林統計協会
金田禎之（2005）：日本漁具・漁法図説．成山堂書店
川上健三（1972）：戦後の国際漁業制度．大日本水産会
環境省（2011）：海洋生物多様性保全戦略．
国際農林業協働協会（2008）：FAOSTAT利用の手引き．国際農林業協働協会
水産庁（2012）：水産白書 平成24年度版．農林統計協会
東海 正，北原 武編（2001）：漁具の選択特性の評価と資源管理．水産学シリーズ127．恒星社厚生閣
東京水産振興会（1992）：これからの公海漁業について．東京水産振興会
長崎福三（1994）：肉食文化と魚食文化．農山漁村文化協会
農林水産省大臣官房統計部（1963～2012, 2007～2011）：漁業・養殖業生産統計年報．農林統計協会
農林水産省大臣官房統計部（2011）：漁業就業動向調査報告書．農林統計協会
野村正恒（2000）：最新漁業技術一般 改訂四版．成山堂書店
長谷川彰（1988）：海洋自由から海洋分割へ．長谷川彰,廣吉勝治,加瀬和俊編 新海洋時代の漁業．農山漁村文化協会
宮下直，野田隆史（2003）：群集生態学．東京大学出版会

第3章　日本の漁業管理の沿革

　日本の漁業管理制度は，飛鳥時代から今日に至るまで「資源利用者による資源の管理」という基本理念が貫かれている．この長い制度史の中で，近年2つの大きな改革があった．それは，明治維新に伴う近代化（欧米化）政策と，太平洋戦争の敗戦およびアメリカによる占領政策である．本章では，漁業制度の変遷を概観するとともに，現行漁業法の立法過程を詳しく見ることを通じて，1300年にわたる我が国漁業制度の史的経緯を紹介する[i]．

§1. 近世まで

　第2章で触れたように，日本が位置する太平洋北西部海域は世界的に高い生産力に恵まれ，現在の日本列島に居住した人々は数千年にわたりその資源を利用してきた．現在2,500カ所以上が確認されている遺跡からは，100種以上の魚類，300種の貝類，海棲哺乳類の骨，漁具などが発掘されている．考古学的調査によると，BC10,000～300年ごろまでには，これら水産資源に依存した定住がはじまっていたとされている（Ruddle, 1987）．当時採捕されていた代表的な魚種は，たい類，スズキ，カレイ，マグロ，ブリ，サワラ，サケ，ナマズ，コイ，ウナギなどである．また，アサリ，アカガイ，カキ，バカガイなども利用されていた．（長崎，1994）

　6世紀ごろ，日本は鉄器時代に入る．原始的な網漁業もこのころ始まったと考えられている．漁業に関する文化も発展し，たとえば以下の2つの短歌は，7世紀末から8世紀にかけて編纂された日本最古の歌集である万葉集におさめられている．当時の王子らの作である．

　　　　見わたせば　明石の浦に　燭（とも）す火の
　　　　　　　　　　穂にぞ出でぬる　妹に恋ふらく
　　　　　　　　　　　　　　　　　　　　門部王（?～745）

---

[i] 本章は，牧野（2001），牧野・坂本（2003），牧野（2005）を基に，加筆・再構成した．

沖辺行き　辺を行き今や　妹がため
　　　　　　　　　　　我が漁れる　藻臥束鮒
　　　　　　　　　　　　　　　　　　　　　高安王（？〜742）

　漁業に関する成文法のうち，現在まで文章として残っている最古のものは，645年の大化の改新後，大宝律令に続いて発布された養老律令である[ii]．そこには「山川藪澤之利公私共之」（経済雑誌社編，1900）とある．これは，海も含めた山川藪澤は特別な事情のない限り何人も自由に利用しうる区域であることを意味している．

　原（1948）によれば，当時こうした政策が採られた背景には，以下の事情があったとされる．大化の改新後に班田制を導入し，田租（田の面積に応じて米で納める税）に依存した国家体制を採用したものの，改新当時の農業発達段階においては班田百姓の田租の負担は大きく，班田のみでは生活維持が困難であった．それ故，戸口の不正，百姓の逃亡離散，空地の開墾など，班田制の基盤を揺るがす事態が多発していた．よって，班田百姓の生活維持のための補充財を得る場として，山川藪澤を民利に供すると同時に，その利用者をして山川藪澤の管理・持続的利用を図らしめたのである．ここに，我が国の漁業管理制度の基本的な特徴である，「資源利用者による資源の管理」という基本理念が始まるのである．

　鎌倉時代に入り，武家社会が始まると，その基本制度として1232年に御成敗式目が制定される．漁業に関する規定としては「一　用水山野草木事　法意ニハ，山林藪澤公私共ニ利ストテ自領他領ヲイワズ，先例アリテ用水ヲヒク．」（川俣，1930）とあり，飛鳥時代の基本理念は受け継がれていることがわかる．

　江戸時代に入り封建制が確立すると，村ごとに貢租を徴収する「村高制」が導入され，村が1つの行政単位となる（現在の市町村）．漁業に係る制度としては，1741年の律令要略「山野海川入会」の項に「一　磯猟は地附根附次第也，沖は入会…」（石井，1939）という規定がある．当時，地附根附なる地先海域は，村によって支配・管理される総百姓共有制漁場であった（二野瓶，1962）．これを「一村専用漁場」ともいう．よって，村による掟や慣習に基づいた漁業が操業されていたと考えられる．この地元地域による地先水域の管理という理念は，その

[ii] 大宝律令の全文は現存していないため，そこに漁業に関する記述があったかどうかは確認できない．しかし，養老律令はその大部分が大宝律令を基礎として制定されているため，おそらく大宝律令の中にも同様の規定があったと推察されている．

後も形態を変えながら，現在の共同漁業権に受け継がれる．一方で「沖」に関しては，「入会」，つまり領主や村の所属にかかわらず自由に操業された．但し，この「沖」で営まれた漁業は，海域的には現在の沖合漁業（第1章参照）とは異なる．当時の技術水準から考えれば，その操業海域は現在の沿岸漁業にほぼ含まれるものと捉えられよう．磯と沖の境界は，各村の掟により，海底地形や水深に基づいて決められていたようである．

江戸中期以降，人口増加と漁業技術の進化が進むと，大地引網や台網に代表される，大資本と多労働量投下を前提とした漁業が発展する（近藤，1975）．その結果，地先海域の一部は，これらの漁具を所有する津元・網元と呼ばれる上層漁民が支配することになる．沖においても，地域別又は業種別に組織が結成され，漁期，漁法，漁場，などの操業ルールが決められるとともに，その体制は貢納を通じて領主により保護されていた．

江戸期までの漁業制度と漁民社会をめぐる以上の経緯は，上層漁民による水産資源の独占過程とも捉えられるが，同時に，漁獲圧の上昇に対応するための管理制度の自生過程とも理解できる．すなわち，Hardin（1968）の「コモンズの悲劇」を回避するための，「自生的制度」（江頭，1999）である．特に，江戸中期以降の漁業制度はGordon（1954）のSole OwnershipあるいはCommunal Ownershipに近い形態であり，理論上は持続的漁獲を実現する必要条件を満たしている．では，果たして江戸期後期の漁業は資源的に持続可能であったのだろうか．この点について，明治維新直後の出来事から考察してみよう．

表2・1　江戸期以降の漁業管理制度の変遷

時　代	海域	制度の枠組み
江戸以前		海域は共同利用で，地元資源利用者により管理
江戸前期 （1603～1700 ごろ）	沿岸 沖合	沿岸漁村が利用ルールを作り，執行する責任を有していた． オープンアクセス
江戸後期 （1700 ごろ～1868）	沿岸 沖合	労働集約型の資本制漁法が発達．一部上層漁業者が操業を支配する場合が多かった． 大型漁業が発達．関係者が組織化され，操業ルールを作るとともに，領主により保護された．
明治維新直後 （1868～1901）		中央政府によるトップ・ダウン的な借区制度の導入を試みたが失敗．地元漁業者の団体による管理に回帰．
明治漁業法 （1901～1949）	沿岸 沖合	排他的物権としての漁業権を，漁業者団体と個人に付与． 漁業許可を，個人や法人に発行．
現行漁業法 （1949～）	沿岸 沖合	制限物権としての漁業権を，漁業協同組合および個人に付与 漁業許可を，個人や法人に発行．

§2. 明治維新と近代化

2・1 明治維新

　幕末の動乱を経た日本は，明治維新により，近代国家の構築を目指すこととなった．明治政府は，身分制の撤廃，職業の自由化などの近代化（欧米化）政策に続き，1875（明治8）年，海面官有宣言および海面借区制を発表する．この海面官有宣言・借区制の内容を要約すると「海面はもともと国の所有に属しており，天皇の特許により漁業を行いたい者は借用料を上納すべし」というものである[iii]．これは政府が有料ライセンスによる参入規制を通じて上位下達（トップ・ダウン）的に漁業を管理し，漁業者らは各自の経営合理化のみを図るという，いわば欧米型の漁業管理形態を日本漁業に取り入れる試みとして捉えられよう（第5章参照）．その結果，大量の出願が集中し漁場は大混乱に陥った（高橋・三島，1964）．

　秋山（1960）が当時の漁業生産の変化を検討した結果によると，海面官有宣言・借区制の前年である1874（明治7）年から7年の間に，漁獲高が実質で約3倍に伸びている．この事実より，江戸期の漁業管理制度について以下の3つの議論が可能となる．第1に，ごく短期間に約3倍という大幅な漁獲増が生じたということは，江戸期の漁業管理制度において，漁獲圧の抑制と資源保全が一定程度は機能していたであろうということである．第2に，大量の新規参入が生じたということは，江戸期における漁業管理制度において，漁業には他の職業からの参入を誘引する程度の期待利潤が存在していたであろうということである．第3は，明治維新以降の急激な漁獲圧増加による漁獲増は，乱獲と資源水準の低下を引き起こす危険が高い，という点である．

2・2 明治漁業法

　明治時代の漁業統計を見ると，結果的に明治初期の爆発的漁獲増は一時的であり，その後急速に漁獲量が低下していった．やはり，乱獲と資源水準の低下が発生したと考えられる．漁民数の増加と資源水準の低下が同時に発生すると，必然的に漁民一人当たりの漁獲は低下する．その結果，日本各地で漁場紛争と

[iii] 海面官有宣言・借区制が発出されるまでの背景やその内容，漁業組合準則への経緯などについては青塚（2000）が詳しい．

乱獲が激化した．この事態への対応策として，明治政府は1886（明治19）年に漁業組合準則を制定する．これはその名が示す通り，地域漁民の団体によるルール作りを通じた漁獲圧調整を基本とした制度であり，現行の水産業協同組合法の前身である．

その後1901（明治34）年に漁業法が制定され，魚種と漁法とを限定した財産権的権利として漁業権が明文化された（表2・2）．1904年の日露戦争を経て，資本主義化（帝国主義化）が進む1910（明治43）年には，漁業権を物権とし，財産権的性格を強める改正が行われた．その結果，漁業権の譲渡や貸付，担保化も可能となった[iv]．また，1933（昭和8）年の改正により，これまで漁業権の主体（漁業権者）としての役割しか担ってこなかった漁業組合に，法人としての経済事業も認められた．この明治漁業法はその後の敗戦まで，日本漁業の基本法となる[v]．

太平洋戦争後の漁業制度改革に際し，農林省水産局により作成された「漁業制度改革の基本問題」（1947年3月24日作成，水産庁1963に収録）という資料では，明治漁業法の綿密な検証が行われており，その性格を詳しく知ることができる．まず，当時の政府は明治漁業法に関し，「漁業権を魚種と漁法とを限定し独占排他性のある物権としてみとめたこと」を評価している．その根拠は「自由競争に放任することは…生活を脅かすのみならず水産動植物の繁殖保護は講

表2・2 明治漁業法における漁業権（田中，2002をもとに作成）

漁業権の名称	権利の内容
地先水面専用漁業権	江戸時代からの一村専用漁場の慣習を引き継ぎ，主に定着性資源の採捕を行う権利
定置漁業権	村張りの大型定置網や，個人の大型定置網，小型定置網を設置して漁業を行う権利
区画漁業権	個人に漁場を貸し出して行う網仕切りなどの大型魚類養殖業，ノリ養殖業などを行う権利
特別漁業権	地びき網，飼い付け漁業，築磯漁業など，漁場を独占排他的に利用しなければ成り立たない特殊な漁業を行う権利
入漁権	慣習に従い，他の地域の専用漁業権漁場内に入会い，漁業を行う権利

[iv] 物権としての漁業権の法的性質については，第5章および第8章を参照．
[v] 明治漁業法における漁業権の種類と内容については，原（1948），二野瓶（1962）Yamamoto（1995），などを参照．

じがたい．独占的に水面を利用させなければ成立し得ないような漁場については…独占排他性のある物権としたことは後述するごとく適当であった．併し漁業は一つの漁場内で各種の漁業が競合すること，狭い一定の水面のみでは漁業は成立し得ないことから漁場は一般的には広く解放し，特定の魚種と漁法を制限してそれに関してのみ独占的な利用を認めることとし，一定水面のあらゆる利用方法を独占的に行はせる借区制度のような形をとらなかった点に特色を持つ」と述べている．自由操業による生物資源の枯渇を防ぐために漁業権を物権としたこと，しかし，同一漁場の立体的多面的利用形態に対応するため，特定の魚種漁法に関してのみ区域を限って排他性を保障し，他の魚種漁法は広く解放するような沿岸漁業権体系を作ったこと，の2点について，高く評価していたことがわかる．

「(2) 地先水面専用漁業権を一定の漁村内に居住する漁業者で組織する団体たる漁業組合にのみ免許することとしたこと」についても，当時の水産局は評価している．その根拠は，「沿岸をさらに高度に利用するため各種の増殖方法も漁業者により講ぜられ始めていたので水産資源の維持増殖を図ることと漁業によらなくては生活を安定できない漁民の生存権確保のため，漁業者の団体にこの権利を与えたのは適当…」としている．ただし，続く文章において，「立法の主旨から当初努めて定棲生物に限るような行政方針を取っていたが漁法の進歩発達や人口増加に伴う生存競争の結果専用漁業権の漁場内での紛争が惹起し繁殖保護と秩序維持が十分に図れない状態になったので…」と述べている．もともと専用漁業権は定棲生物に限る行政方針であったが，浮魚をめぐる漁場紛争が激化したため，その対応策として徐々に専用漁業権の内容が拡充され，浮魚も専用漁業権の対象になったことがわかる．しかしこのことが漁場の分割につながり，広範囲を回遊する浮魚の有効な利用および保護・培養に支障をきたしたという認識を明らかにしている．そして最後に「…漁場の総合利用，水産資源の増殖及び秩序維持を図るための民主的機構は必要である」とし，民主的機構（漁業調整委員会，第4章参照）の運用によって目的が達成されるべきという考え方を明らかにしている．

続く「(3) 慣行による専用漁業権を慣行の内容のまま，慣行を有する村，部落，漁民団体または個人に与えたこと」については，これらの漁業権を再構成し，零細漁業者に解放すべきと述べている．その外にも，「(4) 定置，区画，特別の漁業は漁業権として漁民の団体にも個人にも免許することとした事」，つまり，有

力者や縁故者に有利な権利付与を可能にした点や，「(5) 入漁権を新たな設定行為によるもののほか，慣行によるものを慣行の内容のまま永久に認めたこと」，「(6) 漁業権の存続期間の更新制度を認めたこと」を指摘し，このような個々の漁業権を中心とした沿岸漁業秩序，関係漁業者の総意の反映されない制度によって，漁場利用が固定化され，漁業技術の進歩に対する柔軟な対応を妨げて生産力拡大を阻害していたと指摘している．また同時に，漁業権の移転や担保化に関して何の制限も調整機構も設けなかったことも，漁場の独占の一因となっていたと指摘している．

沖合漁業については，「(7) 漁業権による漁業以外は当時（著者注：明治漁業法においては）自由を方針としたがその後の人口増加と生存競争の激化に伴ない乱獲による経営の不安定と魚族資源の枯渇をきたしたため…現在では主要な沖合漁業はほとんど許可漁業となっているが特殊のものを除き一般的には県の許可となっている」と述べている．この県知事許可ついては，各県が独自に許可するため県境を越える漁場全体での総合的利用ができていないこと，沿岸漁業に対する影響が考慮されていないこと，の2点を問題として指摘している．

§3. 敗戦と戦後漁業制度改革

3・1　日本漁業を取り巻く社会状況

1945年8月14日，日本政府はポツダム宣言の受託を決定し，9月2日に降伏文書に調印，連合国軍（アメリカ，イギリス，ソビエト連邦，中華民国，オーストラリア，カナダ，など）の占領下に入った．その後，1952年4月28日にサンフランシスコ講和条約が発効し，日本が国家としての全権を回復するまでの間，日本は連合国軍の強い影響力と，被占領国としての限られた国家主権の下で，諸政策を行うこととなった．

戦後，連合国軍による日本の占領政策に関する意見調整の場として，2つの組織が設置された．すなわち，ワシントンに設置された極東委員会（Far Eastern Commission）と，東京に設置された対日理事会（Allied Council for Japan）である．極東委員会は11カ国からなり，アメリカが議長を務めていた．アメリカ，イギリス，ソ連，中華民国の4カ国は連合国軍最高司令官（SCAP）の決定に対する拒否権をもつが，合意が得られない場合にはアメリカが暫定措置をとることが認められていた．一方，対日理事会は日本占領政策に関する助言・諮問機関で

あり，SCAP またはその代理が議長を務め，イギリス・オーストラリア・ニュージーランド・インドの代表 1 名と，ソ連，中華民国からの委員各 1 名ずつによって構成されていた．対日理事会のイギリス連邦代表団の一員であった E. E. Ward によれば，SCAP のマッカーサー元帥は極東委員会にはほとんど注意を払っていなかったが，対日理事会へのソ連の参加には初めから反対だったという．そして，「彼の確信によると，ソ連は日本についてデザインを持っており…日本を民主化するために占領政策の根元を削り取りかつ挫折させる．…アジアにおける共産主義の拡張に対抗するのが，彼の義務だった」と述べている（Ward, 1990）．占領者である連合国軍内部のこうした事情は，後に述べるように，日本の政治過程および立法過程に決定的な影響を与えることとなる[vi]．

なお，敗戦直後の日本沿岸海域は一切の船舶の移動が禁止され，漁業操業も禁止されていた．その後段階的に漁区は許可・拡張されていったものの，漁業設備が不足しており，特に大型漁船は軍事徴用で沈没喪失したため，漁船隻数は 1939 年水準の約 52％まで落ち込んでいた（岩崎，1997）．よって，1945 年 10 月に占領軍の方針によって農林省漁船課が設置され，さらに 12 月には漁船造修計画が閣議決定され，急速に漁船建造が進められていった．こうした一連の政策からも，当時の日本経済にとって食料増産が緊急の課題であったことがわかる[vii]．

このような状況の下で，漁業制度改革に関する民間の議論も 1946 年から始まった．全国漁業青年同盟案，日本漁民組合案，中央水産業会案などが発表されたが，たとえば中央水産業会案の内容を簡単にまとめると，漁業権付与の対象は共同生産を行う漁業協同組合に限定されており，免許も行政官庁ではなく民間の管理委員会による，というものであった．こうした世論の高まりの中，日本政府

[vi] 農地改革においても対日理事会が決定的な役割を果たしたことが Ward によって明らかにされている．日本人官僚が作成し，1945 年に政府に提出した農地改革の第一次案は，国会において骨抜きにされたために連合国最高司令官マッカーサーはこれを拒否した．対日理事会に英国連邦案（オーストラリア人 MacMahon Ball 作成）と，ソ連案が提出され，マッカーサーはマクマホン案を 1946 年 6 月に内閣に送り，気の進まない衆議院を通過して 10 月 21 日に法律になったという（Ward, 1990）．

[vii] 漁船造修計画本文中に「現下の食糧事情の逼迫にかんがみ，水産食糧の増産を図ること契緊なる所，…急速に残存漁船の修理を完了するとともに，新たに所用数の補充をなす要あるを以って…」とある（岩崎，1997）．また，当時水産局で漁業改革の当事者であった久宗も，当時日本に在ったのは武装解除された兵隊と引揚者からなる"労働力"のみであり，国民経済にとっての最重要課題が"食料の確保"と傾斜生産方式に基づく"米の供出"であったと述べている（久宗，1984）．

は1946年6月に農林省水産局に企画室を設置し，漁業制度改革に着手した．

3・2 現行漁業法の立法過程
1）第一次案

1947年1月，水産局により第一次案が作成された．その「目的」部分は，「健全な漁村の育成により漁業生産力の発展を図るのは，日本経済再建の一環であるのに鑑み，漁村民主化の基礎の確立，漁業調整の強化並びに蕃殖保護の徹底を図るため，漁業団体制度の改革と相俟って，左記要綱により，現行漁業法の一部を改正する」とある．

第一次案の骨子は，旧来の漁業権，漁業秩序を無償で白紙に戻し，漁業権は漁業協同組合のみに付与するとともに，「漁場の総合的利用」と「紛争の調停」を図るため，漁業者の代表たる漁業調整委員会を海区ごとに設置するという内容であった．当然，この第一次案は，個人で漁業権を所有している漁業者から猛烈な反対にあった．また理論的にも，任意加入団体である漁業協同組合が全漁業権を所有し，また漁場管理という公的権限を持つことは，一部の漁民組織に全村的権利を与えることになり，不合理であるとする反対論もあったという（潮見，1951）．

連合国軍総司令部（GHQ）で漁業制度改革を担当していた，天然資源局（Natural Resource Section：NRS）は，当初は特段の異議もなく，この第一次案を了承した．そしてNRSは1947年2月5日に開催された第25回対日理事会において，連合軍諸国にこの第一次案を提示するとともに，第一次案をそのまま確認した内容の声明を「日本政府に対する要望」という形で発表した（小沼，1988）．

ところが，ここで戦後の冷戦構造が大きな政治的影響を及ぼすことになる．対日理事会のソ連代表ディレヴィヤンコが，この第一次案に対して強い関心を示し，2月19日の第26回対日理事会において，ソ連案を提出したのである．その内容は，前回理事会で提出された日本政府の第一次案と基本的に同一のものであった．これは，新たな漁業法の内容にソ連が政治的意図をもって影響力を及ぼそうとした結果だと考えられる．つまり，ソ連はこの新しい漁業法を，ソ連の思想に基づく共産主義的法律として位置づけ，国際的にも喧伝しようとしたのであろう．

このようなソ連の動きを事前に察知したGHQの態度は一転し，第一次案は却下された．2月12日付でGHQは日本政府に対し秘密指令を発出し，第一次案

を全面的に書き直すよう要求した[viii].「水産庁50年史」(水産庁, 1998)によると，GHQのこうした行動の原因は2つあり，1つはNRSが政治部局（Government Section）と十分に協議せずに第一次案を了承してしまったこと，もう1つは第25回対日理事会におけるソ連の行動が，政治部局を緊張させたことだとしている．小沼（1988）も，第一次案の了承に政治部局がタッチしていなかったことからGHQ内が紛糾し，その結果，政治部局の主導で一次案を却下し，秘密指令を出したとしている[ix]．この秘密指令の本文を「漁業基本対策史料第1巻」(水産庁, 1963)より以下に抜粋する．

「　秘密ディレクティブ　　昭和22年2月12日附GHQ（秘D）
一．日本領海面の全ての漁業権は直に之を日本国帝国政府に復帰する．
二．領海面を国民のために利用するよう日本帝国政府はこれらの漁業権の行使を漁村に永久に属せしめる．
三．漁業権は日本帝国議会の時宜により定むる条件を付し之を漁村に永久に属せしめる．
四．漁業権の割り当てを管理し，漁業権の割り当てまたは利用に際し，惹起する紛争を調停するために漁村委員会を設立し，之を日本政府の公認単位とする．
五．漁村委員会の委員は当該漁村に居住する誠実な全ての住民によって選挙せられる．投票は之を無記名投票とする．
六．漁村委員会の委員の過半数は村に居住する村民で直接漁業に従事する人とする．
七．漁村委員会の決議に対する訴願権は之を注意して保護しなければならない．地方官庁は中央官庁に対する追訴を審議する直接官庁となりうる．

[viii] 対日理事会の議長は，マッカーサーの代理であるアメリカのシーボルトであった．第26回理事会でソ連案が発表された際，その見解が総司令部の見解と一致しており喜ばしいと述べたという（小沼, 1988）．しかし，この理事会の1週間前には，既にGHQから秘密指令が発令されていたのである．

[ix] 久宗は1983年に行った講演会において，第一次案の組合漁業権について「私権であって，組合に集中するのは私権として認めるからこそ，組合内の規則で規制するということになるのです．漁業経営をコルホーズ的に集団的にやるとか，ソホーズのように国営的にやるとかいったものではないのです．…きめの細かい調整が必要であって，調整を組合内で行わせるために，漁業権の組合集中というわれわれの案が出来上がったわけです」と述べている（漁業経済学会, 1984）．

一定額以上の金額に関する場合には当該個人或は協同体は裁判を通じて訴願権を行使しなくてはならない．
　八，漁業権は現実にその権利を行使する個々の漁業者又は各自その権利の行使に協同して現実に漁業に従事している漁業者の団体によってのみ保持せられなければならない．
　九，漁業権の貸借権に対する順位は絶対に左の順序に一致しなければならない．
　　　ａ，当該漁村委員会に行政区域と同じくする地区に定住する漁業者
　　　ｂ，隣接せる町村に居住する漁業者
　　　ｃ，隣接せる府県に居住する漁業者
　　　ｄ，其の他の現実に漁業に従事する漁業者
　十，漁業権の貸し付けは，漁村委員会の管理下において12ヶ月（暦年による）以内の期限によって行われることが漁村委員会に委託される．但し，養殖に関する貸借の期限は五ヶ年以内とする．
　十一，賃貸借は之を転貸することができない．但し，特別の事由により漁村委員会及び農林大臣の許可書ありたるときはこの限りではない．」

　しかし水産局は，この総司令部秘密指令の内容が日本漁業の実情に合わないとして拒否し，水産局の手によって改革案を作成することを主張した．水産局はその後，日本漁業制度の根本問題について再検討を加えるとともに，前節で紹介した「漁業制度改革の基本問題」を作成して，明治漁業法の下での制度的問題と基本方針を整理し，その後の総司令部折衝にあたった．

　2）第二次案
　第一次案がGHQに否定された後，水産局部課長会議によって打開の方策が練られた．しかしそこで出された意見の大半は，第一次案に賛成であった．よって，第二次案の立案においては，第一次案の内容を実質的にいかに達成するか，いかなる形でGHQの了解を得るか，に重点が置かれた．
　1947年6月に作成された第二次案では，漁業権の主体である漁民の団体の名称を「漁民公会」としたものの，実質的な内容は全体的に第一次案と同一であった．ただし，個人漁業権者の要望を一部とり入れ，漁業調整委員会の決定により個人にも漁業権を免許しうるという変更が加えられた．この点に関し，佐藤

（1978）は「専用漁業権以外の漁業権の個人有・会社有などを認めたことは，改正案としての一歩後退であることは明らか…」と述べ，法案がはやくも旧権の保護に傾きかけたと主張している．この第二次案を GHQ に提出したところ，基本的に漁業権の組合有方式をとっているため，結局は承認されなかった．漁業基本対策史料によると，その理由は，第26回対日理事会以降 GHQ 政治部局が漁業改革に関与するようになり，また NRS も自らの責任において漁業改革を進めようとしたことにあったという．その後も水産局は，GHQ と，漁業権の組合所有を望む零細漁業者，そして明治漁業法で権利を有していた個人漁業権者という，三者間の調整を続けていった．

9月15日，GHQ より①専用漁業権の内容から浮き魚を排除すること，②改革に伴い消滅する漁業権に対する補償を行うこと，③適格性と優先順位を明記すること，などの指示が出された．この指示に対し，水産局は①は回答を保留，②については専用漁業権以外は財産税評価方式で補償するとし，③はケースに応じて具体的に判断すべきであり，法律で一律に決定することは避け，漁業調整委員会によるべきと主張した．そして翌1948年1月には，補償について特別会計を発表し，一切の漁業権，漁業権の賃貸権および入漁権は国が補償し，その財源は免許料，許可料収入をもって充てることにした．

3) 第三次案

1948年，水産局は次の改革案（第三次案）を作成した．この法案は，①海草，貝類根付き磯付きの漁業権は組合に附与し，技術的に団体規制を必要とする，ひびだて，貝養殖の区画漁業権は組合を優先する，②その他の漁業権は経営者にも付与する，③漁業権をなるべく縮小し許可漁業とする，④漁業調整委員会を設置する，という骨子のものである。

この第三次案に対し NRS のヘリングトン水産部長から以下のような意見が出された．①漁業権を農地と同様の私的財産権として扱うこと．それ故漁業総合調整には反対で，漁業権の行使及び権利の移転等に関して個人自由主義の原則を取るべき．②法律に違反しなければ更新制度を適用し権利を半永久化すること．優先順位は権利の再配分（新たな漁業権が設定されたり，漁業権が放棄された際など）にのみ適用し，漁業調整委員会が決定機関となること．③自由移転，自由担保化を認めること，などである．第5章で詳しく紹介するように，英米法型の漁業制度に基づく意見である．

これに対して日本政府の水産局は「(漁業権の) 自由移転と更新制度は, 我々の考えでは今次大改正を必要とするに至るほど日本の沿岸漁業を混乱せしめ, 総合調整を不可能ならしめた最大の原因である. これは我々水産局官吏のみの考え方ではなく, 大多数の働く漁民の世論である. …我々としては最小限度本案を議会提出前に公表し, 漁民の一人一人が十分にこれを検討しこれに対する自由な意見を発表する機会を与えられんことを切望する…」(水産庁, 1963) と主張し, 折衝を続けた. この交渉を見ると, NRS と水産局の, 漁業権に対する認識の相違が明らかになる. NRS は私的財産権としての漁業権を想定しているのに対して, 水産局は, より公権的性格を含んだ漁業権の設定を主張していたのである.

1948 年 7 月, 第三次案は正式に NRS に承認され, ようやく日本政府閣議に提出された. しかしながら, 芦田均内閣の経済閣僚懇談会において審議された結果, 一部閣僚の反対にあい, 閣議通過はならなかった. 閣議において不備と指摘された点は, ①現権利者の損失, 特に漁業権に対する債権者, 抵当権者 (特に銀行等) の保護が不十分, ②漁業権が他の施設 (特に会社経営をとっている漁業権行使者の会社施設) と一体となって担保価値を有するものには, その価値の下落をも補償すべき, ③然らざれば抵当権者 (特に銀行) に損害を与え, 今後の水産金融をますます逼迫せしめる可能性がある, などであった.

こうした閣僚からの指摘をうけた水産局は, 第三次案の内容を広く公表して関係漁民に周知せしめ, さらには係官を現地に派遣し, 説明会および討論会を開催して第四次案の作成に資することとした.「漁業基本対策史料第一巻」に収められている資料 (水産庁, 1963) から, この現地説明会・討論会における当時の漁民の意見を整理すると, 以下のようにまとめられる.

一般零細漁民：基本的な問題は漁業権の保有主体が誰になるのかということ. 特に大型定置網に関して従来の組合免許の方針を捨て, 優先順位を設けて団体を最優先としているものの, 個人経営者免許も許容している点は, 漁業者の率直な要求に合わない. 個人経営者は認めず, すべてを無償で組合有とするべき (ただし, 食料生産を優先すべき現状では, 経営能力と技術を第一とすべきであり, よって定置のみは経営者免許優先にするべきだという意見もあった). 補償に関しては, 補償金は低く免許料も安くしてほしいとの意見 (とにかく金銭的負担には反対という気風). 漁業調整委

> 員会に関しては理解が難しく，直感的に自分たちの権利が縮められると感じている．
>
> **明治漁業法の下での漁業権者**：漁村の混乱や生産力の減退を引き起こすので，改革は避けられるべき．たとえ改革されるにしても，経営者免許たるべき．誰が秩序を作るかについては，漁業調整委員会の委員が選挙で選ばれると何をするかわからないので，知事選任委員を重視し，かつ，役所が運営をリードすべき．

これらの現地説明会および討論会の成果をへて出来上がったのが第四次案である．

4）第四次案と国会での審議

第四次案における修正内容は，第一種から第五種までの共同漁業権（組合附与）を設けることであった．そこには零細漁業者の要望をとり入れ，第三次案の根付き漁業権に小型定置漁業と一部の特別漁業を組み入れるなど，組合漁業権の対象漁業種を拡大した[x]．また，牡蠣養殖，内水面養殖の区画漁業権，定置漁業権も組合を優先した．この第四次案は閣議決定を経て，1949年4月5日に国会に提出された．衆議院水産委員会に小委員会が設置され，この法案の討議，検討がなされた．そして，衆議院水産委員会による現地調査（6月17日〜8月5日）をもとに，水産小委員会案（修正案）が作成された．

この間，GHQから漁業法案の早期可決について各種の圧力があったと思われる．資料として残っているものとしては，1949年10月27日付 Japan Times 紙第一面における "Fisheries Bill Passage Is Held Vital to Japan" と題された論評がある[xi]．この Japan Times 記事の約1カ月後，11月25日に，水産小委

---

[x] 特別漁業とは，徳川時代の私的独占漁業を継承したもの．具体的には，捕鯨業および，イルカ・地曳網・敷網などの漁業を指す．

[xi] その内容を一部抜粋すると，「SCAP's Fisheries Chief, W. C. Herrington, warned yesterday that the world is watching Japan on the problem of democratizing its fishing industry. …He was specifically commenting on the failure of the Fifth Special Diet to pass the Fishery Rights bill and the possible sabotage of interested groups in holding up the bill in Sixth Extraordinary Diet just convened.… "The leaders of Japan cannot fool the world" he added. "Japan must answer to the world the question whether she adopted the spirit of democracy or still insists on feudalism, by enslaving the common fishermen" he concluded.」

員会案は第六回国会衆議院水産委員会にて可決された．第六回国会衆議院水産委員会会議録 14 号より，可決された水産小委員会案の修正内容をまとめると，以下の通りである．漁業改革による漁業秩序の変化を最小限にとどめ，旧権益をできるだけ維持しようという意図がみてとれるだろう．

---

1. 漁業権の全面整理および再割り当てはやめ，漁業権の不当な集中のみを整理する，
2. 漁業権の貸付を原則的に認める，
3. 漁業権の適格性に関する規定を簡略化する，
4. 優先順位は法定事項から漁業調整委員会の勘案事項に格下げする，
5. 優先順位における，組合の優先を認めない，
6. 漁業権の無条件更新をみとめる，など．

しかし，その翌日から漁業法の審議は急展開をみせた．法案可決の翌日，11 月 27 日に，議事日程追加の緊急動議として，突如衆議院水産小委員長案が提出された．その内容は，修正前の第四次案をほぼそのまま受け継いだものである．この法案は翌日 28 日に衆議院水産小委員会にて可決され，翌 29 日には参議院水産委員会にて可決すると同時に衆議院本会議も通過し，翌 30 日に参議院本会議を通過し，現行漁業法が成立したのである．水産小委員長案提出後，両院通過まで，わずか 4 日間であった．

この間の事情を推察する資料として，参議院本会議における板野勝次氏の発言をみると，「民自党派は，かかる漁民の意思を無視する修正案を，小委員会において共産党の砂間委員の撤回要求にさえも耳をかさずに強引に採決したのであります．然るに会期の切迫しておる本月 26 日忠告にあったのであります．（第六回国会参議院本会議会議録，1949.11.30）」とある．もし 11 月 26 日に忠告があったとすれば，それは当時の状況から考えて GHQ 以外には考えられない．水産小委員会案が一旦可決されていたという事実に鑑みれば，GHQ の存在が，さらに 11 月 26 日の"忠告"が，現在の日本漁業に与えた影響は決定的であった．

なお，漁業法施行法により，旧漁業権およびこれに関連する権利者に対し，補償金として総額 178 億円の漁業証券が交付された．この額は，当時の水産庁の年度予算の 5 倍以上にのぼる．その財源には免許・許可料があてられる予定であったが，その後全国的に免許・許可料撤廃運動が展開され，独立回復後の

1953年には撤廃され，国庫による一括買上げに変更された[xii]．

§4. 水産資源保護法と漁区拡張

では1951年末に制定された水産資源保護法とは，一体どのような法律なのか，漁業法とどのような関係にあるのだろうか．

上述の戦後漁船造修計画が進められ，日本漁業は急速に再建の道を進んだが，その過程で沿岸・沖合の漁業紛争が多発する．これはマッカーサー・ライン（総司令部により決められた日本漁船の操業可能海域の通称）により制限された狭い漁区の中で，戦後の食料不足と戦後復員に伴う漁村の人口増加に対応を余儀なくされたことと，漁船の大型化・高馬力化が進んだためであり，よって当時の日本政府にとって漁区の拡張は緊急課題であった．

それでは，漁区の拡張に際しGHQは日本政府にどのような要求をしたのか．それを最も端的に表現した史料が1949年9月21日第三次漁区拡張に際して発表された，ヘリントン水産部長の談話である．「漁区の拡張については，日本漁民及び政府がGHQに次の事項を信じ込ませるまでは認められないことを話した．すなわち，1．日本の漁業者がGHQの指令，あるいは日本政府の法令，国際法規，協定を守ること，2．漁業者及び政府が，資源の乱獲を防止し調査研究及び漁獲量の最低限度を維持することを希望し，かつ可能ならしめることである（水産庁，1963）」．具体的には，漁区の侵犯を取り締ることと，主に東シナ海のトロール・底びき網漁業の減船を実施することであった．

この要求に対して日本政府が取った施策が，水産庁監視船の建造と，水産資源枯渇防止法の立案であった．この水産資源枯渇防止法は，東経130度以西の機船底びき網・トロール漁業,所謂以西底引きの減船を実行する法的裏付けとなった，強権的，避難的法律である．こうした施策を総司令部が評価したことによって，1949年9月に第三次漁区拡張が実現した．

[xii] 漁業法案および漁業法施行法案が国会審議中の1949年10月17日，大蔵省主計局長宛書面のなかで，既に水産庁次長は免許・許可料を撤廃し農地改革同様全額国庫負担にすることと，補償金は証券ではなく現金で一括交付することの2点の法案修正を要望していた．久宗によれば，漁業権をなるべく高く評価してそれを資金化し，その資本を漁業会につぎ込むことで漁村の生産関係を根本的に変えていくという意図があったという．さらに，1949年3月12日に総司令部より発表された経済安定九原則（ドッジライン）により公債の発行が認められていなかったが故に，漁業証券の買い上げによる資金化の可能性があったと述べ，占領下行政の特殊性を指摘している（漁業経済学会，1984）．

しかしその後1950年から1951年にかけて，漁民数の増加と，乱獲による漁獲の減少，燃料・繊維等操業費用の世界的上昇，魚価の低下などにより，日本の沿岸漁民はますます経済的な危機に直面した．この危機に際し，GHQ NRS へリントン水産部長より日本政府に対して，いわゆる「五ポイント計画」が示された．その内容は，①漁獲操業度を低減すること，②資源保護法制を整備すること，③水産庁と府県に漁業取締部課を設置すること，④漁民の収益の増加を図ること，⑤漁民に対する健全融資計画を樹立すること，の5点である．これに対して日本政府が取った施策が，①小型機船底曳網漁業整理特別措置法等による各種減船整理計画の策定，②水産資源保護法の制定，③取締船の建造と取締り専門部課の設置，④水産業協同組合法の一部改正による共済制の許可，⑤農林漁業金融公庫の設立などであった．このうち，水産資源保護法は，水産資源枯渇防止法の全内容と，漁業法中の水産動植物の繁殖保護に関する規定の大部分を引継ぎ，新法として拡張したものであった．こうした施策を経て，1952年にようやくマッカーサー・ラインの撤廃を見たのである．

以上の整理により浮き彫りになったのは，水産資源保護法制定と漁区拡張とは深い関連があったということ，換言すれば，現行の水産資源保護法は，外圧により成立せしめられたという事実である．また，上記の経緯から明らかな事実は，水産資源保護法が，漁業法と別の理念に基づいて資源管理を規律するために制定された法律ではない，という点である．現在でも，漁業調整規則や沖合の漁船規模や隻数などの規制など，各種の資源保護・培養制度は「漁業法」第65条と「水産資源保護法」第4条の両方を根拠規定としている．つまり，「資源利用者による資源の管理」の基本理念は，戦後漁業制度改革を経ても受け継がれており，第5章で説明するように，この点が英米法諸国との大きな相違である．さらに，減船整理計画も実績は計画の54％に留まり，講和成立後の日本の水産政策の重点は一転して沖合・遠洋漁業の拡張へと移っていく。つまり，水産資源保護法の制定および各種減船整理計画は，あくまでマッカーサー・ライン撤廃のための対GHQ政策であり，実際はやがて来る講和後の遠洋展開を見越して運用されていたともいえるだろう．

以上，現行漁業法および水産資源保護用の立法過程を詳しく見たが，最後に漁業権の性質について，GHQの方針も一貫したものではなかったことを指摘しておこう．1947年2月の秘密ディレクティブでは，漁業権を永久に漁村に帰せしめ，すべての村民による選挙により選出された委員からなる漁村委員会がこ

れを管理するなど，非常に公権的性格の強い漁業権を指示した．一方で第三次案に対してNRSのヘリングトン水産部長が示した意見は，漁業権を個々の漁民の私的財産権とする，自由移転・自由担保制，原則無条件更新制を認めるなど，非常に私権的・個人自由主義的性格が強い．これは，当時冷戦がはじまっていた国際政治の状況を色濃く反映したものとも理解できる．

　占領国であるアメリカの政治方針と，利益集団の要望とを調整しつつ，戦後の食料難などの特殊な国内状況を反映して作られたのが現行漁業権制度である．その結果，現行漁業権制度では制限物権としての私権的漁業権を基礎とし[xiii]，漁場利用の調整という公的な役割は，漁業者らの代表が構成する漁業調整委員会が担うこととなった．水産資源の保護については，水産資源枯渇防止法および水産資源保護法という立法政策により担保するという構造をとった．

§5. まとめ

　日本の漁業管理制度は，本章で見たように，成功と失敗の繰り返しを経て発展してきた．明治維新の際には，欧米型の上位下達（トップ・ダウン）型管理を導入して失敗し，また明治漁業法は，技術変化や権利集中に対応できなかった．戦後漁業制度改革も，国会においてほとんど骨抜きにされかけた．しかし，資源利用者による資源の管理，という基本理念は，結果的に今日まで受け継がれている．

　その一方で，権利や許可の性格は大きく変化してきた．第4章で詳しく見るように，現行漁業法下の漁業権は，総合的漁業調整機構により課せられる様々な制限の下にある．政府や研究機関は，制度的・資金的・科学的支援を通じて，資源利用者の活動をサポートしているが，あくまで資源利用者が，管理に関する意思決定の中心なのである．その具体的な仕組みと事例については，第6章と第7章で紹介する．

　日本の漁業制度史から，いくつかの教訓を導くことができよう．まず，明治維新直後の出来事が示すように，急激な制度変化や，制度の移植は，常に成功するわけではない，ということである．第2は，無制限な漁業権あるいは海面の財産権化は，権利の集中・独占や漁場利用の硬直化につながりやすいという

[xiii] 物を全面的・包括的に支配し得る権利である所有権に対し，一定の限られた内容をもって物を支配（利用）する物権を言う．詳しくは第5章参照．

ことである.何らかの調整機構が不可欠である.3点目に,権益の再配分に際しては,外的圧力が決定的な影響力を持ちうるということである.換言すれば,外的な圧力がない場合,民主主義の下で抜本的な権益再配分を行うことがいかに困難であるか,を示す歴史的証左ともいえるだろう.

コラム3：制度の縦軸と横軸

　制度研究という行為を,布を織る行為にたとえるならば,その縦糸が制度史,横糸が国際制度比較である.この両者が綿密に織り込まれることによって,現行制度に関する頑健な理解が可能となり,将来に向けた包括的な検討が可能となる.また同様に,過去の制度を理解する上でも,当時の国際的な,横方向の情勢を把握することは有用である.

　本章で紹介した大化の改新当時のアジアの状況をみてみよう.中国大陸では,数百年間にわたる南北分裂が終わりをとげ,隋・唐により統一が果たされたころである.その強大な威力は,朝鮮半島など周囲の国々をも風靡しつつあった.このような情勢を留学生らから知らされた中大兄王らは,従来の氏族連合という脆弱な国家組織を廃すために蘇我氏を倒し,王権の下に強固な中央集権国家を構築することにより,この外圧を排する必要に迫られたという（牧・藤原,1993）.大化の改新は,この必要によって行われた社会改革であった（瀧川,1985）.その約1200年後,欧米の帝国主義諸国による植民地支配がアジア地域に広まる中で,近代国家の構築と富国強兵を目指して行われた,明治維新との類似が興味深い.

　また,本章で触れたように,戦後漁業制度改革においては,当時のアメリカ・ソ連という二大国による思想・経済制度の対立（冷戦）が,立法過程に非常に大きな影響を及ぼした.終戦直後の中国内戦,1950年代の朝鮮戦争,1960年代のベトナム戦争と,当時のアジアでは共産主義の拡張が続き,地理的にその極東（アメリカから見れば極西）に位置する日本は,その後も様々な面でアメリカの強い影響下に置かれることとなった.

瀧川政次郎（1985）：日本法制史.講談社学術文庫
牧英正,藤原明久（1993）：日本法制史.青林書院

引用文献

Gordon H S（1954）: The Economic Theory of a Common Property Resource:The Fishery. *Journal of Political Economy* 62:124-142

Hardin G（1968）: The Tragedy of the Commons. Sciene 162:1243-1248

Ruddle K（1987）: Administration and conflict management in Japanese coastal fisheries. FAO Fisheries Technical Paper 296. FAO Publication

Yamamoto T（1995）: Development of a community-based fishery management system in Japan. *Marine Resource Economics* 10: 21-34

Ward（1990）：Land Reform in Japan 1946-1950, the Allied Role. Food and Agriculture Policy Research Center（小倉武一訳（1997）農地改革とはなんであったのか？―連合国の対日政策と立法過程．食糧・農業政策研究センター）
青塚繁志（2000）：日本漁業法史．北斗書房
秋山博一（1960）：明治漁業法の制定過程．漁業経済研究 8（3）：1-30
石井良助編（1939）：近世法制史叢書 第二．弘文堂
岩崎寿男（1997）：日本漁業の展開過程―戦後 50 年概史―．舵社
江頭 進（1999）：F.A. ハイエクの研究．日本経済評論社
川俣馨一編（1930）：新校群書類従 第 17 巻．内外書籍
漁業経済学会（1984）：漁業経済学会三〇周年記念講演：漁業制度改革と私．漁業経済学会
経済雑誌社編（1900）：国史大系 12．経済雑誌社
小沼 勇（1988）：漁業政策百年―その経済史的考察―．農山漁村文化協会
近藤康男（1975）：漁業経済論．農山漁村文化協会
佐藤隆夫（1978）：日本漁業の法律問題．勁草書房
潮見俊隆（1951）：日本における漁業法の歴史とその性格．日本評論社
漁業基本対策史料刊行委員会編（1963）：漁業基本対策史料第一巻．水産庁
水産庁（1998）：水産庁 50 年史．水産庁
高橋泰彦，三島康雄（1964）：漁場紛争の史的研究（上下）．昭和 39 年度農林漁業試験研究費補助金による研究報告書
田中克哲（2002）：最新・漁業権読本．まな出版企画
長崎福三（1994）：肉食文化と魚食文化．農山漁村文化協会
二野瓶徳夫（1962）：漁業構造の史的展開．お茶の水書房
原 暉三（1948）：日本漁業制度史論．北隆館
久宗 高（1984）：漁業制度改革の立案過程―「占領下」の産業立法―．漁業経済研究 28（4）：63-76
牧野光琢（2001）：戦後漁業権制度改革の立法過程．社会システム研究 Vol.4：61-75
牧野光琢（2005）：漁業法．漁業経済学会編 漁業経済研究の成果と展望．成山堂書店，pp66-70
牧野光琢，坂本亘（2003）：日本の水産資源管理理念の沿革と国際的特徴．日本水産学会誌 Vol.69（3）：368-375

第4章　現在の漁業管理制度

本章ではまず，現在の日本の漁業管理の基幹である漁業権，漁業許可，漁業調整機構の内容と役割を，漁業法の目的（第1条）に即して説明する．その後，具体的な漁業管理の制度的枠組として，資源管理型漁業，資源回復計画，資源管理計画，そして日本型TAC制度を紹介する．

§1. 漁業法と総合的漁業調整

1・1　漁業法の目的

現行漁業法の第1条には，「この法律は，漁業生産に関する基本的制度を定め，漁業者及び漁業従事者を主体とする漁業調整機構の運用によって水面を総合的に利用し，もつて漁業生産力を発展させ，あわせて漁業の民主化を図ることを目的とする」と謳われている．本節では，この条文に即して，現行漁業法における漁業管理の考え方と，その仕組みを説明する．

まず「漁業生産力の発展」とは何を意味するのであろうか．この点に関し，第3章でも引用した，水産局資料「漁業制度改革の基本問題」（1947年3月24日，水産庁（1963）に収録）と，漁業法成立直後に水産庁より出された「漁業制度の改革」（水産庁経済課，1950）の記述を整理する．これらの資料では，国内の食料不足に対応するとともに，実際に働く漁民（漁業権を持っているが実際には働かないで権利の貸出などにより不労所得を得ている人ではなく）の経営を改善することが第一の目標であることが述べられている．また，そのためには「乱獲にならない程度に漁獲してしかも現在以上の漁獲高をあげること」すなわち「水産動植物の繁殖保護」を通じて，漁民一人当たりの漁獲金額を改善すべきであるという方針が示されている．つまり，漁業法第1条の「漁業生産力の発展」とは，水産資源の管理を通じた持続的漁獲金額の増加により，個々の漁業者らの労働生産性を上げることを意味している．

では，この「漁業生産力の発展」は一体どのようにして達成され得るのか，その具体的方法が，同じく第1条にある「水面の総合的利用」である．「漁

業制度改革の基本問題」および水産庁経済課（1950）の記述では，水面は立体的・重複的利用が可能であり，また1つの漁業の操業は必ず他の漁業に影響を及ぼすことから[i]，水面を区画して分割使用させること（借区制）は不適切であるとし，一定の水面に多種多様の漁業を包摂していくべきでとしている．つまり，水面の総合的利用とは，英米法型（第5章参照）の漁業管理制度のように海面借区制や漁場主義（無制限主義）的漁業権を設定せず，魚種・漁法・漁場を限った制限主義に基づく漁業権・漁業許可により，同一海域に多種多様の漁業を包摂し，立体的・重複的に利用することを意味するのである．

この「水面の総合的利用」を通じて「漁業生産力の発展」を実現するための具体的制度として，関係者を特定するための漁業権・漁業許可制度がつくられている．そして，その関係者がお互いに意見を述べ，全体的な見地から操業の調整をするための「漁業調整機構」が設置されている．

1・2　漁業権と漁業許可

特定の水産資源，漁場あるいは漁法に関し，その関係者を特定する制度が，漁業権と漁業許可である．第2章の5・3で紹介したように，我が国の漁業は漁業法により，漁業権漁業，許可漁業，その他漁業，の3種類に分けられる．また，漁業権と漁業許可は，海洋環境の変化や技術進歩などに柔軟に対応した操業を可能とするために，存続期間（5年または10年）が設定されている．

漁業法第6条に基づき，漁業権には定置漁業権，区画漁業権および共同漁業権の3種類がある（表4・1）[ii]．定置漁業権とは，定置網漁業の中で大型のもの（基本的に身網の最深部が27 m以上のもの）を営む権利である．区画漁業権とは，一定の区画内において養殖業を営む権利であり，その敷設材料によって第一種〜第三種に区分される．また，地元の漁協や地元漁民による法人に付与される区画漁業権を，特定区画漁業権と呼ぶ．共同漁業権とは，一定の水面を共同に利用して小規模漁業を営む権利をいう．漁協のみに付与され，その組合員が共同で権利を行使するものである．また，第7条により，他の漁場に入り会って操業するための入漁権も設定されている．

---

[i] たとえば定置網や養殖いけすの設置は，その海面での他の漁業操業を排除する．また，魚は基本的に移動するので，ある場所での漁獲は他の場所での漁獲に影響を及ぼす（先取り問題）．同様に，ある海面で産卵のために集まった群れをまとめて獲ってしまえば，そこから離れた回遊経路でその魚を採捕している漁業にも影響が出る，など．

[ii] 各漁業権の詳しい内容や例外などについては，田中（2002），金田（2008）などを参照．

表4・1　漁業権の種類と内容

漁業権の種類	内　容
定置漁業権	定置漁具を使用する漁業を営む権利．身網の設置場所の水深部が27 m以上のものや，北海道においてサケを対象とするもの，など．
区画漁業権	
第一種	養殖の施設や装置を水面に敷設することによって他の水面から区画して養殖業を営む権利．例：カキ垂下式，魚類小割り式，ノリひび建て，など．
第二種	水面を石，竹，網などで囲って養殖業を営む権利．例：クルマエビ築堤式，魚類仕切り式，など
第三種	上記以外の養殖業を営む権利．貝類地まき式，など．
共同漁業権	
第一種	定着性の水産資源を対象とした漁業を営む権利．コンブ，ワカメ，サザエ，アサリ，ウニ，ナマコ，など．
第二種	小型の定置網，固定式刺網，やな，えりなど漁具を固定して採捕する漁業を営む権利．
第三種	地びき網漁業など，動力船を用いない船ひき網漁業や，餌をまいて魚を集めて釣る飼い付け漁業，築磯漁業などを営む権利．
第四種	三重県等で行われている寄魚漁業や広島県等で行われている鳥付こぎ釣り漁業など，特殊な漁業を営む権利．
第五種	琵琶湖や浜名湖など大きな湖を除く河川・湖沼などの内水面と，久美浜湾および与謝海の閉鎖性海面で営まれる漁業．

　これらの漁業権の付与は，漁業法第14条に規定されている適格性（法令遵守精神，居住地など）と，第15〜19条の優先順位に基づいて行われる．優先順位は漁業権の種類により細かく定められている．たとえば定置漁業権では，第1位が漁協，第2位が生産組合，第3位が個人，株式会社などであり，同順位の複数の応募者がある場合には，過去の操業経験の有無などにより決定される．

　なお，漁業権の主体（権利者）に基づいて分類すると，漁協のみに付与される漁業権は共同漁業権と特定区画漁業権であり，これらを組合管理漁業権と呼ぶ．一方で，個人にも付与しうる漁業権は，定置漁業権と，特定区画漁業権以外の区画漁業権であり，これらを経営者免許漁業権と呼ぶ．

　許可漁業とは，水産資源の保護，漁業調整その他の公益上の目的から，一般にはその操業を禁止した上で，特定の者に限って禁止を解除した漁業を言う[iii]．このうち，都道府県知事が漁業調整規則（後述）に基づき許可する漁業を知事

[iii] 海の使用に関する権利と許可の法的性格については第8章で詳しく議論する．

許可漁業という．各地の生態系や漁法・伝統に基づき，その内容は非常に多様である．また，都道府県境を越えて広域的に分布する資源の管理など，公益上の目的から，国としての全体的な調整が必要なものについては，農林水産大臣が各県の許可隻数などを設定している．これを法定知事許可漁業（大臣枠づけ知事許可漁業）という．

政府間の取り決めや漁場の位置関係などにより，国が統一して制限措置をとるべきものを指定漁業（大臣許可漁業）という．その漁船規模や使用漁具，対象魚種，漁場などに基づき，2012時点で13種類の漁業が政令で指定されている[iv]．指定漁業は許可漁業のうち，最も大規模で企業化されている．以上の他にも，農林水産大臣が定める省令に基づき，水産資源の管理や漁業取締，資源利用状況の適確な把握などを目的として，特定大臣許可漁業[v]と届出漁業[vi]が定められている．

1・3 漁業調整機構

特定の水産資源，漁場あるいは漁法に関し，漁業権や漁業許可などにより特定された関係者がお互いに意見を述べ，全体的な見地から操業を調整することにより，水面を総合的に利用し，漁業生産力の発展を実現するための制度が「漁業調整機構」である（表4・2）．

第3章でみたとおり，戦後漁業制度改革においてGHQとの度重なる議論を経て設立された，現行漁業管理制度の中核的な組織が，漁業協同組合と海区漁業調整委員会である．海区漁業調整委員会は漁業法第84条に基づき，原則として1県に1つずつ設立される[vii]．委員の構成は，一般的には15名であり，そのうち選挙により漁業者らの中から選ばれる公選委員が過半数の9人，知事が選

[iv] 沖合底びき網漁業，以西底びき網漁業，遠洋底びき網漁業，大中型まき網漁業，大型捕鯨業，小型捕鯨業，母船式捕鯨業，遠洋かつお・まぐろ漁業，近海かつお・まぐろ漁業，中型さけ・ます流し網漁業，北太平洋さんま漁業，日本海べにずわいがに漁業，いか釣り漁業．

[v] ずわいがに漁業，東シナ海等かじき等流し網漁業，東シナ海はえ縄漁業，大西洋等はえ縄等漁業，太平洋底刺し網等漁業．

[vi] かじき等流し網漁業，沿岸まぐろはえ縄漁業，小型するめいか釣り漁業，暫定措置水域沿岸漁業など．

[vii] ただし，北海道は10海区，長崎県は4海区，福岡県，鹿児島県は3海区，など，複数の海区が設置される場合もある．また，特殊な条件にある海域（新潟県の佐渡海区や霞ヶ浦北浦海区など）にも別途設立されている．さらに，2つ以上の海区にわたる調整問題に対処することを目的とした連合海区漁業調整委員会も設置されている．

表 4・2　日本における漁業調整組織

階層	組織	機能
地域	漁業協同組合	地元漁業者により構成．漁業権行使規則や資源管理規定などにより，より細かい管理・調整．
都道府県	海区漁業調整委員会	漁業者らの代表が過半数を占める．漁場計画や漁業調整規則，委員会指示による管理・調整．
複数の都道府県	広域漁業調整委員会	回遊性魚類の管理や，沿岸と沖合の調整，資源回復計画の立案など．
国	水産政策審議会	国レベルの政策・漁業調整，国際関係などの助言．
漁業種・魚種など	漁業管理組織（FMOs）	自主的管理団体．個別の漁業種・魚種に対応した，さらに細かい管理・調整．

任する学識経験委員と公益代表委員が，それぞれ4人と2人である[viii]．

　この海区漁業調整委員会は，漁業法に基づき，海区の漁業調整に関して強力な権限と機能を有している．たとえば，だれが漁業権の適格性を満たしているのか，に関する認定は海区漁業調整委員会の役割である．そして，どこにどのような漁業権を設定するかを定める「漁場計画」を知事が立案する際には，必ず海区漁業調整委員会の意見を聞かなければならない．また，知事が漁業権漁業と知事許可漁業の漁具，漁法，操業海域，対象資源などに関する制限を定めた「海区漁業調整規則」を策定する際にも，関係海区の漁業調整委員会の意見を聞かなければならない．さらに海区漁業調整委員会は，関係者に対し，操業の制限，禁止，その他必要な指示（委員会指示）を発出することができる．また知事に対して，漁業権の内容に制限や条件を付すことや，委員会指示に従わない者に対する知事からの命令（裏付命令）を建議することもできる．

　広域漁業調整委員会は，漁業法の2001年改正により設立された．都道府県境を越えた広域的な見地から，関係者に対する制限，禁止などの指示を発出することができる．具体的には，回遊性資源の管理や，沿岸と沖合の漁業調整，および，資源回復計画（後述）の立案などを担っている．現在，太平洋，瀬戸内海，日本海・九州西，の3つの委員会が設けられている．水産政策審議会は，水産

[viii] 漁民代表委員が過半数を占めるものの，3分の2には満たない点が重要である．たとえば，漁業法第14条に定められている定置漁業権および区画漁業権の適格性に関し，非適格を認定するためには10人以上の投票が必要となる．つまり，漁民代表のみでは非適格を認定できず，公益代表または学識経験者から少なくとも一人以上の同意が必要となる．

基本法に基づく水産基本計画の策定，水産白書の作成，漁業の管理など水産に関する施策全般について審議するために設置された諮問機関である．国レベルの政策や漁業調整，さらに国際関係などの助言も行う．

なお，現場レベルで最も重要な組織が，様々な漁業管理組織である．これは，漁業種ごと，魚種ごと，あるいは海域ごとに自主的に設立される組織である．多くが漁協の内部に設けられ，漁協によりさだめられる詳細な操業ルール（漁業権行使規則や資源管理規定など）を策定したり，あるいはそれよりも厳しい自主ルールを導入している．第6章と第7章の具体事例では，この様々な漁業管理組織が漁業管理の中心的役割をになっていることを示す．また，第14章では漁業管理組織の役割について考察する．

このように現行漁業法では，主に漁民によって構成される漁業調整委員会に広範な権限を認めることにより，漁業権の私権的性格を制限し，関係漁民の総意に基づいた水面の立体的・重複的利用により，水産資源の管理を内在的制約とした持続的漁業を実現するという仕組みが作られている．つまり，「資源利用者による資源の管理」という基本理念は現行漁業法においても受け継がれているといえよう．

§2. 漁業管理の制度的枠組み

2・1 資源管理型漁業と資源管理協定

資源管理型漁業とは，地元の漁業者らが，科学的な知見を参考にしながら，地域の漁業や資源の状況に応じた禁漁期・禁漁区の設定，漁具・漁法の制限など，多様な施策を柔軟かつ長期的に実施してきた取り組みのことである．その利点は，管理が柔軟であり，また順守率が高いこと，公費支出（税金）が少なくて済むことなどである．古くから各地で行われてきた，漁業者らによる自主的な漁業管理がその基盤であり，1979年には全国漁業協同組合連合会（全漁連）が運動方針として位置づけ，また1984年からは水産庁の基本政策の1つとして資源管理型漁業推進事業が実施されてきた．学会でも多くの研究論文が発表されているが，そのレビューは中西（2005）を参照されたい．

資源管理型漁業の主たる目的は，持続的な収益の向上あるいは安定化であり，その核心は漁業者らの「自主的活動（平沢，1986）」あるいは「自主管理（長谷川，1989）」にある[ix]．よって，その効果的な実施のためには，関係者による漁

場の独占と団体的規制が不可欠である．これらを担保する制度として，前節で説明した漁業権・漁業許可と漁業調整機構がある．第6章および第7章で紹介する漁業管理の事例においても，その取り組みの端緒はこの資源管理型漁業である場合が多い．

また，「海洋水産資源開発促進法」の1990年改正において策定された「資源管理協定制度」も重要である．これは漁業者らが自主的に定める操業海域，対象資源，漁業種類，管理の方法，罰則などの協定を，政府が公的に認定する制度である．この自主協定が漁業法などに基づく公的規制よりも上乗せ的なものを実行していき，その定着度がある一定の基準を満たしたとき，公的規制に置き換えうる，つまり公的規制の自主協定との連動過程が特徴である．これは，漁業者らが自主的に決める資源管理に関する約束事を，政府が公的に支援するという理念である．

資源管理協定の近年の事例としては，大分県におけるサバとアジの協定がある．豊後水道で採捕されるこれらの魚種は，市場で高く評価されるブランドである．釣り漁業（647隻）とまき網（6船団）により漁獲されているが，過去20年間にわたりこれら2つの漁業種は紛争を繰り返してきた．しかし，大分県水産試験場から提供された科学的知見に基づき，両漁業種は産卵期（5月と6月）に禁漁日を設定することについて，2010年6月に合意し，資源管理協定を締結した．その調印式には，大分県知事も参席している．

ただし，この資源管理型漁業に代表される自主的管理には幾つかの弱点もある（牧野，2006）．たとえば，活動の基本単位が単協あるいは県単位であることが多く，広域資源や漁業種間の対応が行われにくい（弱点1）．また，内部の関係者が基本的に全員一致で意思決定するため，本格的・抜本的な取り組みが回避される傾向がある（弱点2）．さらに，持続的資源利用の客観的根拠が弱く，説明責任が十分に果せていないという課題もある（弱点3）．これらの弱点を克服するために，政府が公的かつ科学的に漁業管理を支援する制度として創設されたのが，次に説明する資源回復計画制度である．

---

ix 馬場（1996）は，漁業権行使規則について，その策定は漁業法に規定されているものの，実質的には漁業者らの自主的判断に基づいて策定されているという意味で，自主的管理の一形態とも言える，と指摘している．

2・2　資源回復計画と資源管理計画
1) 資源回復計画

　資源回復計画は，資源管理型漁業の自主的管理を法に基づく公的制度として推進するものとされる（佐藤，2004；牧野，2006；馬場，2007）．2001年成立の水産基本法の柱の1つであり，それに伴う漁業法・資源管理法の改正では広域漁業調整委員会の設置と指示権の付与，資源回復目標（数値目標）の設定と総漁獲努力量（Total AllowableEffort：TAE）制度の導入，および，各種の経営支援措置（予算措置）の創設などがおこなわれた．2013年1月現在，国が作成する広域資源が18計画，都道府県が作成する地先資源が46計画策定されている．

　では，この資源回復計画制度により，上述の3つの弱点は克服できたのだろうか．資源回復計画においては，資源管理"型"ではなく，"資源の回復そのもの"が目的となっている．よって管理目標は数値目標で設定され，検証可能なものとなっている．また，委員会指示・TAE制度により県境・漁業種を越えた，広域で強力な執行がこれまで以上に促進された．さらに協議会からのボトムアップ的な意思決定により，自主的管理措置と公的管理措置の双方の性格を併せ持っており（阿部，2003），また漁家経営を勘案した支援措置により，実行可能性を高めている．つまり，上記の3つの弱点の相当部分を，制度的には克服しうる体制が整ったと言えよう．たとえば資源回復計画の第1号として2002年より執行されたサワラ瀬戸内海系群資源回復計画では，関係諸府県が県境を越えて管理・調整する体制が整備され，また漁獲量も1998年を底に回復の兆しをみせている（永井，2005）．本書で紹介する事例では，第6章で紹介するイカナゴ，ハタハタと，第7章で紹介するマサバ太平洋系群で，資源回復計画が作られている．

　ただし，この資源回復計画にも，少なくとも2つの弱点が存在する（牧野，2007）．第1は，経営支援措置の金額が，対象資源の生物学的特徴や科学的知見の多寡にかかわりなく，一律に設定されることである．たとえば定着性資源と多獲性浮魚類では，成功する確率が全く違う．後者の場合，現行の支援措置では経営リスクが大きすぎて，実施できない場合があるだろう．第2の弱点は，計画の期間である．ほとんどの回復計画は5年間という期間が設定されているが，このような短期間で資源水準に効果を出せる資源は，定着性で成熟が早い種，卓越年級群が発生する種などの特殊な生態をもつもののみである．一部の計画では，期間の更新や延長も行われているが，基本的に現在の仕組みの中では，ほとんど

の魚種に必要な中長期（10〜15年）の取り組みは行いにくい．

2) 資源管理計画

2011年度から導入された「資源管理・漁業所得補償対策（後に，資源管理・漁業経営安定対策と改称)」は，上記の2つの弱点への対策としての効果が期待される制度である．これは，第一次産業への所得補償制度の一環として導入されたものである．当初は農業と同様に，所得と生産費との差額を補填する戸別補償も検討されたが，漁業は農業とは異なり，同一漁業者らが魚種の来遊にあわせて多様な漁具・漁法を使用すること，漁場の年変動などにより操業コストの計算が困難であることなど，実態が複雑であったため，既存の漁業共済制度を活用することとなった（木島，2011）．

漁業共済制度は大きく分けて「掛捨て方式の漁業共済」と，「積立方式の積立ぷらす」によって構築されており，基準収入の原則9割までの補填を行う制度である[x]．図4・1に示すように，基準収入からの減少分が10%未満の場合は補填されず，10〜20%の場合は積立ぷらすのみから，20%以上の場合は積立ぷらすと漁業共済の両方から補填される[xi]．これまでこの制度には，加入要件が厳し

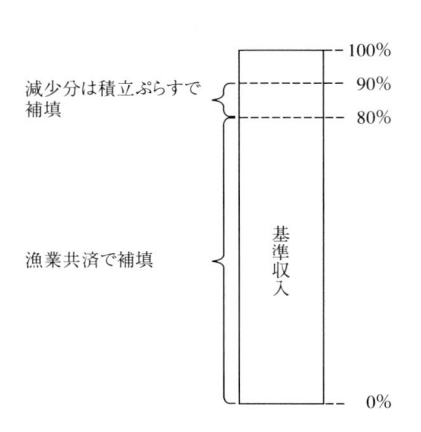

図4・1　漁業共済および積立ぷらすによる所得補償のイメージ

---

[x] 基準収入とは個々の漁業者の直近5年の収入のうち，最大値と最小値を除いた3ヵ年の平均値をいう．

[xi] たとえば抜本的で大規模な資源管理施策の導入により，その年の収入が基準収入の65%に減少してしまった場合，基準収入の10%分は積立ぷらすから，15%分は漁業共済から補填され，最終的には基準収入の90%が確保できる．

いことや，掛金が高額になることなどから，多くの漁業者らが積極的に加入しているという状況にはなかった．よって資源管理・漁業所得補償対策では，加入要件（経営状況，所得，年令など）の緩和と漁業者負担の減少（掛け金の助成）を行っている．図4・2に示すように，所得補償の導入により積立ぷらす積立金の漁業者負担割合は従来の50％から25％まで低下，従来は100％漁業者負担であった漁業共済掛金は70％まで低下している．

　この所得補償対策の対象となるのが，資源管理計画に参加している漁業者らである．この資源管理計画とは，各海域でこれまで長く行われてきた自主的な管理をベースに，資源回復計画のように試験研究機関・行政が積極的に関与することにより，科学的・合理的な管理を実現するしくみである．具体的には，まず国または都道府県が，関係漁業者と協議して，漁業種類ごとに実施すべき管理措置と管理方針および管理目標を定める（資源管理指針）．その後，漁業者らは，資源管理指針および各地のこれまでの取り組み（自主的管理や資源回復計画など）をベースとして，各海域あるいは漁業種ごとの具体的な管理計画（資源管理計画）を作成し，国または都道府県が認定するという手続が行われる．この計画に定められた管理施策が実際に行われたかどうかについての履行確認は，水産庁あるいは都道府県に設置される協議会（行政，研究機関，漁業団体，などにより構成）が行うこととなっている．そして，履行が確認された計画に参画している漁業者らに対しては，所得補償が実施される．なお，資源管理指針の策定に当たっては，国作成のものは水産政策審議会の意見を，都道府県作成の指針は海区漁業調整委員会の意見を聞くこととなっている．

　以上の資源管理計画・所得補償対策により，抜本的で大規模な管理施策の導入による収入減が実質的に補償されるだけでなく，成熟に要する期間が長いなど，中長期的な取り組みが必要とされる資源についても，積極的な管理が制度的に

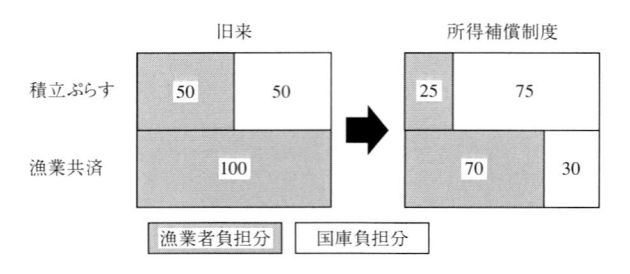

図4・2　漁業共済掛金および積立ぷらす積立金の負担割合の変化

可能となった．今後，その効果に関する科学的な検証が重要である．

2・3 日本型TAC

1996年に海洋法に関する国際連合条約が日本について発効すると，その国内対応法の1つとして「海洋生物資源の保存及び管理に関する法律（資源管理法）」が制定され，翌1997年から7種8魚種を対象とした漁獲可能量（Total Allowable Catch：TAC）が設定された（小野，2005）．これは，魚種ごとあるいは系群ごとに，年間（必ずしも暦年ではない）の漁獲量の上限を定め，資源を保全しようとする制度である．また，2001年改正では漁業努力量の上限としての Total Allowable Effort（TAE）制度も導入され，資源回復計画と連動して運用されてきた．

TAC制度の具体的な運用は以下のような手順で行われる．まず，TACの生物学的基礎となる資源評価が（独）水産総合研究センターにより取りまとめられる．この資源評価により，各水産資源の水準や動向，そして生物学的許容漁獲量（Allowable Biological Catch：ABC）が，将来シナリオに即して計算される．また，この資源評価に際しては，漁業者や外部学識経験者らによる意見交換会も行われる．資源評価結果をベースに，関係漁業の経営や漁獲の状況などを勘案しながら，水産庁がTACの原案を作成する．再度漁業者との意見交換を行った後，水産政策審議会への諮問を経て，TACが決定される．

このようにして国により設定されたTACについて，それを早い者勝ちで獲ってしまっては，漁業生産力の発展は実現できない．また，TACは従量規制であるため，たとえTACを遵守していても，小型の個体ばかりを採捕するのか，あるいは大型個体ばかりなのかによって，資源への影響は著しく異なる．さらに，国民への水産物の安定的な供給という観点からは，消費者ニーズに即したサイ

表 4・3　2011年のTAC

種	TAC（1000トン）	漁獲実績
サンマ（7〜6月）	423	205
スケトウダラ（4〜3月）	288	237
マアジ（1〜12月）	220	152
マイワシ（1〜12月）	209	142
さば類（7〜6月）	717	413
スルメイカ（1〜12月）	297	209
ズワイガニ（7〜6月）	6,227 トン	4,205 トン

ズを，安定的に漁獲することが重要である．よって，関係漁業者らが組織するTAC協定やTAC委員会などの組織が，いつ，どこで，どの漁業種が，どれくらい漁獲するのか，という計画を立案し，また，漁獲実績を国に報告する作業を担っている．さらに，協定を通じた漁業調整・資源管理に関する公的なしくみとして，所定の基準をみたす協定（認定協定）に対しては，協定の目的達成に必要な措置を大臣または知事に請求する権利も認めている．

　図4・3は，スケトウダラ太平洋系群のTAC執行体制を示した図である．国が設定した太平洋系群分のTACは，知事管理分（知事許可漁業による漁獲）と大臣管理分（指定漁業による漁獲）に分けられる．知事管理分は，道南と道東に配分され，さらに漁業種類ごとに配分される．各漁業種類にはTAC協定があり，そこで漁協ごとあるいは時期ごとの漁獲の方式が決定される．大臣管理分についても，各地域の生産体制（漁船隻数・漁船サイズ）や漁場・漁港の受け入れ能力，沿岸漁業との調整など，各地域の様々な条件を考慮しながら，TAC協定において操業計画が決定される．たとえば釧路地区では漁船ごとの一日の水揚限度量が設定され，広尾地区では個別漁獲量割当（IQ）が設定され，室蘭地区，日高地区などでは，漁獲プール制がおこなわれている（金子，2013）．

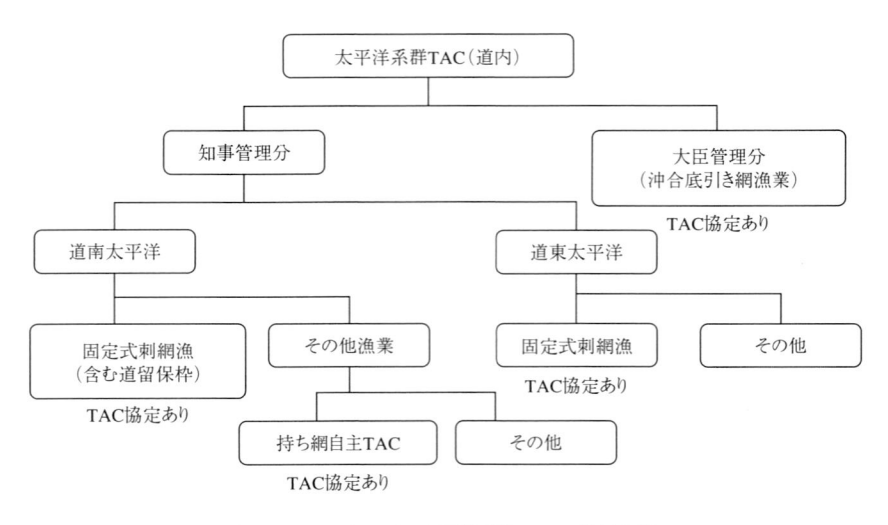

図4・3　スケトウダラ太平洋系群TACの執行体制

以上のように，日本のTAC制度は，国が漁業者との意見交換を重ねてTACを設定し，かつ，その執行については漁業者団体が中心的な役割を担っている．これを「日本型TAC制度」と呼んでいる．上位下達（トップ・ダウン）式ではなく，資源利用者による資源の管理という，日本漁業の理念を受け継いだ制度といえよう．

引用文献

阿部　智（2003）：「源回復計画」制度の概要．日本水産学会誌，69（1）：104-108
小野征一郎（2005）：TAC制度下の漁業管理．農林統計協会
金子貴臣（2013）：漁業の管理．水産学会誌，79（1）：67
金田禎之（2008）：新編漁業法詳解．成山堂書店
木島利通（2011）：我が国の資源管理のあり方—資源管理・漁業所得補償対策実施によせて．水産振興，520：1-49
佐藤力男（2004）：本音で語る資源回復計画．水産振興 442（38-10）：1-46
漁業基本対策史料刊行委員会編（1963）：漁業基本対策史料第一巻．水産庁
水産庁経済課編（1950）：漁業制度の改革—新漁業法条文解説．日本経済新聞社
田中克哲（2002）：最新・漁業権読本．まな出版企画
永井達樹（2005）：瀬戸内海におけるサワラの資源回復計画．日本水産資源保護協会月報　平成17年5月号：8-11
中西　孝（2005）：沿岸/資源管理型漁業．漁業経済学会編．漁業経済研究の成果と展望．成山堂書店，pp. 87-92
長谷川彰（1989）：「資源管理型漁業」の理論とタイプ．漁業経済研究，33（2-3）：1-39
馬場　修（1996）：欧米と日本の漁業管理．北原武編　クジラに学ぶ．成山堂書店
馬場　修（2007）：資源回復計画—資源管理政策としての評価．沿岸・沖合漁業経営再編の実態と基本政策の検討—最終報告．東京水産振興会平成18年度調査研究事業報告書　東京水産振興会
平沢　豊（1986）：資源管理型漁業への移行．北斗書房
牧野光琢（2006）：資源回復計画の位置づけと課題：制度経済学的コモンズ論の視点から．地域漁業研究，46（3）：29-42
牧野光琢（2007）：順応的漁業管理のリスク分析．漁業経済研究，52（2）：49-67

第5章　漁業権の法的性格と国際的特徴

　本章の前半では，漁業権の法的な特徴や資源との関係，環境保全との関係などの論点について，学会での主要な議論を紹介する．本章後半では，海外における漁業管理制度の代表として，アメリカ制度との比較を行うことにより，我が国制度の国際的な特徴を整理する．

§1. 漁業権の法的性格

1・1　漁業経済学会と漁業法研究

　我が国の漁業制度研究は，戦後漁業制度改革の際，その課題と基本的な方向性を設定することを目的として著しい発展をとげた．1952年6月，漁業経済研究協議会として発足した現在の漁業経済学会は，主にこの戦後改革時の人材・知見と業績を基盤としている[i]．よって，現行漁業法の理念と改革の成果をどのように評価するかは，漁業経済学会発足時以来の主要な関心であった．本節では，サンフランシスコ講和条約の発効による全権回復およびマッカーサーライン撤廃が実現した，1952年より後に発表された研究を対象として，主要な議論と見解を紹介することにより，現行漁業法および漁業権制度に対する学会の論点を概観する．

　まず，漁業改革にも大きく貢献した，東京大学社会科学研究所教授で法社会学者の潮見俊隆は，1953年に発表した論文において，現行漁業法は資本漁業の進出と古い秩序の事実上の維持をはかるブルジョア的な性格が強い法律，と評価した（潮見，1953）．同様に，戦前の農林省統計課長で東京帝国大学の農政学・経済学教授であった近藤康男も，「旧秩序の本質に触れることなく，ブルジョア的体制の一層の強化」のための法律と総括している（近藤，1959）．

　しかし，現行漁業法が定着し高度経済発展を経た1980年代になると「基本的に現行漁業権制度は資本家的利用ではなく，漁協を中心とした漁民の自主管理による漁場利用法方式としての漁民的漁場利用を目指したものと捉え，その意

---

[i] 当時の研究動向については，漁業経済学会（1983），漁業経済学会（1984），田平（2006）に詳しい．

図は沿岸小漁民の保護・維持温存にあった」とする評価も発表される（鈴木，1981）．志村（1982）も現行漁業権制度が「村落に基盤を持つ漁民の漁場利用」を実現させたと指摘している．なお長谷川（1984a）は，現行漁業法における漁業調整機構について，それが機能し得た範囲は「漁場（資源）の高度利用」ではなくて「漁場（資源）利用の平等化」であり，漁民所得ないしは漁業利潤の平準化への「調整」を出なかったとも指摘している．これらの研究にも関連して，漁業経済学会では現行漁業権制度に残存する封建制や，超過利潤と地代についても活発に議論されてきた．詳しくは長谷川（1984b），牧野（2005），田平（2006）などを参照されたい．

1・2 漁業権の法的性格に関する近年の議論
次に漁業権の法的性格について，主に1980年代以降の議論を紹介しよう．

1）漁業権の特徴と本質
現行漁業法下における日本の漁業権制度の特徴は「特許主義」と「制限主義」の2点に収斂する．「特許主義」とは，免許という行政行為によって法的効力が発効することをいう．また「制限主義」とは魚種漁法を限って権利・許可を付与する方法である．特にこの制限主義の利点について，中山（1994）は，真の海面利用者に直接に権利を付与し，真に保護する必要のある漁業について権利を設けることができ，また利用価値のない権利や空権の発生を予防し，かつ広域の水面における操業ではじめて成立しうる漁業の経営の成立を容易にすると指摘する．こうした性格が同一海域に多種多様の利用形態を包摂して立体的・重複的に利用することを可能とし，また免許および許可の一斉更新制度により漁法・海況変化への対応を担保している．その潜在的な効率性は高いが，同時に，漁業管理が地域的で複雑とならざるを得ない制度とも言えよう．

また漁業権の本質については，物権取得権・形成権とみる説や，水産動植物の採捕・養殖という行為に着目した行為権説，漁場の占有関係に着目した漁場支配権説，漁場利用権説などが唱えられている（中山，1994；三好，1995）．また宮崎（2000）は，漁業法で規定されている諸制約は私的所有を基礎とする市場経済原理への修正であるとし，その上で，労働主体の協同によって私権化の制限を試みたという面で「自然の生産力と社会的生産力の統一的発展，地域社会の持続的・内発的発展を選択するのであれば，再度，戦後漁業改革時の制度設計の

論理に学ぶ必要がある」と指摘する．一方で田平（1998）は，現代資本主義社会における漁民は経済的社会的弱者であり，またその大部分が生業として漁業を営んでいるという認識の下，漁場（水面）は漁民の財産であり，漁業法は漁民の生存権的財産権の保障を具体化したものと捉えている．

　漁業法第23条では，漁業権を物権とみなし，土地に関する規定を準用することが定められている．この漁業権の物権性についても，いくつかの問題点が指摘されている．たとえば三好（1995）は，漁業権と民法上の物権との差異はなにか，漁業権の客体は何か（何を直接且つ排他的に支配するのか），土地に関する規定を準用することの問題（公共用物であるということ，そもそも海域の物理的性格が土地とは本質的に異なること）を指摘する．また，漁業権は免許処分による権利付与であり，物権性を有するものの，各種の制限が存在しているという事実がある．操業水面の公共性といった面も勘案すると，漁業権がはたして公権か私権かについても議論が残っている．

　なお，1962年には大規模な漁業法改正が行われ，共同漁業権の組合員による行使権についての改正や，内水面共同事業の第5種共同漁業権への統一，指定漁業制度の創設，などが行われた．改正の過程について詳しくは田平（1992）を参照されたい．この改正の内容について鈴木（1984）は，組合有漁業権の行使が特定の者に限定できるようになり，その意図は自立的専業漁家の育成にあった，としている．また漁業権行使規則の義務化など，漁協の漁業権管理機能が著しく強化されたことをうけ，この改正を日本資本主義の新たな段階に対応する漁民的漁場利用制度と位置づけている．宮崎（2000）は，この改正が私的な経営主体を必然化させ，漁業権の所有権化と競争的漁場利用が生じたとする．そして，仮に今後さらに私権化が進めば，新規参入を排除することは正当化が困難であるとし，ひいては合理的な漁場利用や漁民的漁業も自己否定につながると指摘している．

2）共同漁業権と漁業協同組合

　共同漁業権の性質，そしてそれに関連して，漁協が権利主体であり権利を管理するということについては，戦後漁業制度改革当時から問題が指摘されていた．たとえば潮見（1951）は，協同組合は加入，脱退の自由な任意団体であり，この任意団体が漁場管理という公的権限をもつことは法理論的に問題があると指摘している．特に漁民層の分化が進み，また近年の県単位の漁協合併の下で，権

利と行使の実態とのずれが生じていることは事実であろう．

特に，1962年の漁業法改正以降，共同漁業権は組合に帰属するのか（社員権説），それとも組合員の総有か（総有説）という基本的な問題についても，議論が加えられている．田平 (1985)，熊本 (1990)，中尾 (1992)，浜本 (1999)，田中 (2002) などを参照されたい．なお，漁協による漁業権管理が果たしてきた経済的機能について，婁 (1989) はその歴史的検討と日中比較を行い，ある時期には人口（労働）流入の対策として漁場紛争の解決に機能し，またある時期には生産力（資本）の発展を受容しつつ，発展した生産力を「外（他産業）」に向けさせる原動力になったとし，沿岸においては「資源の乱獲」に結びつかない方向で作用したと評価している．

共同漁業権漁場と沿岸海域の管理権限について，近年は大きく2つの説がある．第1の説は江戸時代以来の慣行として認められてきた地元漁業集落による沿岸海域の支配が，法例2条の慣習法[ii]に基づく「地先権」として現在も成立するとし，共同漁業権者である地元漁業協同組合に沿岸海域利用の管理権限をみとめる見解である．この説は浜本 (1996, 1999)，池田 (1997) らにより唱えられている．第2の説は漁業権をあくまで行政処分に基づく権利とし，制限主義に基づいた用益権であるとする．よって江戸以来の慣行と現在の漁場利用は法的に全く異なるものであり，漁業権は漁業以外の海域使用をも無制限に支配する権利ではないとする．この説を支持する代表的な文献には中山 (1994)，岸田 (1997) などがあり，現在はこの解釈が主流であると思われる．この点は，漁業と他セクター（海洋性レクリエーションなど）との法的関係に関連した非常に重要な論点であるため，第8章でもう一度詳しく議論する．

3）漁業権と水産資源

第4章で紹介した資源管理型漁業や資源回復／管理計画，TAC制度に関しては，漁業権と水産資源の法的関係が重要な課題となる．この点について，現在学説は大きく2つに分けることができる．第1の説は大国 (1981)，甲斐 (2000) らが主張する，漁業資源に対する排他的な生産権・アクセス権であるとする説である．第2の説は，漁業権はあくまで水面を客体とする用益権であって，漁業資源と漁業権の法的関係は存在せず，その所有権取得は無主物先占の原理に服するというものであり，現在はこの解釈が主流である．

[ii] 現在は、法の適用に関する通則法（平成18年法律第78号）第3条を参照．

漁業資源の採捕に関し，無主物先占の原理を適用するのであれば，コモンズの悲劇を回避するためにも，個々の経済主体の視点ではなく，全体的見地からの調整が不可欠である．制度的見地から見ても，もし非組合員が無制限に採捕し得るとすれば，漁民団体による漁場管理を本質とする共同漁業権の存在意義がなくなり，漁業法の軽視につながるとともに，必ず乱獲が生じる．第3章の立法過程でみたように，そもそも漁業権の行使には，その内在的制約として資源の管理が組み込まれている．平沢（1989）も，いわゆる資源管理型漁業が目指すものと現行漁業法の制定時に想定されていた理念は同一であると指摘している．

　より根本的な問題提起として，村上（1995）は，無主物先占の原理自体を考え直さなければならないとする．たとえば佐藤（1978）の主張するように，無主物先占の原理を放棄し，天然果実の原理を採用することも考えうる[iii]．その場合，海域利用者と漁業資源との法的関係が明確となり，漁業権は水面との関係の延長としての採取権としての性格が強められ，大国らの説に近くなると考えられる．なお，このほかの論点としては，第8章で紹介するように，漁業権侵害罪の成立要件がもたらす現実的な障害（事前的予防のための自力救済に頼らざるをえない）についても，現場の漁業管理の大きな課題として留意する必要があるだろう．

4）漁業権と環境・生態系保全

　公害などによる甚大な被害が顕在化した1950年代以降，漁業と環境汚染に関する研究も行われてきた（漁業経済学会，1980など）．田坂・浜田（2003）が指摘するように，水産物の安全と安心は今後大きな課題であり，生産・流通面も併せた考察が加えられなければならない．そのためにはまず，陸上起源汚染との関係も考慮した，流域圏単位での物質循環に着目した考察が不可欠となろう（山下，2007）．

　たとえば中山（1994）や土田ら（1995）は，漁業が沿岸海面利用秩序を形成する中心主体であるという認識を基に，漁業に関する権利を適切に再構成する必要を指摘し，漁業資源と沿岸環境の保全をその権利の内容に含むべきと主張

[iii] 物の用法に従い収取する産出物を天然果実という（民法第88条1項）．動物の子，農産物や鉱物など．果実を産出する物の方は，元物という．天然果実は，それが元物から分離する時にこれを収取する権利を持っている者に帰属する（89条1項）．所有権は果実収取権を含む．

する．小野 (1994) は，一般には漁業を資源保護・環境保全に適合的な管理主体とみなして大過はないとし，管理主体として漁業に一般的優先権を認めた上で，地域的偏差を考慮するのが現実に則し，また妥当であるという見解を述べている．また佐久間 (1995) は，日本の漁業制度は地域的な環境管理を考える際の事例を提供できると指摘している．地域的な環境・生態系の保全は，当事者である地域住民の主体的参加による柔軟な対応が不可欠であり，また有効である．この点については，本書後半の第 10 章 (生態系保全)，第 12 章 (海洋保護区)，第 13 章 (知床世界自然遺産)，第 15 章 (総合討論) でもう一度詳しく議論する．

§2. アメリカと日本の制度比較

2・1 漁業権の比較

これまで，日本の漁業制度に関する歴史や立法過程，法的性格などを紹介してきた．つぎに，アメリカとの比較に基づき，日本の漁業制度の国際的な特徴を整理しよう．比較対象にアメリカを選択した理由は，①周知のように国際漁業政策の意思決定においてアメリカの発言力は極めて大きく，我が国との理念上の差異を明確に把握することは，国際行政における基礎的知見として重要であること，②アメリカ法体系の基であるイギリス，およびその連邦諸国 (カナダ，オーストラリアなど) にも一定の普遍性をもって理論が適応できること (Scott, 1989；Retting, 1992) の 2 点である (コラム 4 参照)．

アメリカやイギリスおよびその連邦諸国の法体系は，フランス・イタリアなどの大陸法体系との区別のため，英米法系と呼ばれ，したがってアメリカの漁業制度もイギリスの漁業制度から深い影響を受けている (コラム 5 参照)[iv]．旧来イギリスにおいては，潮汐の影響が及ぶ範囲の河川水域は「可航水域 (navigable water)」と範疇付けられ，海域とともに王室に帰属する公水 (public water) として私的所有権の対象外とされてきた．一般国民はそれらの資源に自由にアクセスする権利をもち，国王といえどもそれらの土地の自由な処分は制限されていた (Macinko, 1993)．それ故，可航水域においては誰もが漁業を操業することができたのである．この理念はアメリカにおいて，潮汐の影響にかかわ

[iv] 英米法 (Anglo American Laws) は，判例法・慣習法から成るコモン・ローとエクィティ (衡平法) を中心とし，判例法主義や陪審制などの特徴をもつ (内閣法制局法例用語研究会，1993；田中，1998)．

らず河川の上流部にまで拡大した形で受け継がれた．一方で河川沿岸などの非可航水域においては，排他的な私権としての漁業権（fishery, piscary）が構成され，主として沿岸の土地所有者に帰属する．

　日米の漁業制度を比較した際に指摘されるべき点は2つある．1つ目は，アメリカの公水上では基本的に全ての市民が漁業に参加する権利を有するのに対し，日本ではほとんどの漁業が権利・許可などを必要とするという点である．2つ目に，日米の漁業権の本質的差異は「特許主義と法定主義」，「制限主義と無制限主義」の2点に収斂する（吉原，1957）．一般にアメリカの非可航水域では，沿岸土地所有者に対して流水利用や漁獲などの権利を一括して付与する沿岸権（riparian rights）が主流である．多くの漁業権はこの沿岸権に包摂され，それ故「法定主義（所有権漁場主義）」に従う．法定主義では権利内容が法により確定しており，免許処分の際の行政側の裁量が小さく，それ故特許主義と比べたとき将来にわたって確実にその権利の内容が保障されるため，不確実性が小さいと言う利点がある．つまり Scott（1989）の言う，権利の持続性（duration）が高い．また権利の内容に関しては，一定水面の一切の漁獲行為をなしうる包括的な「無制限主義（漁場主義）」が主流である（井出，1942）．一方で，日本の漁業権は，前節で解説したとおり，行政行為によって法的効力が発効する「特許主義」と，魚種漁法を限って権利を付与する「制限主義」に基づいて漁業権が構成されている．

2・2　漁業管理制度の比較

　では英米法体系において漁業管理は誰がどのように行っていくのか．これを規定するのが公共信託法理（Public Trust Doctrine）と呼ばれる理念である（Sax, 1970）．その基本は"(C)ertain interests and rights in some natural resources are so important to every citizen that they must be preserved and protected for the public as a whole. These resources are to be available to the public free of private uses and are to be held in trust by the government for the benefit of the public（Campbell, 1994）" という考え方である．ここで信託（trust）とは，信託者と受託者間の信託財産に関する契約関係を言う．公共信託法理では，受託者たる政府は信託者たる一般公衆からの信託財産である自然資源を，一般公衆の利益に反する方法で管理・処分してはならない（善管義務）．すなわち政府は，水産資源や絶滅危惧種を含めた信託財産としての天然資

源を，減耗・乱獲から守る「義務」を負っているのである．いわば公共信託法理は「公共一般の利益を擁護する為に，行政庁に特定な義務を課す理論（木村，1978）」として捉えられよう．仮に政府がその義務を履行せず，天然資源の減耗などが生じた際には，市民は法廷で政府の責任を追及することができる．その原告として，アメリカなどでは環境NGOが主要な役割をはたしている．

公共信託法理をより具体的に説明するため，この法理に基づく代表的判例であるモノ湖事件を紹介しよう[v]．モノ湖はシエラネバダ山脈の東に位置する，カリフォルニア第2の湖である．Department of Water and Power of the Los Angeles（DWP）は，人口増加に対応するため，モノ湖に注ぐ5つの支流のうち4つの支流の沿岸権を取得し，1940年代に取水を開始した．裁判資料によれば，この取水の結果として，1979年までにモノ湖の湖面面積は85平方マイルから60.3平方マイルへ減少，水位は43フィート低下，このままでは湖は最終的に干上がってしまう恐れが生じた．このような事態への対処として，ナショナルオーデュボン協会，シエラクラブなどの環境NGOは，モノ湖の湖岸，湖底および湖水は公共信託によって保護されているとの理論に基づき，DWPによる取水の差し止めを求めて提訴したのである．1983年のカリフォルニア州最高裁判決は，公共信託法理がモノ湖およびそこに注ぐ支流に適用されることを認め，1940年以降DWPが行ってきた取水は自然環境保全に十分な考慮を払っておらず，責任ある政府機関によるモノ湖流域の水配分の再検討を命じて，原告勝訴を言い渡した．

以上のように，アメリカにおいて資源や環境の保全は，一般公衆から信託を受けた政府の義務であり，一方で市民であれば誰でも自由に資源を利用できるという原則から出発している．つまり，政府による資源管理と，市民一般による自由で競争的な資源利用という，二元的制度として捉えられるのである．

本書第1章で，制度は各個人・組織の行動の基にある考え方や価値観自体を形作ることを紹介した（制度の社会学的定義あるいは構造説）．アメリカをはじめとした英米法型の制度の場合，資源利用者の行動原理においては，自由競争に勝つための経済効率化が卓越するだろう．その結果，常に新しい人材や考え方，最新の知見・技術が漁業セクターに流入し，産業の活性化は高い水準で維持されるという制度的利点をもつ．この利点をもっとも高度に発揮させるしくみとして

---

[v] National Audubon Society v. Superior Court of Alpine County, 33 Cal. 3d 419, 658 P.2d 709, 189 Cal Rprt.346（1983）, cert. Denied, 464 U.S. 977（1983）

考案されたのが，同じく英米法系に属するニュージーランドなどで高度に発達している譲渡可能性個別割当（Individual Transferable Quotas：ITQ）という制度である（大西，2009）．ITQ制度とは，TACを細かく分割して，特定の量の水産動植物を採捕する権利として構成し，市場で自由に売買させるしくみである．たとえばニュージーランドでは，原則として全ての商業漁業対象種がITQにより管理されることとなっている．また，アメリカのクロマグロ漁業では，ITQがインターネット上の売買で分配されている．能力の高い漁業者はより大きな利潤を得て，より多くの割り当てを購入し，さらに利潤を大きくすることができる．一方で，能力の低い漁業者は，ITQを購入することができないか，あるいは購入しても十分な利潤を出すことができないため，漁業からの撤退が経済的に促されることになる．

しかし，経営効率化が優先するこの制度では，漁業者らは自分の経営だけを考えればよく，水産資源や地域，ましてや文化面などは気にする必要がない．つまり，漁業経営以外の面は政府にまかせておけばよい，という行動原理・価値観を生むことになる．その結果，政府が設定する規制の下で，とにかく経済効率化に特化し，白か黒かギリギリの行動（明らかに不法とは言えないが不当かもしれない行為）が頻発するだろう．また，政府の規制が無意味となるような技術や知見も，積極的に開発され，それを開発した業者が多くの利益を得ることになるだろう．このような行動から資源水準の低下を守ることが義務とされる政府は，常に新しい規制を導入しつづけ，また漁業者らを厳しく監視することになる．またITQ制は，より富んだ者にクォータが集中する傾向にあり（佐久間，1998），地域コミュニティーに基づいて資源の保存・管理を進めようとする漁業者らの動機を弱めてしまうという点が指摘されている[vi]．以上は，漁業制度が漁業者らの行動の基にある考え方や価値観を形作り，それに対応して政府・国民も規制の原理や漁業に対する見方（価値観）を形成していく，というわかりやすい例であろう[vii]．

次に日本との比較を行う．第3章と第4章で詳しく説明したように，日本の制度は「資源利用者による資源の管理」という，利用と管理の一元的制度として

[vi] また，資源の持続可能な利用を実質的に阻害する行動として，漁獲の過少報告，密漁，混獲，低魚価時の漁獲物投棄などが指摘されている（Copes，1998；草川，1994；Carothers and Chambers，2012）．

[vii] 第15章で触れる．漁業管理の制度的経路は，このような漁業者らと政府の相互作用の繰り返しによって作り出されていくものと考えられる．

捉えられ，漁場利用・利潤分配・資源管理をも内包した「総合的漁業調整（漁場管理）」の概念がその中心にある．この制度には，資源の利用・管理に関する意思決定の権限が一元的に各地域漁民の共同体に委ねられているという特徴がある．1997年から導入されたTACについても，日本では資源利用者がその執行において重要な役割を果たしている．一方でアメリカ型は，政府による資源管理と市民一般による資源利用という二元的制度である．TACについては，政府が資源動態モデルなどに基づいてトップダウン式に設定するが，その利用・配分は自由な市場原理にまかせるという方式を採る[viii]．

最後に日米の水産資源管理理念の差異を端的に表す例として，アメリカの主要漁業の1つであるメキシコ湾エビ漁業の事例を紹介しよう（Johnson *et al.*, 1982）．ミシシッピ州沿岸のエビ漁業者らは，エビ資源の保護を図るため，以下のような自主規制を試みた．まず漁業者らとエビの買取り業者らが協定を結び，サイズごとに最低価格を設定する．その価格は，未成熟の小型エビは市場価格より高く，成熟した大型は市場価格と同等かそれ以下に設定する．そして漁業者らは協定加入業者以外には売却しないこと，同様に業者は協定加入漁業者以外からは買取らないことを決めたのである．その結果，市場価格より高い小型エビに対する需要が減少し，未成熟エビに対する漁獲圧は低下し，漁場の豊度が上がって，最終的に漁業者らの所得が増加した．一方で買取り業者は，市場価格より低い価格で，より利益率の高い大型エビを仕入れることができたのである．このような自主協定による漁業管理は，日本漁業にとっては大いに参考となる事例である．しかしアメリカでは，こうした自主協定は他の一般市民による漁業への参入機会を阻害するとみなされ，独占禁止法違反と判断されたのである．

2・3 まとめ

日本漁業には飛鳥時代以来1300年間にわたり「資源利用者による資源の管理」という理念が貫かれており，漁獲圧の調整や水産資源の管理は主として関係漁業者らにより自主的に行われてきた．戦後漁業改革により成立した現行漁業法においても，関係漁民の総意により水産資源の管理と持続的な漁業生産を達成

[viii] なお，本稿ではあくまで基本的な理念に着目した比較をおこなっているが，実際のアメリカの漁業管理現場では，近年資源利用者との合意形成の重要性が見直され，徐々に制度の修正が行われつつあるように見える．こうした変化について詳しくは大橋（2007）を参照．

することが制度的に期待されている．よって，次章以降の具体事例で詳しく紹介するように，現在でも主な漁業管理施策は，地元漁業者らが自主的に組織する漁業管理組織や，地元漁業者らの代表が過半数を占める海区漁業調整委員会により行われる場合が多い．こうした制度的枠組みの下では，地元ルールを知らない（或いは守らない）よそ者を排除する傾向は強い．また，地元ルールの適用範囲を特定するためにも，資源利用はオープン・アクセスではなく，漁業権・許可が必要となる．

　日本の漁業権は特定の水面において特定の漁業を排他的に行う権利である．漁業権は財産権の中でも物権と見なされ，強い法的保護が与えられている．こうした強い法的保護が与えられている理由は，資源利用者たる地元漁業者らがその総意に基づいて漁場の利用および資源の保全を行い，もって国民に安定的に水産物を供給するためである．つまり日本の漁業管理制度では，水産資源の管理は漁業操業と別々に存在するのではなく，漁業権・許可に内在する制約なのである．

　近年の資源管理協定制度や資源回復計画，日本型 TAC などの新しい制度においても，「資源利用者による資源の管理」という理念は貫かれている．こうした日本の漁業管理制度は，漁業のコ・マネジメント（共同管理）が長年機能してきた例の1つとして，国際的にも高い評価を受けている（McCAY and Acheson, 1987；Berkes et al., 1989；Feeny et al., 1990；McKean, 2003；Makino and Matsuda, 2005；Jentoft et al., 2010；Gutierrez et al., 2011）.

　この日本の制度は，公共信託法理に基づくアメリカと比べるとき著しい対照をなす．公共信託法理は「政府による資源管理と市民一般による資源利用」という，管理と利用の二元的制度である．漁業資源を含めた自然環境の管理は政府の義務であり，一方で市民はそれを使う権利を有する．よって基本的には誰でも自由に漁業を営むことができる（オープン・アクセス）．管理の必要な特定の種については，政府が生物学的知見を基に TAC をトップダウン式に設定し，その利用・分配については利用者間の自由競争原理に委ねるという原則を採っている．仮に資源の減耗などが生じた際には，市民は法廷で政府の責任を追及することができ，その原告として環境 NGO が大きな役割をはたしている．

　最後に，研究面における漁民と行政との関係を考えてみよう．まず，アメリカでは，管理と利用の二元的制度の下，特に TAC 設定の局面で行政と科学者の連携が重要である．第4章で紹介したように，経営状況やその他の資源状況も

勘案して設定される日本のTACに比べ，アメリカでは直接的に資源動態モデルに基づいているという意味で，日本よりも科学－行政のつながりが強いといえよう．第2に，日本の特に沿岸漁業では漁民による自主的管理が漁業管理の中心を担っており，また海区漁業調整委員会には公益代表としての行政が参加し，実際の事務局は県庁に置かれる場合が多い．したがって，漁民－行政の距離が近いという特徴がある．一方でアメリカでは，基本的に自由参入・自由競争の原則が採られ，行政の介入は日本よりも少なく，漁民－行政の距離も遠い．第3に，次章以下で紹介するすべての事例が明確に示すように，日本で漁業管理が成功している事例では，科学的知見が漁民により積極的に活用されている．ただし，そこではアメリカのように科学的知見を規制行政に適用するのではなく，科学的知見を漁民が自主協定の中で活かしているという特徴がある．この意味において，日本の成功事例では，漁民－行政のつながりとともに，漁民－科学の関係が鍵となっているといえるだろう．

コラム4：世界の法系

　法系論とは，世界に存在する無数の法秩序（法域）を，何らかの基準により法系（legal systems, legal families）に分けることを試みる比較法学の一分野である．なお，その成立にあたっては，当時の生物学の分類論の影響を受けたといわれている．法系論の先駆者であるアメリカの法学者J. H. ウィグモアは，明治期の1889年から慶応義塾大学で教鞭をとっており，この日本での経験が彼のその後の法系論の原点となったともいわれている．

　その後，様々な研究者により世界の法系が提案されてきたが，たとえばドイツの比較法学者K. ツヴァイゲルトらによる考察では，ロマン法，ドイツ法，英米法，北欧法，社会主義法，その他，の6分類が提示されている（ツヴァイゲルト・ケッツ1974）．なお，五十嵐（2010）は，これら従来の法系論は，西欧中心主義に基づく考察であり，非西欧諸国の立場からは十分ではない，との認識から，これまで「その他」や「極東法」などと分類されてきた日本を含む法系を詳しく検討した．その結果，すくなくとも日本，韓国，中国，台湾という3国1地域には「東アジア法系」と称すべき独立の法系が存在すると指摘している．

ツヴァイゲルトK, ケッツH（大木雅夫訳）(1974)：比較法概論原論（上）．東京大学出版会
五十嵐清（2010）：比較法ハンドブック．勁草書房

コラム5：英米法系の漁業管理制度とマグナ・カルタ

　英米法系における「オープン・アクセス」の源流は，1215年に制定されたマグナ・カルタ（大憲章）にあるといわれている．マグナ・カルタとは，イギリス王ジョンがフランスとの戦いに敗れた後，国内貴族等の要求に応じて調印した文章であり，いわば貴族らの諸権利を確認してそれを王権が侵害しないことを約束したものである（内閣法制局法令用語研究会編1993）．マグナ・カルタ第33章には「すべての魚梁は，今後，テムズ河とメドウェー河から，しかして，海岸を除く全イングランドを通じて，完全に取り除かれるものとする」とあり（マッケクニ（禿氏好文訳）1999），この章がその後「独占的漁業権の下付を将来に向かって禁止した」，つまりオープン・アクセスの根拠とされてきた（Scot 1989）．その後，河川の航行・通商を保護し，さらにそこで孵化した稚魚を一般市民の代表である市長が保護する根拠として，マグナ・カルタ第33章やその関連法が参照されている．つまり，英米法におけるステュワードシップ（Stewardship）や公共信託法理へと発展していったと考えられる．

Scot A D（1989）Conceptual Origins of Rights Based Fishing. In（P.A. Neher, R. Arnason, N. Mollet ed.s）Rights Based Fishing. Kluwer Academic Publishers, pp11-38.
McKechnie WS（1905）Magna Carta: A Commentary on the Great Charter of King John. J Maclehose and Sons（禿氏好文訳（1999）マグナ・カルタ：イギリス封建制度の法と歴史，ミネルヴァ書房）
内閣法制局法令用語研究会（1993）：法律用語辞典．有斐閣

引用文献

Berkes F, Feeny D, McCay BJ, Acheson J M（1989）：The benefits of the commons. Nature, 340: 91-93
Campbell T A（1994）：The Public Trust, What's it Worth? Naural Resource Jurnal, 34: 73-92
Carothers C, Chambers C（2012）：Fisheries Privatization and the Remaking of Fishery Systems. Environment and Society: Advances in Research, 3（1）: 39-59
Copes P（1998）：Adverse Impacts of Individual Quota Systems on Conservation and Fish Harvest Productivity.（平沢豊訳 世界の漁業 第1編．山本忠，真道重明 編著　海外漁業協力財団　pp 269-285）
Feeny D, Berkes F, McCay B J, Acheson J M（1990）：The tragedy of the commons: twenty-two years later. Human Ecology, 18（1）: 1-19
Gutierrez N L, Hilborn L, Defeo O（2011）：Leadership, social capital and incentives promote successful fisheries. Nature, 470: 386-389
Jentoft S, McCay B J, Wilson D C（2010）：Fisheries Co-management: Improving Fisheries Governance through Stakeholder Participation. In Grafton RQ, Hilborn R, Squires D, Tait M, Williams M（eds.）Handbook of marine fisheries conservation and management. Oxford University Press, pp 675-686
Johnson R, Libecap G（1982）：Contracting Problems and Regulation: The Case of the Fishery. The American Eonomi Review, 72:1005-1022

Makino M, Matsuda H (2005): Co-Management in Japanese Coastal Fishery:It's Institutional Features and Transaction. Cost. Marine Policy, 29: 441-450

McCAY B, Acheson J M (1987): The Question of the Commons: The Culture and Ecology of Communal Resources. University of Arizona Press

Macinko S (1993): Public or Private?:United States Commercial Fisheries Management and the Public Trust Doctrine, Reciprocal Challenges. Natural Resource Journal, 33: 919-955

McKean M (2003): Common-pool resources in the context of Japanese history. Worldwide Business Review, 5 (1): 132-159

Retting R B (1992): Recent Changes in Fisheries Management in Developed Countries: International Perspectives of Fisheries Management. Piceedings of the JFRS / IIFET / Zengyoren Symposium on Fisheries Management. Zengyoren, pp 359-398

Sax J (1970): The Public Trust Doctrine in Natural Resource Law: Effective Judicial Intervention. Michigan Law Review, 68: 471-784

Scott A D (1989): Conceptual Origins of Rights Based Fishing. In Neher P A, Arnason R, Mollett N (eds) Rights Based Fishing. Kluwer Academic Publishers, pp 11-38

池田恒男（1997）：共同漁業権を有する漁業協同組合が漁業権設定海域でダイビングするダイバーから半強制的に徴収する潜水料の法的根拠の有無．判例タイムズ，940: 74-80

井出正孝（1942）：漁業法．日本評論社

大国仁（1981）：漁業権侵害罪試論．刑事法学の諸相（上）．有斐閣

大西学（2009）：ITQ制度下における漁獲パターンに関する分析—2007年度を事例に．ニュージーランド研究，16：17-26

大橋貴則（2007）：アメリカの漁業管理政策について—マグナソン・スティーブンス漁業保存管理法改正からの示唆．水産振興，473

小野征一郎（1994）：海洋性レクリエーションと漁業．漁業経済論集，35(1)：35-51

甲斐克則（2000）：漁業権の保護と刑法．海上保安問題研究会編 海上保安と漁業．中央法規出版，pp 181-204

岸田雅雄（1997）：漁業協同組合がダイバーから潜水料を徴収する法的根拠がないとされた事例．判例時報，1615：198-201

木村実（1978）：土地環境法の理論．ぎょうせい

漁業経済学会（1980）：シンポジウムⅡ：沿岸漁業と環境問題．漁業経済論叢，15

漁業経済学会（1983）：漁業経済学会の設立と今後の課題．漁業経済学会

漁業経済学会（1984）：漁業制度改革と私—漁業経済学会30周年記念講演．漁業経済学会

草川恒紀（1994）：個別割当に基づく漁業管理．漁業経済研究，39（2）：55-77

熊本一規（1990）：入会漁業の権利主体．明治学院論叢国際学研究，5：3-45

近藤康男（1959）：漁業経済概論．東京大学出版会

佐久間美明（1995）：地域環境管理と漁業管理の接点—茨城県久慈地区を事例として．北日本漁業，23：97-104

佐久間美明（1998）：欧米と我国の資源・漁業管理．北原武編 水産資源・漁業の管理技術．恒星社厚生閣，pp 19-28

佐藤隆夫（1978）：日本漁業の法律問題．勁草書房

潮見俊隆（1951）：日本における漁業法の歴史とその性格（法律学体系第二部）．日本評論社

潮見俊隆（1953）：新漁業法の性格．近藤康男編 日本漁業の経済構造．東京大学出版会

志村賢男（1982）：養殖業における生産力発展と漁場管理の意義．漁業経済研究，27（1/2）：1-11

鈴木旭（1981）：漁業権制度と漁場利用．漁業経済研究，26（1/2）：1-16

鈴木 旭（1984）：戦後の漁業権制度の性格と機能．漁業経済研究，29（1/2）：23-43
田坂行男，濱田英嗣（2003）：水産物の安全・安心問題とこれからの学会課題―大会後記にかえて．漁業経済研究，48（2）：83-91
田中克哲（2002）：最新・漁業権読本．まな出版企画
田中英夫（1998）：英米法辞典．東京大学出版会
田平紀男（1985）：専用漁業権と共同漁業権―漁業行使権との関係を中心として．鹿児島大学水産学部紀要，34（1）：137-149
田平紀男（1992）：共同漁業権について―昭和三十七年改正漁業法の立法過程における審議を中心として．農業法研究，27：4-18
田平紀男（1998）：農漁民の人権と漁業権．地域漁業研究，38（2）：131-139
田平紀男（2006）：漁業経済学会における漁業法研究．鹿児島大学法学論集，40(2)：155-164
土田哲也，中山 充，田中教雄（1995）：漁業を主とする水域の利用と環境保全に関する法のあり方．香川法学，15（3）：1-34
中尾英俊（1992）：総有権―判決を通じての考察．黒木三郎先生古希記念論文集刊行委員会編　現代法社会学の諸問題（上）．民事法研究会，pp 309-340
中山 充（1994）：漁業権による水産資源の保護と環境権．香川法学，13（4）：439-512
長谷川彰（1984a）：漁業制度改革における資源対応とその理論．漁業経済研究，28(4)：19-39
長谷川彰（1984b）：漁業経済論の課題と推移．長谷川彰編 漁業経済論．昭和後期農業問題論集 24 農文協，369-397
浜本幸生（1996）：海の「守り人」論．まな出版企画
浜本幸生（1999）：共同漁業権論―平成元年七月十三日最高裁判決批判―．まな出版企画
平沢 豊（1989）：沿岸漁場利用の変化と資源管理型漁業．漁業経済研究，33（2/3）：82-106
牧野光琢（2005）：漁業法．漁業経済学会編 漁業経済研究の成果と展望．成山堂書店，pp 66-70
宮崎隆志（2000）：漁場利用秩序と漁業制度．北日本漁業，28：57-66
三好 登（1995）：漁業権の内容と法的性格．漁業権・行政指導・生産量緑地法（土地問題双書 31），有斐閣，pp 10-18
村上暦造（1995）：漁業法の変遷と漁業規制．漁業権・行政指導・生産量緑地法（土地問題双書 31），有斐閣，pp 2-9
山下 洋（監），京都大学フィールド科学教育研究センター編（2007）森里海連環学．京都大学学術出版会
吉原節夫（1957）：わが国における漁業権の法律的構成．富山大学紀要経済学部論集，13：73-85
婁 小波（1989）：日本漁業協同組合の漁業権管理機能をめぐる問題―沿岸漁業における発展と資源管理の視点から．漁業経済論叢，30：205-222

第6章 沿岸における漁業管理の事例

　本章では，沿岸漁業から3つの漁業管理事例を紹介する．青森県陸奥湾のナマコ漁業では，漁協の内部に組織された漁業管理組織により，資源評価やTAC設定などの幅広い施策を導入している．愛知県と三重県の漁業者により操業されている伊勢湾イカナゴ漁業は，長年にわたる漁業紛争と乱獲の教訓を経て，科学的根拠に基づく漁業管理を共同で導入し成功している．北部日本海のハタハタ漁業は，秋田県全域で導入した3年間の自主禁漁による資源回復を契機とし，現在は4つの県の沿岸漁業と沖合漁業をカバーする広域管理に発展している．

§1．日本の沿岸漁業の特徴

　多様な生態系に囲まれている日本の沿岸海域では，古くから多様な漁業が操業され，津々浦々の海況や文化に応じた発展をとげてきた．よって，現在もその操業形態は非常に複雑であり，また資源利用は集密である．たとえば山口（2007）が1930年代に広島県倉橋島漁業協同組合で行った調査によると，1つの漁村の中で，21種類の漁具を用いた44種類の漁業種類が定義され，管理されていた．これらの漁業は村にすむ739人の漁民によって操業されていたという．
　このように，沿岸漁業はその複雑さと多様性の高さから，政府による上意下達（トップ・ダウン）的な管理は有効ではない．本章で紹介する3つの事例が明らかにするように，地元漁業者らにより組織される漁業管理組織（Fisheries Management Organizations：FMO）が，管理の意思決定や執行の中核的役割を担っている（表4・2参照）．地方および中央政府や研究機関は，制度的整備や科学的情報の提供を通じて，その活動を支援している．
　2010年の統計によると，養殖業を除く沿岸漁業（定義は第1章参照）は日本の漁業生産量（531万トン）の24％を占める生産を担っている．しかし，日本漁業におけるその重要性は，この比率よりもはるかに大きい．たとえば，沿岸漁業による漁獲物は鮮度が高いため，その多くは養殖餌料や輸出ではなく，日本国民の食用に供されており，食料安全保障上の重要性は高い．また，漁獲物の平均単価が高いため，生産金額でみるとすべての漁業種類のなかで最も大き

い[i]. さらに，就業者数に占める沿岸漁業の割合も非常に高い．2003年漁業センサスによると，漁業就業者全体の88％にのぼり（農林水産省大臣官房統計部，2005），全国に6,000以上存在する漁業集落における重要な雇用創出源となっている．つまり，沿岸漁業が日本の漁村を支え，その存在を守っているといってもよいだろう．

§2. 陸奥湾ナマコ漁業

2・1 背 景

北日本で生産される乾燥ナマコは，乾燥アワビとならび，17世紀から俵物として中国市場で高い評価を受けてきた[ii]．青森県では，少なくとも1653（承応2）年には長崎と和泉の商人が下北のナマコを求めて往来していたことがわかっている。また北国筋の一手請負問屋に指定されていた，長崎の帯屋庄二郎の1745（延享2）年の記録によると，津軽・南部両藩の乾燥ナマコおよび乾燥アワビの生産量（長崎廻着高）は，それぞれ，190.46トンと79.84トンであった（青森県，1999）．徳川将軍家への献上記録においても，江戸初期・中期における南部藩の主要魚介類は，塩蔵サケ，塩蔵タラ，干鯛，串アワビ，煎海鼠（乾燥ナマコ），コンブなどである．特に長崎俵物の1つとしての乾燥ナマコは，藩から製造役が指名され，名字帯刀が許されていたという．明治に入り，1884年に東京上野で開催された第1回水産博覧会では，本節でこれから紹介する川内村の金浜唯八氏が生産したナマコが，青森県からの出品中最上位となる3等賞を受賞している．明治漁業法制定後には湾内各海域で漁業組合が設立され，川内村にも1903年に組合が設立されている（川内町漁業協同組合，1984）．

陸奥湾は，遠浅の地形で自然条件に恵まれていたこともあり，明治以降ホタテガイ漁業が盛んとなっていく．1890年代にはホタテガイ保護区や禁漁期，漁具漁法の制限が設定され，大正初期までは豊漁が続いて地域経済を支えていた．ホタテガイに関する試験・研究も，今日の最大の生産地であるオホーツク海域より早く発展し，1937年には青森県水産試験場が天然採苗試験事業を実施，その

---

[i] 2005年の統計によれば，総漁業生産額に占める沿岸漁業の比率は32％と最も大きく，次いで養殖業が27％である．つまり，沿岸域のみで経済的には約6割の漁業生産が占められていることになる．

[ii] 俵物の生産・流通については，宮本（1958），清水（1963），田中（1979）などを参照．中国のナマコ食文化や，世界のナマコ漁業については赤嶺（2010）に詳しい．

表4・1 川内町漁協におけるナマコ生産の推移
(データ：川内町漁業協同組合 1982～2012)

年	量(トン)	金額(千円)	単価(円/kg)
1981	115	47,348	412
1982	128	63,769	498
1983	83	43,702	527
1984	93	36,743	395
1985	72	40,627	564
1986	16	7,097	444
1987	28	13,668	488
1988	38	21,015	553
1989	90	41,451	461
1990	31	12,289	396
1991	188	62,912	335
1992	236	97,092	411
1993	79	36,211	458
1994	64	25,076	392
1995	94	29,770	317
1996	61	18,935	310
1997	223	77,503	348
1998	49	15,331	313
1999	276	125,854	456
2000	235	132,791	565
2001	276	129,948	471
2002	311	150,455	484
2003	335	253,157	756
2004	421	409,732	973
2005	269	315,697	1,174
2006	299	572,365	1,914
2007	239	512,244	2,143
2008	253	418,971	1,656
2009	215	420,785	1,957
2010	173	552,082	3,191
2011	175	392,552	2,243

数年後には東北大学の青森水産実験所で人工種苗生産の研究が始まっている（青森県，1982）．1956年からは川内町漁協でも天然採苗試験が行われ，1960年からは，組合直営体のホタテガイ養殖が操業されている．

　上述のように，江戸時代から良質の乾燥ナマコ生産海域として評価の高かった陸奥湾であるが，近年は養殖ホタテガイを中心とした漁業が営まれており，乾燥ナマコについてはしばらく生産が途絶えていたという．しかし，ホタテガイ単価が1995～96年ごろから低迷し，また生産量の変動も大きくなったため，

川内町漁協ではナマコ資源の有効利用に向けた新たな取り組みを開始した（廣田，2011）．組合長が1996年に海外市場を視察し，また地域の古老や国内の加工業者・オホーツク海域の漁協などからナマコ乾燥加工技術を学び，乾燥ナマコの生産を再開した．横浜中華街の料理店からも，品質についてのアドバイスをうけながら，2000年より組合自営の乾燥加工を本格的に事業化し，現在は輸出業者との直接取引も確立して安定的な生産が軌道に乗っている．また後述のように，質の高い漁業管理施策を自主的に導入しており，2004年には農林水産祭において天皇杯を受賞している．こうした実績は，特に香港の市場において高く評価されており，「川内ブランド」として認識されている（牧野ら，2011）．

2・2 ナマコ漁業の概要

川内町漁協では，ナマコは主に桁網漁業で採捕されている．2012年現在の，川内町漁業協同組合の組合員数は172名で，漁業者の多くはナマコ桁網漁業に従事している．また，漁協の自営により，潜水によるナマコ漁業も実施している．2011年の川内町漁協によるナマコ生産は，175トン、3億9,300万円である．なお，ナマコ桁網漁業者らはホタテガイの養殖業を兼業することが多い．水揚げされたナマコの約半数は，国内の生鮮市場に流通し，残りが組合自営の加工工場で乾燥処理したのちに香港に輸出される．

2・3 漁業管理のしくみ

1）漁業管理組織の構造

川内町漁協では1999年にナマコ資源有効利用推進協議会を創設し，資源調査，漁獲量管理，販売業務，加工業務，などを開始した（菊池，2003）．この漁業管理組織（FMO）が，ナマコ漁業管理の中核を担っており，その取り組みについては，2000年，2003年の全国青年・女性漁業者交流大会で発表され，さらに2004年には農林水産祭で発表し，天皇杯を受賞している．この業績が，海外市場でも高い評価をうけ，特に香港市場においてブランド価値を生んでいる．

2）漁業管理の施策

まず公的な管理制度として，すべてのナマコ桁網漁船は知事からの許可を必要とする．青森県西部海区漁業調整委員会が策定する漁業調整規則により，距岸500mは桁網漁業の禁漁区に指定されており，また，漁期は10月から4月ま

での午前7時から11時までと定められている．

　川内町周辺海域における自主的な漁業管理は，川内町漁協内のナマコ資源有効利用推進協議会によって立案・執行されている．たとえば1998年以降，漁業者らは県水試の協力をえながら，自主的なナマコ資源評価を実施し，その結果に基づいて漁協としてのTACを設定している．TACは総資源量の60％程度を目途として，香港市場の状況や，他の漁業（ホタテ養殖など）の状況を勘案して設定されている．また，漁獲サイズ規制や1日当たり漁獲量制限も導入されている．現在，漁獲サイズは120〜300gに設定されているが，これは，成熟サイズおよび市場需要を踏まえたものである．1日当たり漁獲量は，1隻当たり50kgから60kgに設定される．これは，組合自営加工工場の稼働率を最適化するという観点から決定されている．

　ナマコに対する総漁獲圧を抑制する施策として，漁業者らは4つの桁網操業グループを組織し，各グループが順番に操業するというルールを導入している．また，ホタテ貝殻で作られたナマコ礁も，稚ナマコや産卵個体を保護する目的で設置されている．その形状や位置，水深などについては，県研究機関からの科学的助言にもとづいて決定されており，また設置海域は禁漁区に指定されている．さらに，協議会ではホタテ用ネットの垂下による天然採苗や，人工種苗生産の試験・研究も行っている．

　本事例は，漁獲対象が定着性のため，漁業管理組織（FMO）としての川内町ナマコ資源有効利用推進協議会が漁協の内部に組織され，有効に機能している事例である．また，この海域はナマコ産地として古い歴史を有しているため，ナマコの生態についての伝統的な知識が蓄積されており，さらに漁業者の世代を越える付き合いにより相互信頼も存在する．これらの条件が，FMOの組織化や活動を促進していると考えられる．また，ナマコ価格の急上昇と，養殖ホタテ価格の下落といった経済的条件も，漁業者らをナマコ漁業の厳格な管理（資源管理のみならず加工・流通も含めて）に志向させる動機となったであろう．

　漁業管理に関する多くの課題も残っている．たとえばナマコの密漁は全国的に深刻な問題となっており，陸奥湾でも例外ではない．この問題に対処するため，川内町漁協では監視船を購入し，監視員を2名雇って密漁防止策をとっており，その費用は2008年の場合約500万円である[iii]．

[iii] 英米法においては，密漁の監視は専ら政府の役割である．よって，川内町漁協のように地域の漁業者が経済的な負担も含めて実施することは困難であろう．

§3. 伊勢湾イカナゴ漁業

3・1 背 景

　伊勢湾は本州中部太平洋側に位置し，愛知県と三重県に囲まれている半閉鎖性海域である．両県の漁業者らが船びき網漁業によりイカナゴを採捕している．伝統的な操業形態と長年にわたる操業調整に基づき，愛知県では主に稚魚を，三重県では主に成魚を対象とした操業が行われている．

　1960年代の漁業技術の進歩により，エンジンの大型化，漁具の大型化，魚群探知機の普及が進んだ結果，イカナゴ漁業の漁獲能力は大幅に向上した．同時に，この時期には西日本を中心とした魚類養殖用種苗生産技術が確立し，そのエサとしてのイカナゴ成魚の市場需要が高まった．これら2つの要因により，1960年代後半から1970年代前半にかけて，伊勢湾のイカナゴ資源への漁獲圧は高まっていった．

　1980年代にはいると，伊勢湾のイカナゴ資源は崩壊し，漁獲量は急激に低下することになる（表6・2）．この教訓を踏まえ，両県をまたがる資源管理組織（FMO）が組織され，科学的根拠に基づく管理施策が導入された．現在，伊勢湾のイカナゴ漁業は，MEL-Japan（Marine Eco-Label Japan）の認証を取得している[iv]．

　伊勢湾のイカナゴは12月から1月にかけて湾口部で孵化し，体長3～4 mmで潮流に乗って湾奥部に移動する．5月ごろ，海底の水温が17～20度になると，夏眠のため湾口部に向けた移動をはじめる．その頃の体長は7～10 cm である．夏眠場は，水深20～50 m の沿岸域に広く分布している．11月ごろ，水温が15度を下回ると成熟を始め，12月中旬から湾口部で産卵を始める．寿命は3年程度で，体長は16 cm まで成長する（糸川，1978；船越，1991；山本・薄，2012）．

[iv] 生態系や資源の持続性に配慮して漁獲した水産物であることを示す，水産エコラベルの1つ．これにより，消費者は水産物を購入する際，価格のみならず，持続的な漁業に由来する商品を選択することが可能となる．水産エコラベルの取り組みは，イギリスに本部をおく海洋管理協議会（MSC）が，1997年に認証制度を創設したことにより始まった．2012年現在，日本では3つの漁業がこのMSC認証を取得している．日本の漁業生産や資源管理の特徴を反映した日本版水産エコラベルとして2007年に創設されたのが「マリン・エコラベル・ジャパン」（MELジャパン）であり，これまでに19の漁業が認証を受けている．

表6・2 イカナゴ伊勢・三河湾系群の資源評価結果
(データ：山本・薄 2012)

年	漁獲量 (トン)	加入資源尾数 (億尾)	漁獲尾数 (億尾)	残存資源尾数 (億尾)
1979	2,703	35	33	2
1980	2,276	57	54	3
1981	3,191	87	83	4
1982	699	14	13	1
1983	10,252	185	163	22
1984	6,995	401	385	16
1985	10,413	250	234	16
1986	12,814	456	429	27
1987	11,579	356	337	19
1988	8,131	171	168	3
1989	11,457	171	169	2
1990	2,501	63	59	4
1991	6,078	227	199	28
1992	28,777	1,028	670	358
1993	17,742	355	283	72
1994	10,405	397	301	96
1995	4,564	98	89	9
1996	11,576	336	320	16
1997	9,290	152	133	19
1998	1,644	51	46	5
1999	11,852	141	136	5
2000	1,507	34	30	4
2001	15,522	237	184	53
2002	17,395	434	299	135
2003	6,280	195	184	11
2004	20,696	361	285	77
2005	10,339	163	135	28
2006	22,290	651	450	201
2007	10,044	182	154	27
2008	6,561	180	137	44
2009	1,590	44	23	21
2010	21,095	504	359	145
2011	11,519	283	247	36

餌は主に動物プランクトンである．カイアシ類が主であるが，ヨコエビ類，ヤムシ類，アミ類も食物となっている．また，珪藻類などの植物プランクトンも摂食されていることも報告されている．イカナゴは，他の生物の重要な食物になっていることが知られており，仔稚魚期には多様な浮魚類やヤムシ類に，未成魚および成魚期にはヒラメなど多くの底魚類に捕食されている．

3・2　イカナゴ漁業の概要

　伊勢湾のイカナゴ漁業は，船びき網漁業の一種である．二艘びき中層トロール（漁船は約 15 トン）で行われている．漁獲物は，コッド・エンドから，砕氷の入ったプラスティック籠に詰められ，運搬船で港に運ばれる．運搬船が港に移動している間に，二艘のトロール船は再び操業を開始する（冨山ら，1999）．

　イカナゴの単価はその大きさと色で決定される．3つのカテゴリーがあり，1) 3～4月に採捕される 3～5 cm の稚魚（シラス），2) 4～5月に採捕される 6 cm 以上の稚魚，3) 1～2月に採捕される成魚，に分けられる．愛知県の漁業者は，食用に 1) を中心に漁獲し，三重県は主に 2) と 3) を，養殖エサ仕向を中心として漁獲する．

　現在，両県から約 700 隻，200 船団が伊勢湾のイカナゴ資源を利用している．すべての漁業者らは，伊勢湾沿岸の 12 の漁協の 1 つに所属している．また，すべての漁獲物は漁協（産地市場）で競りにかけられ，名古屋などの消費地に流通する．これらの漁業者らは，イカナゴ漁期以外の時期にはマイワシ，カタクチイワシ漁業や，小型底びき網漁業，海藻養殖などを行っている．

3・3　漁業管理のしくみ

1）漁業管理組織の構造

　既存の漁協組織に加え，1980 年代初頭の深刻な資源崩壊の後，伊勢湾を囲む 12 の漁協は県をまたがる漁業管理組織（FMO）を組織した．まず，各県で漁業種類別にそれぞれ 2 つの連合会を組織する（主にシラスとカタクチイワシを採る漁業者による連合会と，イカナゴとマイワシを採る中層びきの連合会）．そして，これらの 4 つの連合会が，2 県をまたがる総会を構成している（Tomiyama *et al.*, 2008）．

2）漁業管理施策

　公的管理制度として，各漁船は県知事からの漁業許可を必要とする．また，両県の漁業調整規則により，漁期，漁具，漁場が定められている．さらに，以下に述べるように，漁業管理組織によって幅広い自主的管理が導入されている（冨山，2003）．

　1980 年代初頭の資源崩壊のあと，まず関係漁業者らは，夏眠の前後の操業を制限した．これは，産卵親魚の保護を目的としたものである．一方，愛知県と三

重県の研究者らは，イカナゴの研究をおこない，資源管理，資源変動，有効利用の知見を蓄積した．その成果に基づき，1990年代初頭からは科学的根拠に基づく管理も始まった．その内容は大きく以下の3つに分けられる．

第1は，稚魚漁業の口開け日（漁期の開始日）の設定である．毎年3月，研究者は体長と口開け日の関係を推定し，その経済価値を計算する．同時に，研究機関により約10日ごとに仔魚の採集調査を実施する．その結果に，年変動や成長も加味し，経済的に最適な口開け日を計算する．この計算結果を参考にしつつ，漁業者らは各県で口開け日の候補日を話し合い，総会で最終決定を行う[v]．通常，愛知県は早い口開け日を希望し，三重県側は遅い日を提案する．県の担当者の言によると，この総会を毎年繰り返すことにより，両県の漁業者の間には徐々に相互信頼が形成されつつあり，近年の総会は比較的スムーズに終わるとのことである．

第2は，産卵親魚の保護である．夏眠期間中，イカナゴは食べ物を採らず，自然死亡率も一定である．よって，夏眠前の個体数を管理することにより，夏眠後の成熟した親魚を確保することができる．換言すれば，稚魚漁期の終了日を適切に設定することにより，再生産を管理することができるのである．両県の研究者らは，産卵親魚量が20億尾必要ということで合意している．12の漁協からリアルタイムで毎日送られてくる漁獲報告にもとづき，研究者は，残存資源尾数を推定し，漁業者団体の代表らに，終漁日の目途を知らせる．この情報を基にして，実際の漁期終了日を決定するのは，やはり両県の漁業者の話し合いである．

第3の施策は，夏眠している資源の保護を確実にするための取り組みとしての，海洋保護区（禁漁区）の設置である．総会の決定により毎年禁漁区が設定されるが，その場所と面積は，その年の推定資源量に応じて順応的に（資源が少ないときは禁漁区を大きく，多いときは小さく）設定される．禁漁期間の開始と終了は，研究者の助言をもとに両県の漁業者らで決定される．

以上説明したとおり，この伊勢湾イカナゴ漁業のもっとも重要な特徴は，関係漁業者らが漁業管理の重要性を十分理解しているということにある．1980年代初頭の資源崩壊・不漁・収入減という厳しい教訓が活かされているのであろう．また，資源水準や価格に関する漁業者らの理解を助けるため，両県の研究者は，漁業者らにわかりやすい形で研究成果を普及することに努めている点も重要で

---

[v] この総会は，基本的に愛知県名古屋市と三重県津市で交互に開催され，両県の研究者らもオブザーバーとして参加している．

ある．分析のためのデータの一部は，漁業者らと研究者が共同で収集しており，そのことが分析結果の正当性・信頼性を高めることにも役立っている．この漁業は，高いレベルで科学的根拠に基づく漁業管理が実施されているとともに，漁業者と研究者の連携の良事例として評価することができよう．

しかしながら，やはりこの現場にも課題は残っている．稚魚期の自然死亡率は環境変動に大きく依存しており，したがって資源量の年変動が非常に大きい．これは不可避的に，漁獲量の変動，ひいては漁業者の収入の大きな年変動をもたらしている．また，イカナゴの加工を請け負っている陸上の加工業者にとっても，漁獲量の変動は経営計画を立てる上で最大の不確実性源となっている．よって両県では，年間漁獲量の平準化を目的とした資源回復計画を2006年に策定している．

§4. 北部日本海ハタハタ漁業

4・1 背 景

ハタハタは，魚へんに神と書く．秋田県における言い伝えでは，この魚は雷を連れてくるという．この地域において，ハタハタはもっとも有名な冬の味覚であり，秋田県の県魚にも選ばれている．地元の人々が「ハタハタがなければ新年は迎えられない」というほどに地域食文化に深く根ざしている魚種であり，鍋，焼き，発酵など様々な食べ方で消費されている（コラム6）．

秋田県におけるハタハタ漁獲量は，1960年代には2万トンを超えていた．しかし，1976年頃からは資源水準が急激に低下し，1991年には70トンとなった．当時は地元の漁業者でさえ，秋田県産のハタハタを食べることができず，北海道や韓国から入手していたという．こうした急激な漁獲減を経験した秋田県の漁業者は，1992年から3年間の自主的禁漁を導入した．その結果，資源量・漁獲量ともに回復している．禁漁後は，TACや船別漁獲割り当ても導入し，近年の漁獲は2,000トン前後で推移している．

ハタハタは主に日本海に生息し，水産総合研究センターの資源評価においては，日本海北部系群と日本海西部系群の2つに区分されている．秋田県の漁業者は，このうちの日本海北部系群を採捕している．ハタハタの寿命は5年とされ，雄は1歳後半に達すると成熟を開始し，その年の冬から産卵に参加するが，このとき雌はまだ成熟しない．2歳以降は雌雄ほぼ全ての個体が成熟する（松倉ら，

表6・3　ハタハタ日本海北部系群の生産の推移（トン）
（データ：松倉ら，2012）

年	青森	秋田	山形	新潟	富山	北部計
1963	263	12,003	824	1,103	153	14,346
1964	341	10,350	663	792	86	12,232
1965	1,713	16,610	1,275	1,415	140	21,153
1966	1,431	20,122	956	1,458	122	24,089
1967	674	18,480	1,274	2,047	105	22,580
1968	249	20,223	1,051	1,993	96	23,612
1969	1,045	13,179	1,532	2,326	50	18,132
1970	818	13,015	1,538	1,834	64	17,269
1971	1,331	12,548	2,038	2,841	97	18,855
1972	495	14,422	1,664	2,096	112	18,789
1973	1,341	13,909	1,285	1,819	75	18,429
1974	1,258	17,735	1,647	1,937	113	22,690
1975	1,076	16,954	2,516	2,563	89	23,198
1976	138	9,658	867	1,038	45	11,746
1977	84	4,557	940	1,126	13	6,720
1978	4	3,481	648	1,109	22	5,264
1979	6	1,430	728	810	8	2,982
1980	11	1,919	300	490	23	2,743
1981	15	1,938	517	933	21	3,424
1982	17	1,244	577	884	16	2,738
1983	13	357	168	376	31	945
1984	0	74	47	75	10	206
1985	3	203	70	166	5	447
1986	3	373	328	761	19	1,484
1987	7	286	98	194	27	612
1988	8	248	59	134	17	466
1989	15	208	37	122	12	394
1990	12	150	24	107	9	302
1991	4	70	26	55	3	158
1992	3	40	32	70	5	150
1993	7		44	105	5	161
1994	13	0	51	52	2	118
1995	11	143	61	90	3	308
1996	7	244	50	73	4	378
1997	14	469	117	205	10	815
1998	6	589	180	290	8	1,073
1999	2	730	129	282	14	1,157
2000	53	1,085	160	270	15	1,583
2001	43	1,569	405	622	34	2,673
2002	244	1,922	280	203	11	2,659
2003	444	2,969	402	487	99	4,401
2004	834	3,258	690	601	23	5,405
2005	683	2,402	451	605	46	4,187
2006	527	2,625	641	452	39	4,284
2007	161	1,653	471	302	14	2,601
2008	1,363	2,938	359	185	31	4,876
2009	820	2,648	448	667	203	4,786
2010	495	1,832	407	650	14	3,398

2012).なお,雌雄を比較すると2歳以上で雌の方が10〜20 mm程度大きい（池端,1988）.

通常ハタハタは水深200 mあたりに生息し,1歳を越えたころから新潟県〜秋田県の沖合で群れを形成し,底びき網漁業で採捕される.冬季には,青森県から山形県の定置網,刺し網が敷設される沿岸域に接岸し,1個体当たり600〜2,500個の卵を,水深2 mぐらいの岩礁域に生える海藻に産卵する.特に秋田県沿岸は,日本海北部系群の主な産卵場である.その後,親魚は速やかに産卵場を離れ,春季にかけて新潟県の沖にまで南下し漁場を形成する（杉山,1991）.

ハタハタ成魚の主餌料は,端脚類であるテミスト（Themisto japonica),おきあみ類,橈脚類,いか類,魚類である.沖合ではテミストの割合が高くなる（秋田県水産振興センターら,1989）.大型魚類に捕食されるが,その実態は詳しくわかっていない.

4・2　ハタハタ漁業の概要

秋田県,青森県,山形県,新潟県の漁業者らは,ハタハタ日本海北部系群を共同で利用している.秋田県では,沿岸では定置網と刺網,沖合では200〜300 mの水深帯で底びき網が採捕している.

成熟個体は冬になると沿岸に移動し,12月から1月にかけて沿岸漁業者がそれを採捕する.沿岸漁業の漁期はほぼ2週間程度に集中しており,特に秋田ではこの間,多くの沿岸漁業者がハタハタ漁業に従事するという.

4・3　漁業管理のしくみ

1）公的管理と自主禁漁

公的な管理制度として,秋田県でハタハタを採捕するすべての漁業種類は県知事からの漁業権または漁業許可を必要とする.漁船の数と大きさ,漁場,漁具,目合い,などは権利・許可を通じて規制されている.また,秋田県漁業調整規則により,最少サイズが設定され,また沿岸に打ち上げられた卵（ブリコ）の採捕や販売が禁止されている.

1970年代後半の漁獲量急減以降,秋田県の漁業者らにより自主的管理施策が導入されてきた.まず,秋田県内の12漁協の合意（1986年）により,公的規制よりも厳しい最小サイズが設定された.また,目合いの拡大や禁漁区も導入された.しかしながら,資源回復の兆しが見えなかったことから,1992年2月,

県内12漁協の組合長により，より抜本的な施策の必要性が合意された．
　当時，多くの漁業者らは，資源量・漁獲量の低下は自然現象であり，いずれまた自然に回復するだろうと考えていたという．しかし，秋田県の研究者が，現在の漁獲圧が継続した場合を含め，様々な管理シナリオによる将来の資源回復予測を提示し，資源状況はかなり深刻であることを漁業者らに伝えた．12の漁協の漁業者らと，研究者，県行政は，その後6カ月間で延べ200回以上もの会合をもち，漁業管理について話し合った結果，1992年10月1日に3年間の自主禁漁に合意した．これは，当時の漁業者らにとって非常に厳しい決断であった[vi]．
　幸いなことに，禁漁期間中に漁業者は代替資源を開発することができた．たとえば沿岸漁業者らは，例外的なはえ縄漁業の操業を許され，多くのトラフグを水揚げした．また沖合の底びき網漁業者はアンコウの豊漁に恵まれた．両魚種ともに，ハタハタよりも単価が高く，3年の禁漁期間中の漁業者らの生活を経済的に支えたのである．

2）禁漁期間後の管理のための漁業管理組織

　3年間の禁漁後，どのようにハタハタ漁業を再開するか，は大きな課題であった．もし禁漁前と同じ操業をすれば，再び資源水準が低下する可能性が高い．よって，再開後は新たな漁業管理の枠組みが必要となったのである．当時のハタハタ漁業を担当していた県職員によると，漁業再開の時のほうが，3年間の自主禁漁を決める時よりも大変だったとのことである．漁業者，研究者，行政は，再び熱心な議論を重ね，以下のような施策を導入した．
　まず，沖合の底びき網漁船を57隻から38隻に縮小し，また沿岸では定置網を20％，刺網を40％縮小した．次いで，沿岸と沖合両方の漁業を含むハタハタ資源方策協議会を新たに設立した．この協議会は，減船や目合いの拡大，漁獲最少サイズ，自主TACなどを決定する組織である．TACの60％は沿岸漁業に，40％は沖合漁業に配分され，そして各漁業協同組合に再配分される．各漁協は，その割り当てをどのように利用するかを自主的に決定する．ある漁協は，船別割り当て（Individual Vessel Quotas：IVQ）を，他の漁協は協業化などを選択した．こうした漁協ごとのルールは，漁協内部での規定で定められている

[vi] 自主禁漁に至るまでの合意形成に関する詳しい分析は中西・杉山（2002），末永（2006）を参照．

(Tamaki, 2004).

3) 地理的範囲の拡大

上述したように，日本海北部系群は4つの県の沿岸・沖合漁業により利用されている．よって，ハタハタ漁業を生物学的に整合的に管理するためには，これら4県のすべての関係漁業種類をカバーする体制を作る必要がある．しかし，ハタハタ資源の重要性は，県により，また漁業種類によって異なるため，追加的な自主規制に対する関係漁業者の利害は大きく異なっていた．各県および水産庁による熱心なサポートと調整ののち，1999年4月，4県の関係漁業者は最終的にハタハタ資源管理協定に合意した．管理の内容は，県や漁業種類によって差異があるものの，たとえば最少漁獲サイズ（15 cm）は全県で統一された．

また，資源回復の速度と確度を上げるため，2003年6月，資源管理協定は資源回復計画に変更された．計画の数値目標は，毎年5,000トンを漁獲するのに十分な資源量にまで回復させることである．減船や目合い拡大により，漁獲圧はさらに削減され，また産卵場となる藻場の修復などの施策も行われている．

本事例は，対象資源が回遊魚であり，また沿岸と沖合にわたる複数の漁業種類が存在しているという意味で，日本における漁業管理で最も困難な事例の1つ

コラム6：ハタハタの配分文化

沿岸漁業では，大漁になると地元の子供や老人，親戚，隣人をはじめ，漁業に関係しない人も水揚げを手伝い，地域全体で恵みを共有してきた．また，さかなの色や姿，呼び名に由来して祭祀や縁起物などに利用する価値観は，その土地の風土に由来して習慣になる．

秋田県のハタハタもまた"鰰"という漢字の"神"の字が示すように，地元では特別な想いがある魚である．資源が復活し大漁に恵まれる近年では，かつてのように子供や老人，隣人が集まり，皆で浜を手伝う活気ある姿が見られる．路上や近隣の農村に売り歩く姿も見られ，ハタハタの飯寿司などの調理も再び家庭で作られるようになった．

かつて司馬遼太郎は，文化について，それ自体は異なる場所で応用はできないが，その地では大切な価値観であると述べている．近代社会の魚食が誰もが何処でも利用できる便利さを映したものである一方，さかなを共有しそこに住む人々によって分配するというかつての沿岸漁村の姿は，風土に育まれたその地に住む人々の知恵と愛着を色濃く反映するものである．またそれは，さかなをめぐる生活と価値観を映し出しながら世代に繋いでいく重要な役割を果たしているものかもしれない（中央水産研究所　廣田将仁）．

ということができるだろう．しかし，秋田県の12漁協による強いリーダーシップと，わかりやすい形で科学的知見が提供されたこと，そして県・国による手厚いサポートが，4県と漁業種類をまたがる管理体制を可能にした鍵であると思われる．また，予想外の収入（トラフグやアンコウ）は，関係漁業者の経済的な負担を軽くした．この点は非常に重要である．だれもこの幸運を予想していなかった．つまり，ハタハタは文字通り，神の魚であったのかもしれない．

引用文献

Tamaki Y（2004）：Fisheries management of sandfish in Akita Prefecture. Proceedings of International Institute of Fisheries Economics and Trade（IIFET）2004

Tomiyama M, Komatsu T, Makino M（2008）：Sandeel Fisheries Governance in Ise Bay, Japan. Case Studies in Fisheries Self-governance. *FAO Fisheries Technical Paper*, 504: 201-210

赤嶺　淳（2010）：ナマコを歩く．新泉社

青森県（1982）：陸奥湾ホタテガイ漁業研究史．青森県

青森県（1999）：青森県水産史．青森県

秋田県水産振興センター，山形県水産試験場，鳥取県水産試験場，島根県水産試験場（1989）：ハタハタの生態と資源管理に関する研究報告書．昭和63年度水産業地域重要新技術開発促進事業報告書

池端正好（1988）：ハタハタの耳石に関する基礎的研究．第2回ハタハタ研究協議会報告書，pp 40-50

糸川貞之（1978）：伊勢湾産イカナゴの資源研究-1　当歳魚の成長について．昭和51年度三重県伊勢湾水産試験場年報，pp 151-156

川内町漁業協同組合（1982-2012）：事業報告

川内町漁業協同組合（1984）：創立35周年記念 潮の香り．川内町漁業協同組合

菊池　傑（2003）：明日へつなげるナマコ資源管理―末永く獲るために．第9回全国青年・女性漁業者交流大会発表

清水三郎（1963）：俵物の統制集荷と産地の対応．漁業経済研究，11（3）：1-13

末永　聡（2006）：地域漁業における合意形成と知識科学―秋田県のハタハタ資源管理の取り組みから．地域漁業研究，46（3）：65-77

杉山秀樹（1991）：日本海北部海域におけるハタハタの漁場形成．日本海ブロック資源研究集録，21：67-76

田中豊治（1979）：近世末期における長崎俵物の生産，流通の地域的特色．漁業経済研究，19（3）：1-34

中西　孝，杉山秀樹（2002）：資源管理の合意形成費用：秋田県のハタハタ漁業管理を事例として．漁業経済研究，47（2）：25-43

船越茂雄（1991）：伊勢湾のイカナゴ資源管理．水産振興 東京水産振興会，283：1-58

冨山実（2003）：2001年漁期における伊勢湾産イカナゴの資源回復について．愛知水試研報告，10：37-44

冨山実，船越茂雄，向井良吉，中村元彦（1999）：伊勢湾産イカナゴの成熟，産卵と水温環境．愛知水試研報告，6：21-30

農林水産省大臣官房統計部（2005）2003年漁業センサス．農林統計協会

廣田将仁（2011）：ナマコ製品流通と国内供給体制に関する研究 漁業経済研究，55（1）：129-148

牧野光琢・廣田将仁・町口裕二（2011）：管理ツール・ボックスを用いた沿岸漁業管理の考察 － ナマコ漁業の場合．黒潮の資源海洋研究，12：25-39．
松倉隆一，藤原邦浩，後藤常夫（2012）：平成23年度ハタハタ日本海北部系群の資源評価
宮本又次（1958）：長崎貿易における俵物役所の消長．九州経済史論集，3：1-80
山口　徹（2007）：沿岸漁業の歴史．日本水産学会監修ベルソーブックス29，成山堂書店
山本敏博，薄浩則（2012）：平成23年度イカナゴ伊勢・三河湾系群の資源評価

第 7 章　沖合における漁業管理の事例

　京都府沖合におけるズワイガニ底びき網漁業は，1970年代の深刻な資源崩壊のあと，漁具改良や保護区設置などの管理施策を自主的に導入し，現在は国際的にも高く評価されている事例である．北部太平洋海域で操業する大中型まき網漁業は，数十年周期の魚種交替現象の下で操業している．1980年代のマイワシ資源高水準期における経営判断は，1990年代のマサバ資源増大を妨げる原因となった．2004年から導入した資源回復計画により，現在は徐々にマサバ資源が回復している．

§1．京都府ズワイガニ底びき網漁業

1・1　背　景

　日本海に面して320 kmの沿岸線を有している京都府の沖合海域では，主に2種類の漁業が操業している．1つは，マイワシ，マアジ，マサバなどを対象としたまき網漁業であり，もう1つは，ズワイガニ，アカガレイ，ハタハタ，ヒラメ，タイ，ニギス，いか類，えび類などを対象とした底びき網漁業である．本節では，この底びき網漁業の管理を紹介する．

　2012年現在，13隻の底びき網漁船が京都の港を拠点として操業している．漁獲対象のなかで経営的に最も重要な資源は，ズワイガニである．その脚の形状から松葉ガニとも呼ばれる．繊細な味覚と美しい形態から，日本ではズワイガニの人気が高く，特に京都府北部では冬の味覚として多くの観光客を集めている．また，間人（たいざ）地区で水揚げされるズワイガニは間人ガニと呼ばれ，特に有名である．

　1960年代前半には，京都の底びき網漁業は500トンを超すズワイガニ生産を誇っていた．しかし，1970年代後半になると水揚げは50トン台にまで減少した．この事態に対処するため，1982年より様々な管理施策が導入され，その結果として，生産量・金額ともに徐々に回復してきた（桑原ら，1995）．京都府の底びき網漁業者によって組織されている京都府機船底引き網漁業連合会が，この事例の漁業管理組織（FMO）であり，管理の中心的役割を担っている．2008年

には，水産エコラベルの1つである海洋管理協議会（Marine Stewardship Council：MSC）の認証も取得している．

ズワイガニは2～3月頃に卵生した後,2～3カ月の浮遊幼生期（プレゾエア期，第1ゾエア期，第2ゾエア期，メガロパ期）を経て稚ガニに変態し着底する（今，1980）．着底後に浅深移動は行うが，水平的に大きな移動を行う例は少ないことが知られている（尾形，1974）．ズワイガニは脱皮齢期ごとの平均甲幅により相対年齢が推定できる（山崎・桑原，1991）．雄では主に11齢から最終脱皮となる個体が出はじめ，13齢ですべての個体が最終脱皮する．雄では最終脱皮の際，体サイズに対しはさみが大きくなる．雌ではほとんどの個体が11齢で最終脱皮をむかえる．孵化から6齢までは1年間に複数回脱皮するが（伊藤，1970），以後は1年に1回脱皮するので，孵化から加入（11齢）までの期間は7～8年，寿命は10歳以上と考えられる．脱皮は8月から10月ごろ，特に9～10月頃に行われる．脱皮時を除き周年索餌を行い，底生生物を主体に，甲殻類，魚類，いか類，多毛類，貝類，棘皮動物などを捕食する（尾形，1974）．小型個体は，げんげ類，かれい類，ひとで類などに捕食される（上田ら，2012）．

京都府沖合海域の場合，甲幅約8 cmに成長するまでは雌雄ほぼ同一海域に生息するが，その後雌は一生を240 m付近で生息する一方，9 cm以上に成長した雄は水深260 m以深に移動する．よって，水深260 mを境界として雌雄が棲み分けている．交尾は水深220～290 m，特に270 m付近で行われる．

1・2　ズワイガニ漁業の概要

京都府海域における網漁業の歴史は非常に古い．無動力時代のひき網漁業は手繰（てぐり）網漁業と呼ばれるが，この手繰り網漁業の発祥が，平安末期の若狭湾地区であるとされる．南北朝時代の貞治年間（1362～1367年）から永緑年間（1557～1570年）には，コダイ，キス，アンコウ，ヒメジ，ホウボウ，カナガシラ,かれい類を対象とした手操網が操業されていた．明治時代になると，漁船規模を大型化し，沖合（3～10海里）に出てカレイ，ニギス，タラ，カニ，オオスジイシモチ，アカメバチ，カナガシラなどを採補していた（京都府機船底曳網連合会，1994）．

1919（大正8）年以降は発動機船による機船底曳網漁業が急速に発展したために,沿岸漁業との間で漁業紛争が生じた．これに対応して1921（大正10）年，機船底曳網漁業取締規則（農商務省令）によって，機船底曳網漁業の知事許可制

および底曳禁止ラインが制定され，沿岸漁業との二分化が定められた．太平洋戦争末期の1944（昭和19）年，漁業生産の増強および出荷の促進を目的とする京都府機船底曳網漁業連合会が組織され，現在にいたるまで，漁業管理の中心的役割を果たしている．

現在京都府の底びき網漁業は，11隻が15トン以下の小型底びき網漁業（知事許可漁業），2隻が15トン以上の沖合底びき網漁業（指定漁業）である．主に200〜350 m水深の漁場で冬にズワイガニを採捕しており，それより深い海域は他県の大型船が操業している．ズワイガニ漁期以外の時期は，アカガレイ，ハタハタ，ヒラメ，タイ，ニギス，いか類，えび類などが漁獲されている．6月から8月は，省令および京都府漁業調整規則により，禁漁期となっている．

雄のズワイガニは殻が固くて価格の高い"カタガニ（タテガニ）"と，殻が柔ら

表7・1　京都府におけるズワイガニ生産の推移
（データ：京都府機船底曳網漁業連合会提供資料）

年	漁獲量（トン）	漁獲金額（百万円）	単価（千円）
1985	85	253	2,987
1986	74	282	3,799
1987	73	261	3,590
1988	79	313	3,973
1989	111	351	3,176
1990	127	411	3,233
1991	108	406	3,772
1992	88	365	4,135
1993	87	357	4,092
1994	146	487	3,328
1995	152	467	3,073
1996	162	473	2,923
1997	151	419	2,771
1998	123	275	2,238
1999	186	340	1,828
2000	193	395	2,049
2001	139	387	2,788
2002	149	363	2,443
2003	136	348	2,568
2004	127	368	2,897
2005	104	287	2,753
2006	119	342	2,863
2007	127	342	2,701
2008	104	325	3,135
2009	92	304	3,290
2010	102	303	2,974

かく味も落ち，価格の低い"水ガニ"に銘柄が分かれる．水ガニは，その年の9～10月に脱皮して冬の漁期に採補される個体で，脱皮直後のため，殻が柔らかい．また，カタガニは，脱皮をしてから1年以上経過した，つまり前年に最終脱皮を終えた個体である．2010漁期（2010年7月～2011年6月）には，京都の底びき網漁業により，107トン，3億300万円のズワイガニが生産されている．

1・3 漁業管理のしくみ
1）漁業管理組織の構造

漁業管理の主な意思決定主体は，1944年に設立された京都府機船底曳網漁業連合会（京都府機船連）である．京都府のすべての底びき網漁船がこの連合会に入っている．この連合会により，定期的にすべての漁業者が顔を合わせ，世代を越えて相互信頼関係を作ってきた．また，底びき網漁業者の全国組織である全国底曳網漁業連合会（全底連）が府県をまたがる調整を担当している．第4章で説明したTACの執行は，この全国連合会などが主に担当している．

また，後述するように京都府の水産研究機関（京都府農林水産技術センター海洋センター）も科学的知見の提供を通じて非常に重要な役割を果たしてきた．たとえば，禁漁区の設置海域は，この海洋センターからの科学的助言に基づいて決定されている．また，水ガニの混獲がズワイガニ資源全体に与える影響に関する分析結果は，混獲を防ぐための自主禁漁の設置につながった（牧野・坂本，2001）．

2）漁業管理の施策

沖合漁業は，その資本規模が大きく，漁船数が少なく，また，一般に操業海域が広範囲に及ぶ．よって，沿岸漁業にくらべて，国または都道府県の行政による公的な管理がはたす役割が大きい．

公的な管理の枠組みとしては，漁業許可，京都府漁業調整規則，および省令・告示がある．小型底びき網漁業は知事許可，沖合底びき網漁業（15トン以上）は大臣許可であるが，小型底びき網漁業については都道府県ごとの総隻数が大臣によって決定されている．法定知事許可漁業（大臣枠づけ知事許可漁業）に指定されており，漁期も漁業調整規則と告示により定められている[i]．また省令

---

[i] ほかには中型まき網漁業，小型さけ・ます流し網漁業などが法定知事許可漁業に指定されている．

により，ズワイガニなど特定の資源を採捕する漁業は特定大臣許可漁業に指定され，船主は大臣からの追加許可を得る必要がある[ii]．

また，ズワイガニにはTACが1997年より導入されている．日本周辺海域のズワイガニの資源は5つの系群からなっているが，京都府の漁船はそのうちで西部日本海系群を利用している[iii]．

京都府機船底曳網漁業連合会を中心に導入してきた様々な自主的な管理施策のうち，主なものは，資源保護を目的とした2種類の海洋保護区（Marine Protected Area：MPA）の設置である．

第1のMPAは，漁獲からの半永久的な保護を目的として設置された禁漁区である．研究機関からの助言に基づき，1983年から段階的に6カ所の禁漁区を，ズワイガニの再生産海域や主要な生息域に設置してきた．また，曳網が行われないことを担保するため，コンクリートブロックが投入されている．2012年現在，この禁漁区の面積は67.8 km^{2}であり，漁場面積の4.4％に相当する．

第2のMPAは，ズワイガニ漁期以外の時期に混獲されるズワイガニ（販売禁止）を守るための操業自粛海域である．京都府沖の場合，1991年までは，4〜5月は200〜270 mでアカガレイやハタハタ，9〜10月は330〜400 mでホッコクアカエビやアカガレイ，ハタハタを対象とした操業が行われていた．この際に大量のズワイガニが混獲されたが，漁期外のため，全て投棄（再放流）されていた．再放流された個体の生存率を推定した結果，12〜4月は水温が低いため約95％，5月は80％台が生存するが，9月と10月は表面水温や気温が高いため，ほとんど全ての再放流ガニが死亡する．特に脱皮直後の水ガニは，殻が柔らかいので破損しやすく，混獲された場合ほとんどが死亡する．これらの値は丁寧に実験をした結果であるが，実際には選別作業などで30分ほど船上に放置される上，商品にならないという理由から扱いも雑となるため，生存率はこれよりもかなり低い値が予想される．さらに，同一場所で複数回操業されれば，その度に再放流されるので，その分死亡率も高くなる．山崎（1994）によると，1990年度の混獲再放流による減耗は，ズワイガニ初期資源の約45〜60％と推定されている．このような非合理的な資源浪費を防ぐため，混獲が発生しそう

[ii] ずわいがに漁業のほかには，東シナ海かじき等流し網漁業，東シナ海はえ縄等漁業，大西洋等はえ縄等漁業，太平洋底刺し網等漁業が特定大臣許可漁業に指定されている（特定大臣許可漁業等の取締りに関する省令）．

[iii] ズワイガニを含むすべてのTACや，各月の漁獲実績などについては，漁業情報サービスセンター（JAFIC）のウェブページで随時公開されている（http://www.jafic.or.jp/index.html）．

な時期・海域は，操業を自粛している．

そのほかにも，追加的な漁期短縮，より厳しい最小漁獲サイズ，漁具改良などが行われている．2003年には，ズワイガニの混獲を防ぐ新しい漁具も開発されている．1航海当たりの最大漁獲量制限も設定され，また2008年には，すべての水ガニの水揚げが禁止となった．

その結果として，資源量は徐々に回復している．特に注目すべきは，操業1日当たりの漁獲金額（円/日）が，1日当たり漁獲量（kg/日）よりも高い率で上昇した点である（Makino，2008）．これは，漁獲物の質が上昇していることを示している（水ガニからカタガニへの変化）．統計によれば，キロ単価は1970年代に1,200～1,800円程度であったが，近年は3,000円程度である．

なお，カナダ，ロシア，北朝鮮などから輸入されるズワイガニは，京都府産のものよりも低い価格で取引されている．よって，京都府機船連に所属する漁業者は京都産ズワイガニを差別化するため，識別用のプラスティック・タグをつけて，産地を明示する取り組みを始めた．現在この方式は，日本海西部海域に広く普及している．

§2. 北部太平洋大中型まき網漁業

2・1 大中型まき網漁業の概要

太平洋北西部海域では，数十年周期でマイワシ・カタクチイワシ・さば類（マサバ，ゴマサバ）の魚種交替現象が観察されてきた．このような現象は，気候－海洋－海洋生態系の遷移（レジームシフト）によるものと理解されている（青木ら，2005）．しかし，1970年代のさば類，1980年代のマイワシ，そしてその後のカタクチイワシの豊漁が観察された後，魚種交替現象として次に期待されていた，さば類の豊漁が観察されていない．これは，人為的なかく乱（乱獲）により生態系遷移に乱れが生じているとも捉えられる．後述するように，このかく乱の原因の1つが，1980年代のマイワシ高水準期におけるまき網漁業にあったと考えられる．

まき網漁業は17世紀初頭に日本の中央部付近で始まった．当時の網は長さ600mで，50人を超える乗組員が9艘ほどの船で操業していたという．19世紀末から20世紀初頭にかけて，アメリカから新しいまき網技術が輸入され，それが日本の操業形式にあわせて修正された．これを，改良あぐり網漁業といい，

現在のまき網技術の直接的祖先である．当時の操業は，26人が200 mの網をつかっていた．その後，日本国内で綿網技術が発展し，さらにまき網は普及していった（北部太平洋海区まき網漁業生産調整組合，1991）．

もう1つの主要な技術的変化は，漁船の動力化である．1906年に，日本で最初の動力式漁船が開発された後，政府の支援もうけて1920年代には全国に幅広く動力漁船が普及した．このころから動力式のまき網も日本全国で操業を始め，戦前には朝鮮半島周辺での操業も盛んであった．1941年の統計によると，日本のマイワシ漁獲量の77％が，まき網による生産である．またこのころから，さば類もまき網の主要な対象種となった（大海原，1980）．

太平洋戦争の間，多くのまき網漁船が軍に徴用され喪失した．まき網による生産量は，1941年の84万5,000トンから，1945年の18万9,000トンにまで減少している．戦後，国内の食料不足に対処するため制度的・資金的に支援されたまき網漁業は，その生産能力を急速に回復させた．マッカーサーラインが撤廃された1952年には，漁業法と水産資源保護法に基づいて新たな規制が導入され，まき網漁業は大臣許可漁業となった．このときに構築された基本的な漁業管理のしくみが，現在まで続いている．

現在の北部太平洋海区において，マイワシ，さば類（マサバ，ゴマサバ），カタクチイワシを漁獲する主たる漁業種類は，大中型まき網漁業（北まき）である．通常は，1ケ統当たりで1隻の網船，1〜2隻の探索船，2隻の運搬船で船団を組織し，40〜50人で操業されている．

2・2　漁業管理のしくみ
1）漁業管理組織の構造

大中型まき網漁業は，大臣許可漁業であり，その水揚げ港は北海道から千葉県まで広く分布している．よって，主な管理主体は，中央政府の水産庁である．漁業者らによる漁業管理組織（FMO）としては，各道県に連合会が組織され，広域連合として北部太平洋まき網漁業協同組合連合会（北まき連）がある．さらに全国レベルでも全国まき網漁業協会が結成されている．

2）漁業管理の施策

公的管理施策としては，1965年の省令によって，8つの大漁区が設定され，北部太平洋海区については15トン以上の網船をもつ船団の操業が指定漁業（大

臣許可）となっている．大臣により，網数（総ケ統数）は制限されている．許可は5年間であり，省令やその他の公的ルールによって，許可ごとに漁場や漁期，漁具，などが制限されている．

出口管理として，1997年よりTACがマイワシとさば類（マサバ，ゴマサバ）に導入されている．また，2003年には，資源回復計画も導入された（後述）．

また，自主的管理施策として，沿岸漁業との調整におけるまき網漁業管理組織の役割は重要である．たとえば青森県の八戸周辺海域は，スルメイカとさば類の好漁場であり，1965年からまき網が操業を開始している．当初は沿岸漁業との間で深刻な紛争を引き起こしたが，1966年以降，北部太平洋まき網漁業協同組合連合会と沿岸漁業者のイカ漁業者の連合会が協定を締結している．今日も紛争は完全に解決しているわけではないが，この協定は中央政府の支援も得つつ，徐々に発展してきている．現在の協定には，まき網漁業の総漁獲量も設定されている．同様の事例は，千葉県利根川河口周辺海域でも見ることができる．沿岸の釣り漁業者とまき網との間で，1962年からサバ漁獲に関する協定がむすばれている．また，第4章でも概説したように，まき網の連合会はマイワシおよびさば類のTACの執行においても重要な役割を果たしている．

2・3 魚種交替現象の下での漁業管理
1）1980年代のマイワシ変動

図7・1は，北まきによる魚種別漁獲量の経年変化を示している．1970年代はさば類が中心であったが，その後80年代にはマイワシ中心に替わり，1990年代中頃以降は，カタクチイワシ（せぐろ）が漁獲量の中心を占めている．図で示されているように，北まき総漁獲量のピークは1986年であるが，この時期はマイワシの魚影が濃すぎて獲りきれず，破網もしばしば報告されていたとのことである．しかし漁獲金額をみると，ピークはその3年前の1983年であった．その理由は，マイワシ漁獲増やペルー沖アンチョビー豊漁などに伴う単価の下落である．つまり1984～1989年ごろの間は，資源が海にたくさんあるのに総漁獲金額が年々減っていくという状況であった．

このような状況下では，漁獲能力をさらに高めることによって漁獲量を増やし，収入減を補うというのが漁業者の一般的な行動であると思われるが，北まき全体の網数（ケ統数）は大臣許可により制御されていた．

では，この時期に漁業者はどのような対応をしたのだろうか．図7・2は，北

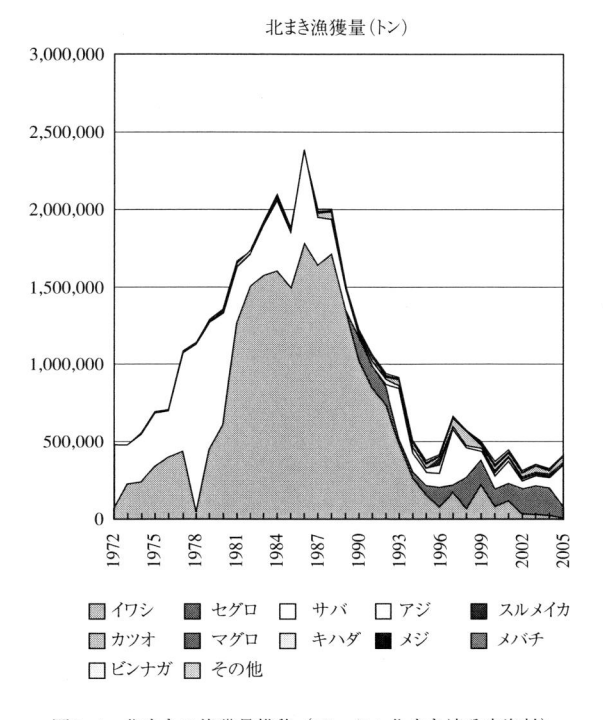

§2. 北部太平洋大中型まき網漁業　*117*

北まき漁獲量(トン)

図7・1　北まきの漁獲量推移（データ：北まき連公表資料）

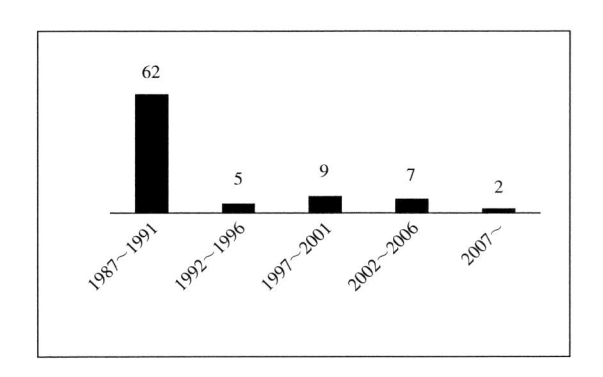

図7・2　各許可期間の北まき漁船新造隻数
（データ：Makino & Mitani, 2010）

まき漁船新造隻数を漁業許可期間（5年）ごとにまとめたものである．1987～91年にかけて，62隻の漁船が新造されている．この62隻の内容を把握するため，漁船統計を用いて階層別漁船隻数・総トン数の情報を整理したところ，1980年代中旬以降は300トン型の大型運搬船が増加していることがわかった．つまり，漁業者は網数の増加による漁獲能力増強を選択できなかったため，主に漁場と港の間の運搬能力に投資することによって実質的な漁獲能力を高めたと推察される．

　一般に，豊漁期の大きな利益には累進的に課税される（たくさん儲かると，税金をたくさんとられる）．よって，北まきのように，魚種交替による利益の年変動が大きい漁業種類の場合，経営判断として資本投資（新船建造）を指向する傾向が強くなる．著者らの行った聞き取り調査によれば，1980年代当時の実質的な漁船減価償却期間は3年ほどだったという．また，当時の日本経済はバブル期にあり，金融機関からの資金調達が容易であったことに加え，造船会社からも新船建造の強い勧誘があり，これまでの付き合い上，断りきれなかった経営者もいたようである．

2) 1990年代マサバへの影響

　1989～90年ごろから，北部太平洋海区におけるマイワシの資源は急減する．前節で述べた大型運搬船の新造により，経営は高コスト体質になっており，マイワシ資源減少後はこのコストが経営を圧迫することとなった．漁業・養殖業生産統計と漁船統計を用いて計算すると，運搬船1隻当たりの漁獲量（トン）は1987年からの10年間で約3分の1に低下しており，過剰投資による資本の遊休化を確認することができる．

　このような状況の中，1992年と1996年に，マサバ太平洋系群に卓越年級群が発生したが，その多くを未成熟のうちに漁獲してしまった（図7·3）．結果として，マサバ資源の増大を抑制してしまい，魚種交替現象を妨げて，今日に至っていると考えられる．当時の北まき漁業者にとって,経営破綻を避けるためには,このマサバ卓越資源に対する漁獲圧を高める他に選択肢がなかったであろう．なお，1990年代のカタクチイワシ平均単価はマサバの約半額である．カタクチイワシの資源状態は良好であったものの，このような価格条件により，経営上の代替資源とはなりえなかった．

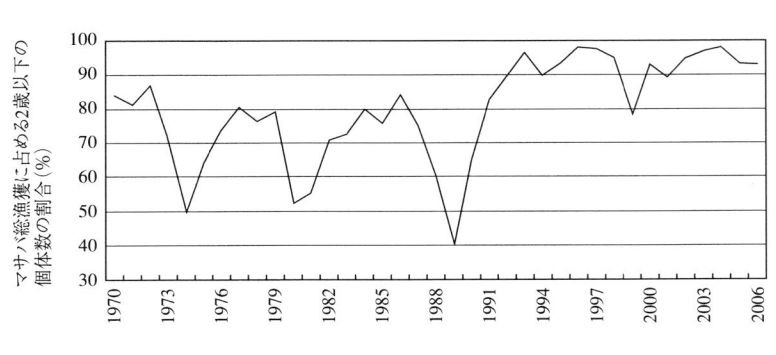

図7・3 マサバ総漁獲量に占める2歳以下の割合
（データ：川端ら，2012）

3）では，どうすればよかったのか？

　魚種交替現象が海洋生態系遷移の1つであるとすれば，その存在を前提とした漁業管理が行われなければならない．もしも自然科学的知見により事前にある程度の予測が可能であったと仮定したとき，どのような政策介入をしていれば，マサバ資源が増大し，魚種交替現象が実現したのだろうか．様々な管理シナリオを仮定し，その資源と漁業経営への影響をシミュレーションした結果，1）1980年代に漁船新造を禁止するか，あるいは大幅な減船措置を行うことにより，1991年度末時点の漁船隻数（資本規模）を実際よりも約一割ほど小さく抑えるとともに，2）1992年と1996年の2回の卓越年級群を，各2年ずつ，赤字にならない程度で獲り控えれば（損益分岐操業），2000年代には魚種交替が実現できたであろうことが示された[iv]．

4）資源回復計画とその成果

　1990年代のマサバ卓越年級群を有効に保護できなかった反省を踏まえ，北まき連，全国まき網漁業協会，政府，研究者らは資源回復のための方策を議論した．その結果に基づき，2003年10月よりマサバ太平洋系群資源回復計画が実施さ

[iv] モデルやデータについて詳しくは，牧野・渡邊（2010）参照．また牧野・金子（2012）は，1992年時点でこの資本水準に制御するための管理シナリオを3種類想定し（公費減船，政府による1980年代からの新船建造禁止措置，ITQ），その実行可能性や漁獲量への影響，地域経済への波及効果などを検討している．

れている．この計画では，卓越年級群が発生した年に，特に集中的に漁獲努力量を25〜30％削減する内容となっている．また，親魚量を2011年度までに18万トン以上に回復させることを数値目標として設定した．

計画作成翌年の2004年，さっそく卓越年級群が発生した．その影響もあり，翌2005年には漁獲量がTACを超えてしまうという事態も発生した．その2年後，2007年には，中規模の卓越年級群が発生した．今回は，TAC順守のため，投網時間制限や自主休漁，より細かくて厳しい漁獲量規制などの追加的施策を北まき連が自主的に導入し，漁獲努力量の効果的な削減に成功した．また，2009年にも比較的大きな加入があったので，漁業者らは31日間の操業自粛を行い，漁獲圧を38％削減することに成功した．

公的管理と自主的管理による，こうした熱心な取り組みの結果，マサバ太平洋系群は徐々に資源が回復しつつある（図7・4）．2012年10月に発表された最新の資源評価（川端ら，2012）によると，2011年の産卵親魚は30万トン，総資源量は106万トンと推定されており，資源回復計画目標値18万トンを大きく超えている．ただし，現段階ではまだ最低の水準を脱したという程度であり，

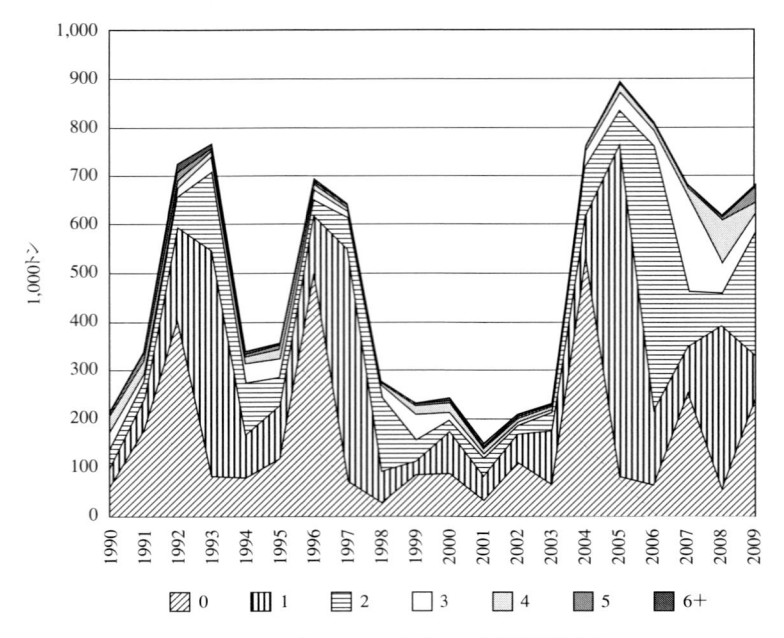

図7・4　1990年から2010年までの齢別資源量推定
（データ：川端ら，2012）

過去の水準と比してもまだ十分に資源が回復したとは言えない．毎年の再生産が安定的に行われる産卵親魚量（45万トン）にまで回復させることが，次の課題である．

> **コラム7**：魚種交替に応じた漁業管理とは
>
> 2007年度から2012年にかけて実施された農林水産技術会議プロジェクト研究「魚種交替の予測・利用技術の開発（Studies on Prediction and Application of Fish Species Alternation：SUPRFISH)」は，太平洋北西部海域における気象・海洋環境の変化から，資源の大変動と魚種交替までのメカニズムを説明し，かつ，それに適応した漁業管理の方策を研究した大型プロジェクトである（http://tnfri.fra.affrc.go.jp/kaiyo/POMALweb/index-fish.html）．その主要な成果は2013年3月に水産海洋シンポジウムとして公表されている．
>
> このプロジェクトで著者らが行った，漁業管理に関する研究の主要な成果は以下の5つにまとめられる．1.大規模な変動を繰り返す資源に適応するためには，資源が減った後の資本規模（漁船隻数）を適正な水準に制御し，かつ，次の資源の卓越年級群を着実に保護することにより，生態系遷移としての魚種交替を担保する必要がある．2.適正な資本規模を実現する施策には，いくつかの選択肢がある．大発生する資源の使い方に関する，社会としての考え方に応じて，適した施策が決まる．3.大発生する資源をカンフル剤として社会が十分に活用することにより地域経済の活性化を図る方針であれば，獲るだけ獲った後の公費減船は1つのオプションであろう（震災復興シナリオ）．4.逆に，公費支出を出来るだけ縮小する（小さい政府）なら，資源増加期の途中で新船建造禁止，あるいは課税などの資本規模抑制施策を導入する必要がある．5.大規模変動を繰り返す資源の場合，ITQ制度のみでは自律的な資本調整機能が発揮されない可能性があるため，公費支出や課税等の施策と組み合わせる必要がある．

引用文献

Makino M（2008）：Marine Protected areas for the Snow Crab Bottom Fishery off Kyoto Prefecture, Japan. Case Studies in Fisheries Self-governance. *FAO Fisheries Technical Paper*, 504: 211-220

Makino M, Mitani T（2010）：Fisheries Management under Species Alternation. Proceding of the International Institute for Fisheries Economics and Trade 2010. Montpellier July 13-16

青木一郎，二平　章，谷津明彦，山川卓編（2005）：レジームシフトと水産資源管理日本水産学会監修水産学シリーズ147，恒星社厚生閣

伊藤勝千代（1970）：日本海におけるズワイガニの生態に関する研究III.甲幅組成および甲殻硬度の季節変化から推測される年令と成長について．日水研報，22：81-116

上田祐司，木下貴裕，養松郁子，藤原邦浩，松倉隆一，山田達哉，山本岳男（2012）：平成23年度ズワイガニ日本海系群の資源評価

大海原宏（1980）：まき網漁業概史．全国まき網漁業協会拾年史．全国まき網漁業協会，pp1-211
尾形哲男（1974）：日本海のズワイガニ資源．水産研究叢書26 日本水産資源保護協会
川端　淳，渡邊千夏子，本田　聡（2012）：平成23年度マサバ太平洋系群の資源評価
京都府機船底曳網漁業連合会（1994）底曳網漁業50年のあゆみ．京都府機船底曳網漁業連合会
桑原昭彦，篠田正俊，山崎　淳，遠藤　進（1995）：日本海西部海域におけるズワイガニの資源管理．水産研究叢書44，日本水産資源保護協会
今攸（1980）：ズワイガニ Chionoecetes opilio（O. Fabricius）の生活史に関する研究．新潟大学理学部附属佐渡臨海実験所特別報告，2：1-64
北部太平洋海区まき網漁業生産調整組合（1991）：北部まき網三十年史．北部太平洋海区まき網漁業生産調整組合
牧野光琢，坂本　亘（2001）：京都府沖合海域における資源管理型漁業の実証分析．環境科学会誌，14（1）：15-25
牧野光琢，金子貴臣（2012）：資源の大規模変動に適合した漁業管理制度の検討．北部太平洋まき網漁業の場合．漁業経済学会第59回大会要旨集　東京海洋大学
牧野光琢，渡邊千夏子（2010）：魚種交替と漁業の相互作用．月刊アクアネット12月号
山崎淳，桑原昭彦（1991）：日本海における雄ズワイガニの最終脱皮について．日水誌，57：1839-1844
山崎淳（1994）：ズワイガニの生態特性にもとづく資源管理に関する研究．京都府立海洋センター研究論文，4：1-53

第8章　漁業管理と海洋性レクリエーション

本章では，漁業と海洋性レクリエーションとの間で生じている具体的問題を，裁判所の判決（判例）を用いて解説する．また，漁業と他セクターとの制度的関係と今後の方向性について，法学分野の先行研究の議論に基づき考察を加える．

§1．問題の背景

漁業管理と海洋性レクリエーションの制度的関係を議論する前提として，まず4つの社会的背景を整理しよう．

第1は，海洋性レクリエーション人口の増加に伴う，沿岸海域の利用調整である．これまで漁業と運輸，そして一部埋立などの，産業利用を中心に，日本の沿岸海域は利用されてきた．しかし，一般国民のレクリエーションによる利用の規模が，新たな制度を必要とするほどに大きくなってきた．この摩擦は特に利用密度の高い大都市近辺の沿岸海域を中心に生じている．

第2は，遊漁（レクリエーションを目的として水産動植物を採捕する行為）である．年間約3万トンにのぼるともいわれる遊漁による採捕が，資源の持続可能な利用制度を考えるうえで無視できないほど大きくなってきた（農林水産省大臣官房統計部，2009）．特に，大都市近郊でのマダイやイサキ，キスなどの魚種では，漁業による漁獲と同等かそれ以上の量が遊漁により採捕されていると言われる（日本水産資源保護協会，1991；竹之内，1999）．これは漁業と海洋性レジャーによる，水産資源の利用上の競合と理解することができる．これは量のみの問題にとどまらない．たとえば放流種苗は放流直後に浅海域に滞留することが多く，地域によってそれらの種苗が遊漁により釣り上げられている可能性がある．また天然資源でも浅海域を育成場とする稚仔魚の釣り上げは，量よりも質的な面で漁業管理上の問題がある．

第3に，日本全国の海岸線に沿って約5kmに1つずつ存在するといわれている漁業集落について，重要なものをどうやって選び，維持し，そしてその役割を正当に評価していくかという問題である．この点に関し，水産基本法第31条では，都市との交流を通じた収益機会の増大と活性化など，海洋性レクリエー

ションと漁業との共存という基本姿勢を打ち出している．

　第 4 が制度上の問題である．海洋性レクリエーションに比べ，漁業には様々な厳しい規制がかけられている．いわばこれら規制のアウトサイダーとしての海洋性レクリエーションが，漁業の目から見れば自由に無秩序に海面を利用し，漁場を荒らしている，という問題である．これは感情的な対立の原因となり，現場での不要な軋轢も生んでいる．以下，具体的な事例を通じて，この問題を考えてみる．

§2. 判例の紹介

2・1　家島における遊漁と漁業

　兵庫県の家島諸島は，姫路市沖 10 km ほどの瀬戸内海に浮かぶ，古くから知られた漁場である（牧野，2002）．その周辺海域では，約 800 人の漁業者が操業しており，また京阪神から多くの遊漁客が訪れている．

　家島諸島周辺には，漁業法に基づく共同漁業権が設定されている．その共同漁業権漁場において遊漁者らが釣りをすることに関し，地元の漁協と遊漁船業者らの間でルールが作られていた．しかし，その利用ルールの内容を不服とする一部の遊漁者らが，地元漁協を相手取って提訴したのである．原告は，姫路市内の渡船業経営者，釣り人代表，釣具店経営者らからなる 7 名．被告は家島諸島の漁業者により構成される漁業協同組合とその組合員約 800 名である．

　原告によると，彼らが遊漁を行うことに対し，家島の漁協があたかも海面の所有者のように釣り場を制限し，その制限を守らない者には実力行使を伴う妨害を行ったという．よって，妨害の不作為請求と損害賠償請求（営業損害と慰謝料），そして国民が遊漁を楽しむ権利として，憲法 13 条の幸福追求権に基づく「遊漁権」の確認を請求した．なお，原告は「遊漁権」が存在する根拠の 1 つとして，漁業法に規定されている内水面の遊漁規則をあげている．内水面において漁協などが遊漁を制限する際には，漁業法 129 条に規定された要件を具備した遊漁規則の制定と知事の認可を必要としており，これは遊漁を国民の幸福追求に不可欠のものとして法的に保護しその確保に努めている証左であるという主張である．なお，家島の漁協と兵庫県の他の遊漁船業者らの間には，1995 年度から沿岸漁場整備開発法 24 条に基づく「漁場利用協定」が締結され，遊漁海域，遊漁期間，使用漁具などの取り決めが行われていた．しかし原告に含まれる遊漁船業者らは，

この協定が漁協の一方的押し付けであるとして，加入していなかった．

この事案は，神戸地方裁判所姫路支部にて1998年7月27日に判決が下された．裁判所は，海における遊漁権を権利として認めることはできないとし，提訴自体が不適法であると判示した[i]．これを不服とした原告は控訴したが，第二審でも大阪高等裁判所は遊漁権を認めず（1999年9月14日判決），漁協による遊漁制限の内容も著しく不当であると認めるに足りる証拠はないと判断した．さらに，原告の主張に幸福追求権に基づくものがあるとしても，漁協による諸妨害行為が受忍限度を越えているということはできず，第一審の判決は正当であると判示した[ii]．

遊漁権が認められない理由について，漁業法第129条に係る原告の主張に対する裁判官の判断をまとめよう．第129条は「内水面における第五種共同漁業の免許を受けた者は，当該漁場の区域においてその組合員以外の者のする水産動植物の採捕（以下「遊漁」という）について制限をしようとするときは，遊漁規則を定め，都道府県知事の認可を受けなければならない」と規定している．これは，河川への接地交通の容易さ，広範な川釣人口，資源の性質上増殖が不可欠などの事情を考慮した，漁業権者と遊漁者との利害関係を調整する法政策として規定されているものである．よって，この規定は漁業権との利害調整が特に必要であるという"事実"を前提にして，内水面遊漁の制限の仕方を規定したものであって，いわば内水面における漁業権の内在的制約を明らかにした規定であり，遊漁者の享受する利益はその反射的利益（後述）に過ぎないとした．すなわち129条はあくまで内水面の特殊性を考慮した規定であり，漁業法全体の上では遊漁権なる概念を前提としておらず，よって海面における遊漁権も権利とはいえないと，裁判官は判断したのである．

この第129条の意図するところをより正確に理解するため，国会会議録をもとに，戦後漁業制度改革における第五種共同漁業権（内水面漁業権）設定時の立法者の議論を簡単にまとめよう[iii]．第3章で紹介したように，当時の社会的背景として，食料の不足とマッカーサー・ラインによる漁区制限があり，内水

---

[i] 権利の確認請求の対象が具体的権利でなく法律関係も成立していないので，当否の判定ができず，確認訴訟成立の要件を満たさないという意味．

[ii] ただし付言において，地元漁協による実力行使の事実がなかったと判断したわけではなく実力行使が正当であると判断したわけでもない，と付け加えている．

[iii] 第2回国会衆議院水産委員会会議録9号（1948年3月26日），第6回国会参議院水産委員会会議録5号（1949年11月14日）．

面における動物性タンパク質の生産は，特に農山村のタンパク質供給源として重要であった．このような社会的背景を前提とした国会の議論は，以下の5点に要約できる．①内水面漁業者は副業者が多く専業者は僅か5％であり，侵害予防のための監視が困難であること，②その一方で水面が狭く漁獲が容易であるため，海面に比べて乱獲に陥りやすいという性質をもつこと，③よって増殖が決定的に重要であり，その利益を増殖者に帰せしめるため，そして増殖効果を上げるためにも，漁業権の設定が不可欠であること（漁業権の存在が監視強化にもつながる），④その反面，漁業権者には増殖義務を負わせる，つまり増殖漁業権として構築すべきこと，⑤ただし，遊漁者の数が非常に多く，漁業者も副業者が大半であることに鑑み，より多くのものに有効に（単に営業のみでなく，遊漁・観光も含めて）利用させ，その徴収収入を増殖費用に当てること，である．

以上の国会での議論の経緯をみると，立法者意思としては，第5種共同漁業権は資源の保護を担保するための漁業権であって，そのインセンティブ保持のために遊漁を有料にしたと捉えられる．つまり漁業法第129条の諸規定は，漁協による資源管理の支援規定であって，遊漁権の前提にはなりえず，逆に漁協が遊漁者から賦課金などを徴収する論拠にもなりうるといえよう．

次に，沿岸漁場整備開発法24条に基づきこの海域で締結されていた漁場利用協定制度について，裁判官の判断をまとめよう．裁判官はこれをあくまで私的契約であり，当事者の話し合いによる解決が期待されているだけであって，協定が決裂した際には遊漁者側にはなんら法的救済手続きが存在しないとした[iv]．協定の中身は，家島諸島の全海岸線の51.4％に遊漁海域を設定しており，遊漁船業者に対する賦課金は年12万円であった．この内容についても不当なものとはいえないと判断した．さらに，自主協定である漁場利用協定の効力が及ぶ範囲について，私的契約である以上，その効力が締結者に限られることは私的自治の原則より明らかではあるが[v]，協定内容が意に沿わないという一事をもって原告が協定書を拒否し，協定内容を無視した行動をとることは，共同漁業権行使者およびルールを形成しようとする関係者に計り知れない影響を与えると判示した．原告は高裁判決も不服とし，上告したが，最高裁は2002年2月22日

[iv] 私的契約とは，私人自らの意思に基づいて，自由にその相手方，内容，方式などが選ばれる契約のこと．国家は一般的にこれに干渉すべきではないとされる．

[v] 自由・平等な個人を拘束し権利義務関係を成り立たせるものは，それぞれの意思である，という考え方に基づく，近代私法の理念（内閣法制局法令用語研究会，1993）

にこれを棄却している[vi].

2・2 大瀬崎におけるダイビングと漁業

おなじく海洋性レクリエーションと漁業の間での争いとして，次はスキューバ・ダイビングの事例をみてみよう．特に重要な判例は，静岡県大瀬崎におけるダイビングスポットをめぐる事件 (損害賠償請求事件) である (田中，1993) [vii].

原告は横浜市で潜水機材の製造・開発およびダイビング講習を行う業者であり，被告は沼津市大瀬崎を含む内浦周辺の漁業者により構成される漁業協同組合である．本件は，1988 年 9 月から 1993 年 10 月までの間，原告が漁業権設定海域でダイビングをした際に，法的根拠のない潜水料の支払いを余儀なくされたとして，漁協に対し損害賠償および潜水料の返還を求めた事案である．なお，この海域を利用するダイビングショップ経営者などにより構成される A 潜水協会と漁協との間には，1985 年 9 月に協定が締結され，所定の潜水海域 (ダイビングスポット) の漁業の自粛や，潜水時間，潜水料 (一人 340 円) などが決められていた．原告は A 潜水協会の会員ではなかったが，この海域でダイビングを行う都度，所定の潜水料を支払っていた．一審は静岡地方裁判所沼津支部にて 1995 年 9 月 22 日に判決，二審は東京高等裁判所にて 1996 年 10 月 28 日に判決，上告審は最高裁判所第 2 小法廷にて 2000 年 4 月 21 日に判決，破棄差戻しとなり，差戻審は東京高等裁判所にて 2000 年 11 月 30 日に判決が下された．

一審では，潜水料徴収の法的根拠を「受忍料」，「サービス料」，「一村専用漁場の慣習に基づく水面利用料」として一応考えることができ，法的根拠がないとはいえないとして，原告の請求を全面棄却した．二審においては，潜水料徴収の違法性に基づく損害賠償は認められなかったものの，原告の同意がないにもかかわらず一方的に要求する法的根拠はないとし，潜水料の徴収が不当利得にあたるとして返還を命じた[viii]．また，漁業権の水面利用に係る権能について「特

[vi] なお，海洋性レクリエーションと漁業者の間で積極的にルール作りがなされ，成果を出している事例もある．たとえば山下 (1992)，田中 (1993)，竹之内 (1999)，鳥居・山尾 (2000)，原田ら (2009) など.

[vii] ダイビングと漁業に関する他の判例としては，沖縄県伊良部町漁協に対し宮古島ダイビング事業組合が妨害禁止の仮処分を那覇地裁に申し立てた事案がある (上田，1996).

[viii] 不当利得とは，法律上の原因がないのに他人の財産その他から利益を受け他人に損失を及ぼすことをいう (民法 703)．不法行為とは，故意又は過失によって他人の権利を侵害し，損害を生じさせることをいい (民法 709) その要件は違法性である．本件で裁判所は「不法行為を成立させるほどの強い違法性は存在しなかったと解すべき」と判断した．つまり違法ではないが正当でもないという判断である.

定の種類の漁業操業に必要な範囲及び様態に於いてのみの水面利用に過ぎず，海面支配ではない」とし，妨害排除や予防請求・損害賠償請求には現実に漁業権が侵害されたか，そのおそれがあるなどの要件が必要であるとした．しかし，この高裁判決を不服とする漁協が上告した結果，最高裁の判断は高裁の判決を覆すものとなった．最高裁は，ダイビング業者が漁協に潜水料支払いをした各時点において，両者の間に合意が成立していると解する余地があるとしたのである．よって裁判で審理すべき点はその合意の内容と効力であるとした．差戻し審で東京高裁は，原告が潜水料支払いをした各時点において，漁協が漁業権の侵害を受忍し，操業を差し控え，潜水の自由と安全性を保障する対価としての潜水料支払いという合意が成立したものと認定した．また，本件海域における潜水は，たとえ潜水行為自体が魚介類の採捕を目的としていなくても，漁場が荒らされ操業に支障や危険が生じ漁獲量の低減などの悪影響を及ぼすことは明らかであると判断し，ダイバーに対して漁業権侵害を理由に予め損害賠償の請求を行うことは合法であるとした[ix]．また，漁業権侵害に関して，潜水行為による漁業被害の具体的金額を認定することは困難であるが，それは損害賠償請求権を否定するものではない，と判示した．

§3. 制度的課題

3・1 3つの論点

以上の判例を参考にしながら，海洋性レクリエーションと漁業管理に関する制度的な課題について，以下の3つの論点を指摘しよう．

第1の論点は，家島の事例で扱った，漁場利用協定の制度的手続きである．これは，沿岸漁業整備開発法24条以下に基づく，海面の利用に関する公的なしくみである[x]．この漁場利用協定について，家島事件の裁判官は，私法上の契約に過ぎず協定決裂時は遊漁者に対する法的な救済措置が存在しないと判断した．しかし，海は公共用物，すなわち国家が管理する国民共有の財産である．その公共用物の共同利用に関して，もし仮に協定が漁業側による一方的な決定であ

[ix] 本件判決は，漁業権侵害罪や受忍料の法的性格などに係る判断の点で，過去の判例と比較するとき注目すべき点も多い．詳しくは，田中（2002）を参照．

[x] 沿岸県では，海面利用調整協議会が設置されることも多いが，これは漁場利用調整協議会がその前身である．法令に基づく機関ではなく，あくまで自主的に組織される機関とされる．

る場合があったとしても，本当に救済措置は必要ないのか，という問題である．

第2番目の論点は，漁業権による水面使用権能と，公物の自由使用の関係である．これは，漁業権設定海域における漁業以外の海面利用の管理権限が，漁業権を有する漁協に帰属するのかどうか，という点である．大瀬崎ダイビングスポットに係る事件においても争われた論点である．

最後の論点は，漁業権侵害についてである．漁業法第23条の規定により，漁業権は物権とみなされる[xi]．よって，第三者が漁業権又は漁業協同組合の組合員の漁業を営む権利を侵し損害を与えると，漁業権侵害となる．この侵害罪は"親告罪"と呼ばれる犯罪であり，漁業者が告訴することが侵害罪成立の要件である（漁業法143条）．しかし実際には，後述するように，告訴が非常に困難であり，そのことが沿岸海域の利用に不要な障害をもたらしているという問題である．

以上3つの論点について，以下，法律学分野の議論を参照しながら，考察してみよう．

3・2 公物法理論における海の利用
1) 公物法理論と公法・私法二元論

海は，法的には，海底と海面と海浜によって画される空間である．海浜は海と陸との境界であり，最高満潮時における海岸線がその陸側の基準である（来生，1984）．海は法理論上，公物の公共用物に分類され，よって海域利用の法律関係には基本的に公物法理論が適用される[xii]．公物とは国・地方公共団体などにより直接に公の目的のために供用される個々の有体物をいう（田村，1984）．公物のうち，直接に一般公共の用に供される公物を公共用物といい，主として行政主体の用に供される公物を公用物という．公物にはその機能を発揮せしめるために必要な限りにおいて，私法関係とは異なった特殊な（公法的）取扱いがなされる．

伝統的行政法理論では，行政に関する法体系はその性質により公法と私法とに大別され，それぞれ異なった法原理（公法原理と私法原理）が適用されてきた．公法とは警察の取締りや租税の賦課徴収に関する法など，行政に関する特殊固有

[xi] 物権とは財産権の中でも最も強い権利の1つ．法に基づかずに設定することはできず（物権法定主義），1つの物には1つの物権しか設定できず（一物一権），その利益が侵害された場合には返還，妨害の排除，妨害の予防や，また損害賠償などを請求することができる．詳しくは我妻ら（2005）などを参照．

[xii] 明治9年の「地所名称細目」では，「海ハ水ノ最モ大ニシテ陸地外ニアルモノ」と定義され第三種官有地に分類されている．

な性質をもつ法をいう．この「行政に関する特殊固有な性質」の意味について，通説的な見解では，国家と国民の間の権力支配の関係を規律するところにそれを見出す．一方で行政に関する法であっても，私法原理に基づくものは対等者間の利害調整を目的とし，民事法と共通の原理に服すものとされる．伝統的行政法理論の特徴は，公法概念において前提とされている行政権力の優越性（はじめに権力ありき）から理論体系を構築している点にある．そしてこの公法・私法二元論の下で，公法が特別に留保した「国民個人が有する国家に対する権利」は「公権」として構成され，行政権に対抗する国民の権利として位置づけられてきた．公権は解釈原理の違いや公益的見地から私法上の権利（私権）と区別され，一身専属的性質や不融通性などの特徴をもっている[xiii]．

また，行政法体系はその作用により，組織法，救済法，作用法の3種に大別される．公物法は従来行政組織法の一部として位置づけられ，その公法的特色が強調されてきた．行政組織法とは行政主体を組織しその活動を可能ならしめる一切の人的要素および物的要素に関する法を指す．つまり，行政組織そのものと物的手段たる公物との関係を行政の内部管理関係とみることにより，理論的に公物法を行政作用法と峻別し，従って公物の設置管理運営は行政の内部的・自主的規律に委ねられるべきものとして，原則的に司法介入が否定されていたのである[xiv]．したがって，伝統的公物法理論は公法原理に基づく特別権力行政としての私権の制限を特徴とし，公物管理は行政組織内部規律としての行政財産管理とみなされるため，利用者は単なる行政客体として解釈される傾向があったといえよう．

しかし，近年の公物法理論においては，この公法・私法の二元論自体が批判の対象となっている．その代表的意見としては，国民主権・議会中心主義に立つ現憲法の下では，実定法の規定を離れて行政権の活動には当然に権力性なり優先性が認められるという前提に立った法解釈は理論上承認し難くなったこと（法律による行政の原理），また，行政の活動形式が複雑多様化し，権力行政と非権力行政を区別することが困難となったことより，行政権は最早国民に当然に優先するとは言えず，法律が許す範囲ではじめて優越することが認められるべきである，という主張である[xv]．こうした行政法理論の基本的な理念の変化（公法・私法の

[xiii] 公権概念の歴史と特徴については，安達（1990）を参照．

[xiv] 田村（1984）参照．ここに我国の伝統的公物法理論とアメリカの公共信託理論の根本的差異がある．

[xv] このような議論をうけて，原田（2000）は，判例では既に二元論がほとんど放棄されていると指摘する．

相対化）に伴い，公物管理も行政作用の一環としての給付行政的性格が強調されるようになってきた．すなわち，公物法理論における公法概念はもはや権力概念ではなく，公共的利益の管理のしくみ（磯部，1983）として再編成されつつあるといえる．その結果，公共用物利用者の法的地位についても，実務・学説両面で変化が生じつつある．

2）公物利用者の法的地位（反射的利益論をめぐる動向）

公共用物の使用形態は公物法理論上，自由使用・許可使用・特別使用に三分される（松島，1984）．自由使用とは公共用物の本来の用法に従い，通常の程度で他人の共同使用を妨げないかぎりでこれを自由に使用することをいい，たとえば公道における交通通行や海面の航行などがあげられる．現在，海洋性レジャーによる海域利用の多くは，この自由使用である．許可使用とは公共用物の本来の用法に従いながらも通常の程度を超えた使用であり，他人の共同使用を妨げたり，あるいは社会公共の秩序に障害を及ぼしたりする恐れがあるものをいう．よって，一般にはその自由な使用を制限し，特定の場合にその相対的禁止を解除して使用を許容する．公道におけるデモ行進などがその例としてあげられよう．特別使用とは公道における電信柱やポストの設置などのように，公共用物本来の用法を越えて継続的に利用権を設定するものを指し，一時的な利用の回復である許可使用とは区別される．この特別使用は特許あるいは慣習法に基づいてためされ，一般に漁業権漁業はこの特別使用に分類される．

また，伝統的な公物法理論における一般公衆の享受する利益には，1）行政主体が公物に関して作為・不作為を規定した結果として，単に反射的効果として"事実上受けるに過ぎない利益"と，2）特別な公法上の権利として"法的に保護されている利益"，の2種類を区別してきた．前者は反射的利益，後者は公権に基づき享受する利益である．上記3種の公物使用関係に当てはめれば，公共用物本来の用法に従った使用形態である自由使用者・許可使用者はあくまでも行政客体であり，その享受する利益は公物管理の反射であって法的保護の対象にはならないということになる．その一方で，特別使用は公法的に認められた使用形態として，物権的請求権などの私権的な保護が認められてきた．

しかしながら，上述の公法私法相対化の結果，この反射的利益論には近年多くの論者によって批判的考察が加えられている．元来，公共用物の管理関係において民法理論ではなく公物法理論が適用される理由の1つは，公益的見地か

ら公物に対して様々な拘束を課すことを通じて一般公衆による使用を確保するためである．したがって，公物の目的であるところの最も本来的な使用形態（自由使用）について，その権利性が否定され，何の法的保護も与えられないにもかかわらず，最も例外的な使用形態であるはずの特別使用にのみ保護が与えられる見方は問題がある，とする解釈が近年の傾向である（山田ら，1979；荏原，1990；廣瀬，1995など）．

　こうした伝統的公物利用関係に対する批判の中で，公物の自由使用者の法的主体性を保護するための具体的理論は，現在2つの考え方に大別される（松島，1984）．第1は自由使用者の権利性を公共用物利用権として構成し，積極的にその権利性を認めていこうとする説．第2は原告適格の1つである訴えの利益を拡大することにより，司法審査を通じて自由使用者を保護しようとする説である[xvi]．

　現段階では，訴えの利益の要件を緩和し，できるだけ原告適格を広く認めた上で，受忍限度により違法性を判断するのが判例の一般的傾向であり，自由使用者の法的主体性を積極的に認めるまでには至っていない．ただし，少なくとも，伝統的な公法・私法二元論に基づく反射的利益論の再検討が求められていることは間違いないといえよう．よって海域の使用に関して，漁業権のみが法的保護をうけるという根拠はなくなりつつあり，海洋性レクリエーションによる自由使用に対しても，将来的には一定の法的保護が与えられるようになっていくことが十分に想定されるといえよう．

3・3　漁業権の海域利用管理権限

　漁業権者である漁協などと沿岸海域の管理権限の法的関係については，今日大きく2つの説がある．第1の説は，江戸時代以来の慣行として認められてきた，地元漁業集落による沿岸海域の支配が，法例2条の慣習法に基づく「地先権」として現在も成立するという見解である．よって現行漁業法の共同漁業権者である地元漁業協同組合にも，沿岸海域利用の管理権限をみとめるべきであると主張する．この説は，浜本（1996），池田（1997）らにより唱えられ，大瀬崎事件の一審判決はこの見解を支持した．

[xvi] 上記二説の他に，アセスメントや計画決定への住民参加など，管理行政への利用者の積極的参加を手続き的に確保することを通じて公物利用者の法的主体性を担保する方法も提案されている（田村，1984）．

第2の説は，漁業権をあくまで行政処分に基づく権利とし，制限主義に基づいた用益権であるとする．よって江戸以来の慣行と現在の漁場利用は法的に全く異なるものであり，漁業権は漁業以外の海域使用をも無制限に支配する権利ではないという見解である．国宗(1957)，吉原(1957)，佐藤(1978)，岸田(1997)，中山(1997)らにより唱えられ，現在はこちらが主流である[xvii]．

　この論点に関して，第3章で説明した戦後漁業制度改革の議論を振り返ってみよう．そこでは，制限主義に基づく漁業権による海域の立体的多面的利用によって漁業生産力を発展させることを制度改革の目的の1つとしていた．よって，漁業権に基づく海面の排他的利用は，特定の海面（漁業権漁場）で特定の漁業操業に必要な様態においてのみ認められるのであって，全面的な海面支配は認められない．つまり，漁業権を根拠とする限りでは，海洋性レクリエーションによる漁場使用は管理し得ないと考えられる．漁業権漁場以外の水域については論外である．よって，海域利用調整の手段としては，現行制度上自主協定が中心にならざるをえないであろう．しかし，そこで必要とされる漁業とレジャー間の利益衡量に際しては，以下の点を考慮し漁業が優先されなければならない．

　まず，漁業者がこれまで長年にわたり他から干渉されずに沿岸海域を利用してきたという事実である．また，漁業集落の多面的機能を正当に評価し，持続的生産により食料自給率目標を達成するという水産基本法の政策目的も考慮するべきである．さらに，後述の漁業権侵害罪成立の困難性からも，漁業の優位性を認めるべきである．しかしながら，漁業も海洋性レクリエーションも基本的には海域の共同利用であり，どちらかの一方的な押し付けによる秩序形成は不当である．よって，海洋性レクリエーション側にも，協定内容の意思決定に関し一定の法的主体性を認めるべきである．そして，行政の役割は，水産基本法や漁業法の理念と照らし合わせ，利益衡量しながら，斡旋や指針付け，情報提供などの面において実効的な協定の締結を支援することである．利用者のモラルハザードによる秩序崩壊など，非常の場合にそなえて，将来的には，自主規制と公的規制との連動過程も有効であろう[xviii]．なお，地先権について，上述の利益衡量における漁業の優位性が地先権なる権利として構成し得るかどうかは議論が残るところであろう．特に1962年の共同漁業権行使者の規定の改正経緯から考えると（佐藤，1977；山畠，1978），たとえ慣習に基づき権利構成し

[xvii] 平成元年の最高裁判決（平成元年7月13日第一小法廷，民集43巻7号866頁，判例時報1323号），大瀬崎事件の2審，宮古島事件の1審，家島事件はこの説を採用した．

得る余地があるとしても地付き根付きの第一種共同漁業権以外は困難と思われる．

3・4　漁業権侵害罪の実際

漁業法第143条の規定により，漁業権侵害罪は"親告罪"と範疇づけられる犯罪であり，漁業権者による告訴が犯罪成立の要件である（大国，1981；甲斐，1995）．しかし，実際には現場確認の困難性や逃走・証拠隠滅の容易性，侵害者の特定や定量的被害推定の困難性などの理由により，告訴は困難である．つまり，事後的な法的救済は一般的に困難であって，それ故，漁業側としては事前的予防のための自力救済に訴えざるを得ないという事情がある．その結果，如何なる事態が生じているかというと，一定区域で一切のレジャーが禁止され，海域の多面的利用が阻害されたり，対象漁業の最盛期に漁業者による重点的な監視活動が必要になり，油代や機会費用などが無視できないほど大きくなるなど，漁業者側にもレジャー側にも過剰な損失が生じている．

よって，必要な政策対応は，公共用物としての海域の自主的利用調整を促す環境整備であり，その際にはレジャーの側にも環境保全・資源管理や漁業権侵害予防上の規制がかけられなければならないだろう．しかし，その反面でやはり自由使用の利益も認められるべきである．

3・5　まとめ

本書で紹介したように，我が国の漁業制度の歴史には，1300年にわたり「資源利用者による資源の管理」という理念が貫かれている．そして漁場利用協定や資源管理協定,「漁業資源の保存及び管理に関する法律（資源管理法）」におけるTAC協定制度など，自主協定としての「資源利用者による資源の管理」が果たす役割は大きい．

こうした自主協定は，以下の3つの理由で今後一層推進していく価値があると考える．第1に，漁業のように不確実性の大きな産業に対しては，漁業法などの公的取り締まりに比べて自主協定は柔軟性・費用・効果の面で大いに期待されることである．第2に，自主協定は自治的で地方的・非公権的であり，民主国家の政治理念からも望ましいことである（原田，

[xviii] その具体的なしくみの例として，第4章で紹介した海洋水産資源開発促進法の資源管理協定がある．

> **コラム8：制度としての群れと家族**
>
> 　制度は野生生物の世界にも存在する．第1章で紹介した，制度に関する2つの見方（主体説と構造説）について，漁業の対象でもある野生生物の"群れ"という制度を例に少し考えてみよう．群れという制度の中で，親は時に自分を犠牲にしながらも，群れのルールに従って弱い子供らを守り，種の存続の確率を高める戦略をとっているようにみえる（主体説に基づく見方）．また一方で，季節ごとの群れ移動や，集団としての餌の確保，天敵を含む他の生物への群れの対応など，厳しい野生の世界を生き抜くための術は，群れの中で子らに伝えられ，子孫たちのその後の行動原理を形作っていく（構造説に基づく見方）．これらは表裏一体であろう．
>
> 　我々人間にも"家族"という類似の制度がある．このしくみにより一族あるいは家庭内の秩序を維持し，不要な摩擦を避けるとともに，子供が自立して社会生活を行うことができるまでを安定的に支援する機能をもった制度である（主体説）．また同時に，家族というしくみを通じて，子供達の行動原理・価値観が形作られる面も非常に大きいだろう．たとえば，戦後日本のような一夫一婦制と，イスラム社会のような一夫多妻制，あるいはヒマラヤ山麓のアッパードルパのような一妻多夫制では，家族構成員の行動原理も家庭の価値観も全く異なるだろう（構造説）．

2000）[xix]．第3に，実際に協定が成功している現場に行くと強く印象付けられることだが，協定当事者のモラル・社会的規範が高められ，それ故，政策オプションとして望ましいこと（Adachi, 1999）である．

　海が公共用物である以上，長期的には海洋性レクリエーションの法的利益を認めるべきであろう．ただし，同時にその義務・制限を明らかにし，モラルの向上を図る必要がある．これらの条件を満たした上で，漁場利用・資源利用上の調整は自主協定として構築していくことが望ましいのではないだろうか．

　なぜ海域の埋立に際しては漁業者のみの合意でよく，さらに補償金も漁業者のみなのか，国民の同意は要らないのか，海は漁業者のものなのか，といった，国民の素朴な疑問を無視することは，沿岸海域の不合理利用につながりかねない．元来，海洋性レクリエーション利用者の多くは，同じ海を愛する者として，漁業者らに敬意をもちこそすれ，はじめから悪意を抱いている人は少ないであろう．彼らの法的主体性を正当に認めてこそ，ルール違反者の監視をお互いが行い，ひいては漁民の不要な費用の削減にもつながると思われる．そして，最終的には

[xix] 生態系保全のしくみとしても，地域の資源利用者らによる自主協定は望ましい．これについて詳しくは第10章で議論する．

都市との交流や所得機会の増加を通じた社会的便益の増大も達成され得るだろう.

引用文献

我妻 栄, 有泉 亨, 川井 健 (2005): 民法 (1) 総則・物権法 (第二版), 勁草書房
Adachi, Y. (1999): Discourse Article: Inefficiencies in Public Policies. *Journal of Comparative Policy Analysis Research and Practice* 1: 225-236
安達和志 (1990): 公権と反射的利益. ジュリスト別冊行政法の争点 (新), pp 50-51
上田不二夫 (1996): 宮古島ダイビング事件と水産振興. 沖大経済論叢, 19 (1): 27-72
荏原明則 (1990): 海域等の利用関係. 行政法の争点 (新), ジュリスト別冊, 158-159
池田恒男 (1997): 共同漁業権を有する漁業協同組合が漁業権設定海域でダイビングするダイバーから半強制的に徴収する潜水料の法的根拠の有無. 判例タイムズ, 940: 74-80
磯部 力 (1983): 公物としての海域と海域利用権の性質. 新海洋法条約の締結に伴う国内法制の研究 2. 日本海洋協会, pp 157-163
大国 仁 (1981): 漁業権侵害罪試論. 刑事法学の諸相 (上), pp 40-58
甲斐克則 (1995): 漁業権の保護と刑法. 土地問題双書31 漁業権・行政指導・生産量緑地法. 有斐閣
岸田雅雄 (1997): 漁業協同組合がダイバーから潜水料を徴収する法的根拠がないとされた事例. 判例時報, 1615: 198-201
来生 新 (1984): 海の管理. 雄川一郎ほか編 公務員・公物 (現代行政法体系9). 有斐閣, pp 342-375
国宗正義 (1957): ダム使用権の法律的諸問題. 法律時報, 29 (7)
佐藤隆夫 (1977): 日本漁業の現代的課題. ジュリスト, 647: 119-124
佐藤隆夫 (1978): 日本漁業の法律問題. 勁草書房
竹之内徳人 (1999): 沿岸域におけるプレジャーボート問題. 地域漁業研究, 39 (3): 5-32
田村悦一 (1984): 公物法総論. 雄川一郎ほか編 公務員・公物. 現代行政法体系9. 有斐閣
田中克哲 (1993): ダイビング・スポット開設と利用料徴収の法社会学的考察. 伊豆半島地域を事例として. 漁業経済研究, 38 (1): 1-18
田中克哲 (2002): 最新・漁業権読本. まな出版企画
鳥居亨司, 山尾政博 (2000): 海域利用の管理主体と地域対応. 漁業経済研究 45 (1): 27-50
内閣法制局法令用語研究会編 (1993): 法律用語辞典. 有斐閣
中山 充 (1997): 環境の共同利用と漁業権. 香川法学, 13 (4): 439-512
日本水産資源保護協会 (1991): 遊漁実態調査報告書
農林水産省大臣官房統計部 (2009): 平成20年度遊漁採捕量調査報告書
浜本幸生 (1996): 海の「守り人」論. まな出版企画
原田幸子, 浪川珠乃, 新保輝幸, 木下 明, 妻 小波 (2009): 沿岸域の多面的利用管理ルールに関する研究—沖縄県恩納村の取り組みを事例に. 沿岸域学会誌, 22 (2): 13-26
原田尚彦 (2000): 行政法要論. 全訂第四版増補版 学陽書房
廣瀬 肇 (1995): 海域利用調整と法. 日本海洋協会
牧野光琢 (2002): 漁業権の法的性格と遊漁—兵庫県家島諸島における遊漁権確認等請求事件を例として. 地域漁業研究, 42 (2): 1-17
松島醇吉 (1984): 公物管理権. 雄川一郎ほか編 公務員・公物 (現代行政法体系9). 有斐閣, 290-317

山田幸男，市原昌三郎，阿部泰隆編（1979）：演習行政法（下）．演習法律学体系3，青林書院新社
山畠正男（1978）：組合管理漁業権の性格．北大法学論集，29（1）：1-131
山下正喜（1992）：沿岸漁場における海面利用調整について：相模湾を事例として．漁業経済研究，37（3）：25-40
吉原節夫（1957）：わが国における漁業権の法律的構成．富山大学紀要経済学部論集，13：73-85

第9章　漁業管理のこれから

　水産総合研究センターが2009年に発表した，水産政策に関する研究報告書に基づき，本章ではこれからの漁業管理のための理論的枠組み（管理の目的，評価基準，管理手法）を解説する．また，上記報告書で提案されている，将来の日本の漁業に関する3つのシナリオと，国民の政策ニーズに関するインターネット調査の結果も紹介する．

§1. 総合的な漁業管理の考え方

1・1　はじめに
　独立行政法人水産総合研究センターは，水産庁からの要望にもとづき，日本の水産業の特性に適した水産資源・漁業の管理のあり方についての検討を行い，その最終報告「我が国における総合的な水産資源・漁業の管理のあり方」を2009年3月末に発表した（水研セ，2009；以下「管理のあり方」と略記）．「管理のあり方」は，本文44ページと資料114ページの，合計158ページから構成されている．本章はこのうち，主に本文部分について，内容を紹介・解説する．なお「管理のあり方」の最終報告全文は，(独) 水産総合研究センターのウェブページからダウンロードできる[i]．また本報告の解説としては，牧野（2009a, b, c）などを参照されたい．

　「管理のあり方」の検討にあたっては，議論の経過を水産総合研究センターの全ての研究者（約500名）に適宜回覧し，各専門分野から寄せられた意見を検討委員会での議論に反映させた．さらに，水産業界や，流通・小売業界，観光業界，国際機関，大学，地方自治体などから19名の有識者を招き，意見をいただくことにより，「総合的」な視点を反映することにつとめた．

1・2　総合的な管理とは：目的について
　「管理のあり方」では，"総合的な管理" という考え方を提案している．この，漁業の総合的な管理の重要性に関する議論は，これまでも学会などで行われてきた．

---
[i] http://www.fra.affrc.go.jp/kseika/GDesign_FRM/GDesign.html

§1. 総合的な漁業管理の考え方　139

たとえば清光・岩崎（1986）では，漁業管理の目的と基準を，水産資源の保存とその永続的利用に関する問題と漁業の社会経済的な問題に区分した上で，後者については国民経済活動の一環としての漁業という観点から，1）効率的生産，2）公正な配分，3）社会保全的な観点，の3つの整理している．婁（2005）は，漁業管理制度の評価指標を，効果性（目標達成度・遵守率）と効率性（合意形成コスト・費用対便益）の面から整理している．いわゆる新古典派経済学的な，貨幣的効率性の議論の重要性はいうまでもないが，雇用・公平・地域維持などの分配面，および管理実施の総費用に関する視点などをも含めた，統合的な考察が重要である．

以上の観点から，「管理のあり方」では，日本の水産業が担うべき，様々な社会的役割についての議論を行った．その結果，A.資源・環境保全の実現，B.国民への食料供給の保障，C.産業の健全な発展，D.地域社会への貢献，E.文化の振興，という5つの大きなグループに分類できた（図9・1）．これを「管理のあり方」では，我が国における水産資源・漁業の管理の"理念"として位置づけた．つまり，我が国の水産政策は，これら5つの側面を改善・促進することを目的

E　文化の振興
- E-1　水産業・漁村文化
- E-2　余暇・海レク・景観
- E-3　科学技術振興と国際貢献

A　資源・環境保全の実現
- A-1　水産資源の維持・回復
- A-2　生態系・環境との調和
- A-3　国際的管理体制の構築

D　地域社会への貢献
- D-1　地域再生（インフラ・福祉）
- D-2　沿岸域の総合的管理と防災
- D-3　地域漁民のライフサイクルへの対応

わが国における総合的な水産資源・漁業の管理のあり方

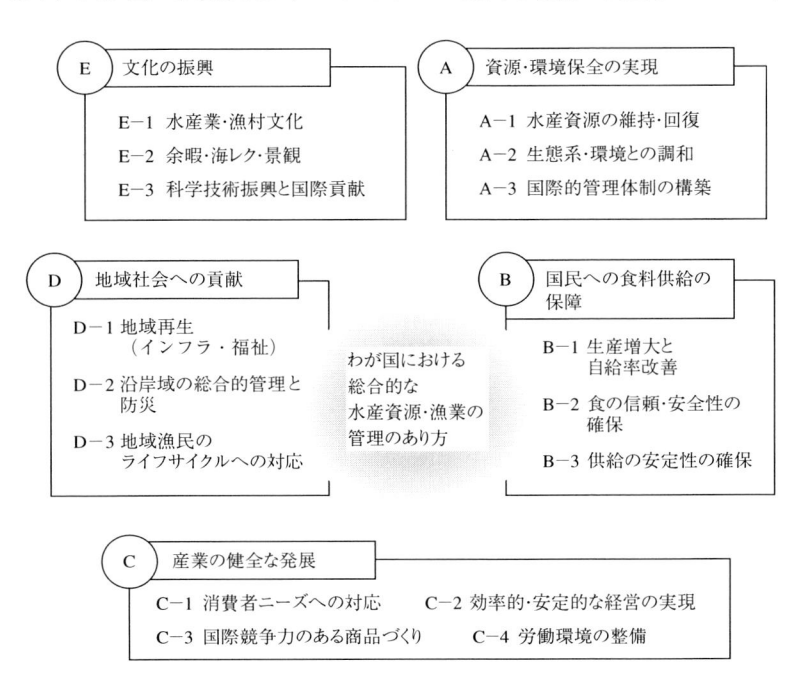

B　国民への食料供給の保障
- B-1　生産増大と自給率改善
- B-2　食の信頼・安全性の確保
- B-3　供給の安定性の確保

C　産業の健全な発展
- C-1　消費者ニーズへの対応
- C-2　効率的・安定的な経営の実現
- C-3　国際競争力のある商品づくり
- C-4　労働環境の整備

図9・1　我が国における水産資源・漁業の管理の理念
（水研セ，2009より）

に実施されるべきということである[ii]．たとえば環境保護のみ，利潤最大化のみ，産業保護のみ，といった単一の目的ではなく，図9・1に示した5つの側面を総合的に考慮することが重要である．制度論において真に重要なのは，この5つの側面の間の重み付け，優先順位であるが，これについては後述する．

1・3　総合的な管理とは：評価基準について

次に，管理の評価基準についてである．漁業が産業である以上，上述のように，評価基準としての経済効率性（貨幣価値の効率性）の重要性は言うまでもない．しかしこれは，漁業制度の様々な目的のうちの一部に適用できる評価基準の1つであることに注意する必要がある．図9・1でいえば，「C. 産業の健全な発展」のなかの「C-2 効率的・安定的な経営の実現」に適用できる基準の1つにすぎない．そもそも貨幣価値は交換のための価値であって，それ自体では制度・政策の目的として完結しえない．

一般的に政策の評価基準には，効率性（経済効率性や雇用の効率性など，結果と努力量やコストの比較），有効性（どれだけ目的を達成したか），十分性（ニーズを十分満たしているか），公平性（受益や費用の分配），対応性（特定のニーズ・価値を満たしているか），適切性（社会にとって適切か）などの基準がある（宮川，1994）．また，資源・漁業管理のための評価基準として，Hilborn（2007）は生物的基準（MSY），経済的基準（MEY），社会的基準（地域の雇用創出としてのMaximum Job Yield：MJY），政治的基準（政治的不満を減らすためのMinimumSustainable Whinge：MSW）の4つを提示し，過去のMSY基準の失敗は，他の基準の成功か，あるいは基準間の競合過程であると整理している．単一の評価基準のみに過度に依存せず，総合的な評価が必要である[iii]．

1・4　総合的な管理とは：管理手法について
1）基本的な考え方
1990年代から2000年代にかけての国際学会などでの議論では，水産資源に

[ii] ここでは漁業管理の目的，すなわち「望ましい漁業管理とは何か」を議論している．より広い意味で「望ましい社会とはなにか」，および，その状態を定義する価値理念についての基礎理論的考察は舩橋（2012）を参照．

[iii] 牧野（2011）では，ナマコ漁業を例として，様々な管理シナリオを資源面，供給面，経営面，地域面という複数の評価軸に基づき定量評価・比較することにより，地域の特性に適した管理を提案している．

対して明確な権利を設定し，あとは自由な競争に任せれば市場機構が働いて最適な社会が実現する，という議論が国際的に主流であった．その場合，政府は生産力に応じた権利の設定と，その取引市場の整備，そして違反の取り締まり，という3つの仕事のみを担当すればよく，小さな政府が実現できて無駄がはぶけるという論旨である．その具体例が，第5章でも紹介したITQ制である．これは当時の一般的な政治経済学の潮流にも沿った議論であった．ITQについては後でもう一度詳しく議論する．

しかし近年の国際的議論では，生態系および社会の変化や不確実性・多様性を前提に，複数の管理手法を組合せることによって安定的な管理を実現することの重要性が指摘されている（Charles, 2007）．効率性の過度な追及は多様性や安定性を犠牲にしやすい，という反省にのっとった変化である．

2）漁業管理ツール・ボックス

以上の見地から，「管理の在り方」では，様々な管理手法の適性や有効範囲・限界などを踏まえ，複数の管理施策を組合せることによって相乗的な効果を発揮させることの重要性が指摘されている．もちろん，具体的な管理施策の内容と組合せ方は，個別の問題の構造や，緊急度の高さ，現場での政策ニーズなどに応じて決まる．よって「管理のあり方」では，あくまで一般論として，以下のような整理がなされている．

まず，資源・漁業の管理に関する様々な施策は，その対象，すなわち海中の生物再生産から食卓に上がるまでの水産システム全体の中でどの部分に効果が期待される施策なのか，に応じて，表9・1aに示すように，大きく8つのグループに分類できる（A～H）．図9・2は，それぞれの管理施策が，水産システムのどの部分に効くのかをイメージで表したものである．さらに管理施策は，その導入の仕方，管理のアプローチに応じて，表9・1bに示すように，大きく5つのグループに分類することができる（1～5）．

なお，それぞれのグループには，表9・2に整理したように，固有の長所と限界が存在する．たとえば，操業の質や量を管理する「入口管理」は，複数の資源全体を対象にでき，対象資源の生活史に応じた対策が可能であるという長所を有するが，一方で資源量への効果は間接的で評価が困難であるという限界がある．政府が法に基づいて管理施策を導入する「行政的手法」は，制度として正当性・安定性が高く，局所的な問題には有効性が高いが，管理対象が分散・小

表9.1a 目的別分類

A. 生態系の維持・修復	陸上	1：魚付林，2：水質管理，3：ダム改修，4：流砂・土砂管理
	海中	5：藻場干の保全・再生，6：海底耕うん，7：漁礁設置，8：害獣駆除・間引き
B. 資源の積極的添加		9：種苗放流
C. 資源の保全（入口）	量的 固定設備	10：漁船の総トン数制限，11：漁船エンジンの馬力制限，12：漁具の大きさ制限，13：魚槽容量の制限，14：光力制限
	量的 操業 譲渡不可	15：努力量規制（出漁日数，操業回数，網数他），16：IEQ（個別努力量割当制），17：GEQ（グループ努力量割当制），18：IOQ（個別燃料割当制）
	量的 操業 譲渡可能	19：ITEQ（譲渡可能個別努力量割当制）（譲渡制限あり/なし，期限あり/なし），20：GTEQ（譲渡可能グループ努力量割当制）（譲渡制限あり/なし，期限あり/なし），21：ITOQ（譲渡可能個別燃料割当制）（譲渡制限あり/なし，期限あり/なし）
	質的 固定設備	22：漁具・漁法制限（漁具・漁法の種類の制限，目合制限，選択漁具の義務付け他）
	質的 操業	23：操業海域・時期の制限（禁漁区，禁漁期，海洋保護区），24：漁場輪番・輪採制
D. 資源の保全（出口）	量的 全体	25：TAC（漁獲可能量），26：海域別・時期別TAC，27：漁業種・漁法別TAC
	量的 個別割当 譲渡不可	28：IQ（個別漁獲割当制），29：IVQ（個別漁船漁獲割当制），30：GQ（グループ漁獲割当制）
	量的 個別割当 譲渡可能	31：ITQ（譲渡可能個別漁獲割当制）（譲渡制限あり/なし，期限あり/なし），32：ITVQ（譲渡可能個別漁船漁獲割当制）（譲渡制限あり/なし，期限あり/なし），33：GTQ（譲渡可能グループ漁獲割当制）（譲渡制限あり/なし，期限あり/なし）
	質的	34：漁獲物サイズ（体長等）の制限，35：漁獲物の雌雄の制限，36：成熟個体の漁獲制限
E. 経営構造の改善		37：減船促進，38：漁業種転換・兼業促進，39：ミニ船団化などによる資本削減
F. 処理・加工・流通の改善	船上	40：船上処理の改善
	水揚げ後	41：価格支持・調整保管，42：漁港・市場整備，43：輸出促進，44：流通合理化，45：新商品開発などによる付加価値向上，46：衛生基準等による品質の規格化（ブランド価値向上），47：流通コストの削減，48：加工・流通技術の蓄積／改善
G. 人的・組織的体制の重点化		49：管理組織の創設・改変，50：人材の育成・発掘・リクルート
H. 科学・技術の振興		51：漁具開発，52：漁法開発，53：漁場・資源開発，54：利用・加工法開発，55：自然生態機序の理解・評価・予測

注）日本における海洋保護区（MPAs）の考え方については，第12章を参照

表9.1b 手法別分類

1. 行政的手法	法的保護	56：漁業権付与
	規制・制限	57：許可の発行，58：各種制限・規制・手続の設定
	指導・命令	59：漁業種間調整，60：行政指導・普及，61：停船命令，62：委員会指示・裏付命令，63：環境負荷低減に資する物品・設備の導入
2. 経済的手法	促進	64：補助金・奨励金・会費からの分配
	抑制	65：税・課徴金・会費徴収
	中立	66：プール制，67：外部民間資本等の活用
3. 情報的手法	促進	68：ブランド化，69：エコラベル
	抑制	70：ブラックリスト，71：ポジティブリスト
	中立	72：事業報告・プレスリリース
4. 司法的手法	私法	73：差止請求・損害賠償請求等
	公法	74：刑事罰・行政罰
5. 自主的手法	公的自主規制	75：資源管理協定，76：漁場利用協定，77：漁協の規定や部会決定等に基づく規制
	一方的誓約	78：その他法の根拠を超えた自主規制

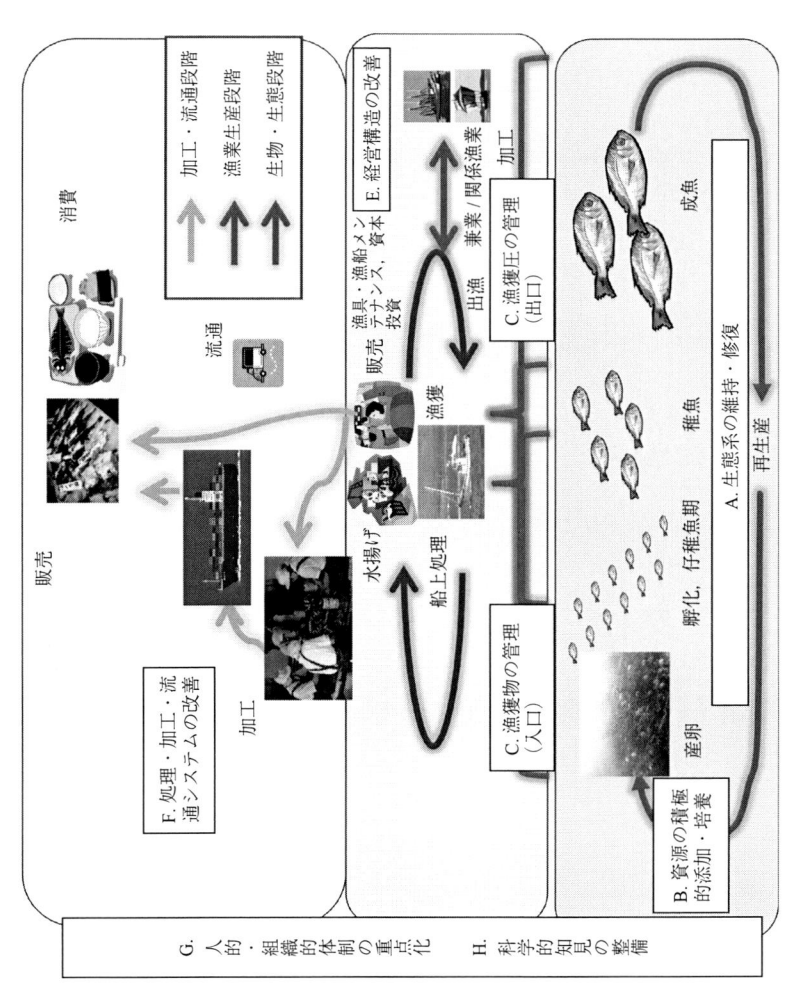

§1. 総合的な漁業管理の考え方   143

図9・2 水産システム（生物・生態段階，漁業生産段階，加工流通段階）と，各段階での管理施策（図中の番号は，表9・1の各施策に対応）

表9.2 各分類の長所と限界

目的別大分類	内容	長所	限界
A. 生態系の維持・修復	漁場生産力の向上	生態系保全を通じた多面的機能が発揮できる.	効果の程度や時期が不明確.
B. 資源の積極的添加	低下した資源を人為的に添加	局所的資源低下を直接改善できる. 手法が分かりやすく, 漁業者の理解を得やすい.	種間関係の変化や遺伝的多様性など生態系への影響の把握が困難, 対象が添加技術の開発種に限定, 広域的資源低下への対応が困難.
C. 資源の保全（入口）	操業の質や量を規制	基礎的・長期的効果がある. 複数の資源全体を対象に出来る. 対象生物の生活史に応じた対策が可能. 資源評価や規制の不確実性に頑健. 個別漁業者への対応が容易. 個別割当の場合は先取り競争抑制や計画的操業が期待され, また担保価値も出る.	柔軟で機動的な管理に不適. 資源量への効果は間接的で評価が困難. 努力量・漁獲圧の把握や評価誤差が大きい. 個別割当の場合, 初期配分や総量変更が困難であり, また取り締まりコストが大きくなる.
D. 資源の保全（出口）	漁獲物の質や量を規制	資源変動に応じた機動的管理が可能. 手法が分かりやすい. 特に越境・広域分布資源の管理に適用しやすい. 個別割当の場合は先取り競争抑制や計画的操業が期待され, また担保価値も出る.	数量の設定・執行コストが大きい. 生活史に応じたきめ細かい管理が出来ない. 資源変動や評価誤差が大きい場合は効果が低減する. 多魚種漁業では管理が困難. 個別割当の場合, 初期配分や総量変更が困難であり, 海上投棄や虚偽報告などの取り締まりコストが大きくなる.
E. 処理・加工・流通の改善	魚価・付加価値の向上, 利用の効率化	漁業や加工・流通業の収入が増加, 漁業地域への経済波及・雇用創出効果, 消費者の多様なニーズに対応できる.	資源量への直接的な効果の程度や時期が不明確.
F. 経営構造の改善	資本設備の削減や漁業転換	経営コストの削減や, 他の収入源が確保できる.	減船の場合, 財政（国民）や残存漁業者の負担が大きい. 関係漁業種との調整が困難.
G. 人的・組織的体制の重点化	管理に係る人材の育成・確保, 組織の改変・強化	様々な問題に柔軟で創意に満ちた対応が可能. 魅力ある地域形成にも貢献できる.	人材育成には時間がかかる. 組織が硬直化すると保守的・排他的になりやすい.
H. 科学・技術振興	技術・資源開発や生態機序の理解・予測	中長期的・根本的に問題を改善・解決しうる. 産業発展の方向性を提示しうる.	機動的対応が困難. 初期投資が大きい. 期待した結果が出るかどうかは不確実.

手法別大分類	内容	長所	限界
1. 行政的手法	政府が法に基づき直接的に実施	法に基づくため正当性・安定性が高い. 局所的な問題への早期対策として有効.	対象が分散・小口・多様な場合監視が困難. 多くの場合他の手法よりコストが高い. 機動的対応が困難.
2. 経済的手法	経済インセンティブで間接的に誘導	機動性が高い. 各主体の創意工夫・イノベーションが促進. 行政の手法よりコストが低い.	施策目標への直接的効果が不確実. 分配面への考慮は別途対策が必要.
3. 情報的手法	利害関係者への情報の開示・提供	各主体の取り組み状況が広く共有・把握できる.	正確な情報発信がなされるための担保措置が必要.
4. 司法的手法	司法判断に基づく懲罰や命令	法・判例に基づくため正当性・安定性が高い. 同様の問題の抑制に効果的.	時間的・金銭的費用が大きい. 挙証責任が負担となりやすい.
5. 自主的手法	関係者が自ら施策を実施	個別具体的状況に柔軟に対応. 行政費用が低い.	拘束力・強制力が弱い. 目標達成が不確実.

§1. 総合的な漁業管理の考え方　145

表 9・3　漁業管理ツールボックス

			1. 行政的手法			2. 経済的手法			3. 情報的手法			4. 司法的手法		5. 自主的手法		
		法的保護	規制・制限	指導・命令	促進	抑制	中立	促進	抑制	中立	私法	公法	公的自主規制	一方的誓約
A. 生態系の機能維持・修復	陸上		2,3,4	1,3,4,63,60	1,64,67	65		1,68,69,71			73	74	1,2,75,77	1,2,78
	海中		5	5,6, 60,63	5,6,7,8, 64,67	65		5,6,7,8, 68,69,71		72	73	74	5,6,7,8,75,77	5,6,7,8,78
B. 資源の積極的添加				60	9,64,67			9,68,69		72	73	74	75,77	9,78
C. 資源の保全	量的 入口	固定設備	56	10,11,12,13, 14,58	59,63,60,62	64	65		71	70	72	73	74	10,11,12,13,14, 58,59,75,77	10,11,12,13, 14,58,59,78
		操業 譲渡不能	56	57	59,60,62	64	65	15,16,17,18	69,71	70	72	73	74	15,16,17,18,59, 75,76,77	15,16,17,18, 59,75,78
		操業 譲渡可能					65	19,20,21	69,71	70	72	73	74		
	質的	固定設備		58,59	63,60,62	64	65		68,69,71	70	72	73	74	22,58,59,75,77	22,58,59,78
		操業	56	23,57,59	60,61,62	64	65		68,69,71	70	72	73	74	23,24,59,75, 76,77	23,24,59,78
D. 資源の出口	量的	全体		25,26,27	60,62	64	65	66	68,69,71	70	72	73	74	75,76,77	78
		個別割当 譲渡不能	56		60,62	64	65	28,29,30	68,69,71	70	72	73	74	28,29,30,75,77	28,29,30,78
		個別割当 譲渡可能	56				65	31,32,33	68,69,71	70	72	73	74		
	質的			34,35,36	60,62	64	65		68,69,71	70	72	73	74	34,35,36,75,77	34,35,36,78
E. 経営構造の改善				37,38,39,60, 62,63	37,38,39,64,67					72	73	74	37,38,39,77	37,38,39,78
F. 処理・加工・流通の改善	船上			40,60,63	40,64,67			40,68,69, 71			73	74	40,77	40,78
	水揚げ後			43,44,45,46, 48,60,63	41,42,43,44,45 46,47,48,64,67			46,48,68, 69,71		72	73	74	41,42,45,46, 48,77	41,42,43,44, 45,47,48,78
G. 人的・組織的体制の重点化			49,50	49,50,60,62, 63	49,50,64,67	49,50				72			49,50,75,77	49,50,78
H. 科学・技術の振興				51,52,53,54, 55,60	51,52,53,54, 55,64,67			55	55	55,72			55,75,77	51,52,53,54, 55,78

口・多様な場合は監視が困難でコストが高くなりやすいという限界をもつ，などである．管理施策の組合せを考案する際には，お互いの長所を最大限に活かしつつ，限界を補完しあうような組み合わせ方を工夫することが有効である．

最後に表9・3は，表側に対象別分類，表頭にアプローチ別分類を用いて，管理施策の具体例を整理したものである．各現場で管理施策の組合せを考案する際には，個別の問題構造を図9・2に照らして把握した上で，表9・3により，各施策の組合せが問題に有効かつ十分に対応しているかどうか，その組合せ方のバランスが効率的かどうか，費用負担や利益の分配は公平かどうか，追加的施策はどのようなものであるべきか，などを検討することができる〈コラム9参照〉．

3）管理ツールの1つとしての個別割当（IQ/ITQなど）

個別割当には様々な種類があるが，最も有名なものは，漁獲量の個別割当としてのIQ/ITQである．まずIQ（Individual Quota：個別漁獲割当）は，一定期間に採捕できる魚介類の量（一般には重量）を漁業者ごと，あるいは漁船ごとに割り振るものであり，過当競争の回避や漁獲平準化，過剰投資の削減などの効果が期待される．日本でも多くの現場で導入されており，たとえば石川県のベニズワイガニ，北海道猿払村や枝幸のケガニ，釧路のウバガイ，隠岐のエッチュウバイ，新潟のホッコクアカエビなどが有名である．ITQ（Individual Transferable Quotas：譲渡可能個別漁獲割当）は，IQに譲渡可能性をみとめ，その自由な取引によって市場機構と同様の最適化効果が発現することを期待したものである．

漁獲量の割り当ては，個人だけではなく，あるグループや地域に割り当てる方式（グループクォータ，コミュニティークォータなどと呼ばれる）もある．また，このような漁獲量の割り当てのほかにもIEQ（努力量の個別割り当て），ITEQ（譲渡可能なIEQ），GEQ（努力量のグループ別割り当て），GTEQ（譲渡可能なGEQ）などがある（OECD，2006）．さらに，環境保全・燃油消費削減の機能を備えたIOQ（個別燃料割り当て），ITOQなども提案されている（山川，2007）[iv]．

近年の国際学会レベルでの議論では，ITQは一部の魚種・漁業種には効果的に適用できるが，決して万能薬ではない，という認識が広まりつつある．たとえば2005年に発表された国連ミレニアム生態系評価では，「特に冷水域の単一種漁業では，ITQが適当であろう」と限定的に記述されている．アメリカの漁業

[iv] 先進諸国のITQ導入状況と生態的・社会的特徴の関係に関する考察は牧野（2010）を参照．

管理制度を解説している大橋（2007）でも，アメリカ議会調査局の報告として「ITQ の対象については資源変動が大きい魚種が漁獲対象となる漁業の場合は難しいというよりも不可能である．ITQ は究極若しくは唯一の漁業管理手段ではなく従来の伝統的管理手法との併用で活用される手段の一つに過ぎない」という見解を紹介している．あくまで，多様な管理手法の 1 つとして位置づけることが妥当であろう．「管理のあり方」においても，78 種類ある管理施策の中の 1 つとして位置づけている．

　この点について，著者らが最近行った議論を簡単に紹介しよう．アメリカのカリフォルニア大学サンタバーバラ校の資源経済学者である C. コステロ教授らは，サイエンス誌において，ITQ 管理の効果に関する論文を発表した．そこでは，現在 4 分の 1 以上が枯渇状態にある世界の水産資源について，もし 1970 年の時点で世界のすべての漁業に ITQ 管理を導入していたならば，資源水準は V 字回復し，現在の資源崩壊割合を約 10％以下にまで削減できたであろう，という主張が展開されている（Costello et al., 2008）．この論文の新規性は，世界の漁業管理の実証データをもとにシミュレーションを行い，約 10％という数字を推定している点にある．

　このような論調に対しては，一昔前であれば，社会的格差の拡大や利益分配の公平面，零細漁業や遠隔漁村への影響といった社会的観点からの反論が中心であった．しかし現在は，資源管理の効果面についての反論も多く寄せられている[v]．筆者も，1）ITQ は社会的・生態的条件が適した魚種・漁業種に対してのみ効果が期待できること，2）コステロ教授がシミュレーションに使用したデータにおいても資源管理上の効果があった種は，1980 年代前半に ITQ 管理を導入した種だけ（ITQ 管理のやり始めに選択した，いわばやりやすい種だけ）であること，3）それ以外の種についてはデータを見ても効果がほとんどうかがえないこと，などを指摘した．この著者の意見・要望に対し，コステロ教授は，「ITQ 導入の候補は生物的，生態的，経済的，及び／または社会的に決まりうる」こ

---

[v] たとえば同じくサイエンス誌の 323 号（2009 年 1 月）参照．ITQ を導入しているオーストラリアやカナダの研究者らが，低価格魚の投棄や虚偽報告の存在，多魚種漁業への適用の困難性，管理コストの高さ，生態系保全との非整合性など，ITQ の限界を指摘した上で，現実社会の漁業問題は質的管理も含めた多様で現実的な施策の組合せで解決されるべきこと，よってコステロ教授の行った推定は不適当であることを指摘している．この批判に対しコステロ教授は，ITQ は確かに万能薬ではなく「権利に基づく管理（Rights-based management）」の一例として使用したに過ぎないと反論している．

とを認め，追加的検討を進めているそうである．

　また，著者らが世界各国のIQ・ITQ事例のレビュー作業を実施した結果，ITQを導入しても漁業の転換先がない場合には漁船隻数の削減は難しいこと，隻数の大幅削減を実現した事例では残存漁船の経営状況が大幅に改善していること，資源や漁業種類によって大企業にクォータが集中する場合と個別零細保有が多い場合があること，などが明らかとなった．なお，ITQの部分的導入国では，比較的高価な資源に特化した漁業や，定着性資源，あるいは国際共有資源などを中心にITQが導入されている．たとえば，著者が南オーストラリア州のITQ担当者に行ったヒアリングによれば，ITQ導入に適した漁業の条件は，1）高価格魚種を対象とした単一魚種漁業に近い漁業で，2）関係漁業者が特定でき（Well Defined），3）関係漁船が比較的少数（100隻以内ぐらい）で，4）漁業者が組織化されていること，の4つであった．よって，日本においても，多様な施策選択肢の1つとして，上記の条件を満たすような一部の資源・漁業種に関しては，IQやITQ管理の有効性を議論する価値があると思われる（牧野，2010）．

　なお，ITQ制度の長所として，漁業管理に関する諸ルールを簡易化でき，小さな政府を実現できる，という主張が展開されることもある．しかしこれは現実には成立しないようである．トロムソ大学のB.ハーソーグ教授が行った分析によれば，ノルウェーにおいても，オーストラリアやニュージーランドにおいても，ITQ制度の導入により漁業規制の数は逆に増加している（Hersoug, 2005）．ITQの導入を，規制緩和のための施策として位置づけることは誤りである．あくまで，過当競争の回避や市場機構の活用などを目的とした施策の1つとして位置づけるべきであろう．

§2. 日本漁業の3つの将来シナリオ

2・1　水産政策における価値観について

　具体的な水産政策を検討する際には，価値観の問題が深くかかわる．図9・1でいえば，A.資源・環境政策面と，B.食料政策面に関しては，水産政策の至上命題であり，少なくとも日本国内ではさほど大きな価値観の相克はないであろう．現実の水産政策に関する議論で問題となるのは，C.産業政策面，D.地域政策面，および，E.文化政策面である．この部分については，たとえばだれがどのくらいの利潤を得るのか（C），富をどの地域に還元するのか（D），文化や景観の多

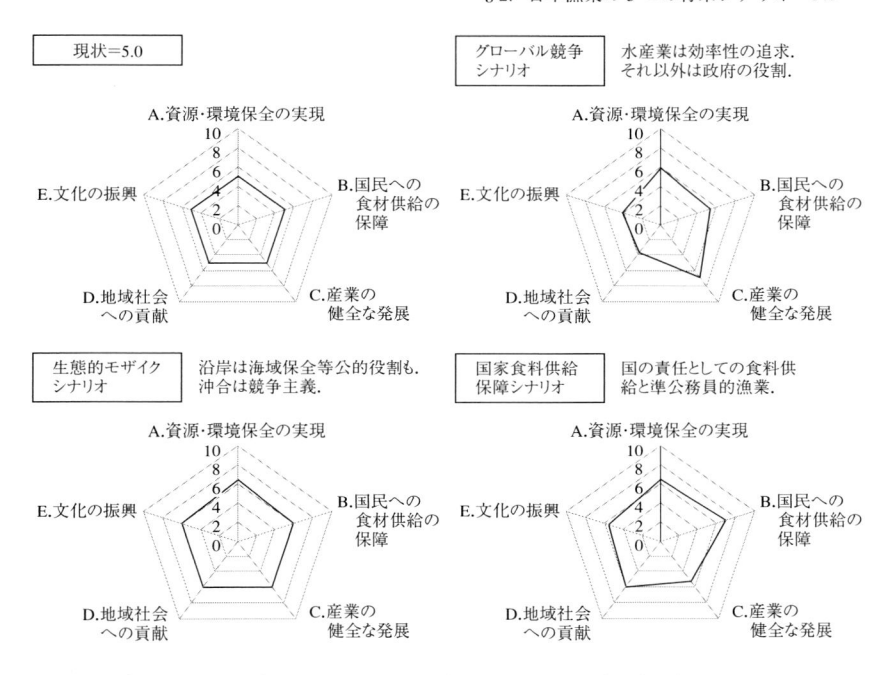

図9・3 各政策選択肢の相対評価：それぞれに利害得失がある

様性などの非貨幣価値をどの程度重要視するのか（E），というように，価値観に関わる問題が不可避である．これは，科学的に1つの解答を導出できるという性格のものではなく，"選びとる"べきものである．

以上の見地から，「管理のあり方」では，日本の水産業の将来像に関し，様々な価値観の違いを端的に反映した理念型として，3つの将来シナリオを作成し，その実現のために必要な施策の組み合わせを提案した[vi]．また，それぞれのシナリオの性格を，図9・1の5つの側面に即して相対評価したのが図9・3である．以下，この図9・3を参照しながら読み進められたい．

2・2　グローバル競争シナリオ：産業効率重視型の自由主義的シナリオ

このシナリオは，漁業の産業としての貨幣的効率性を重視し，漁業は利潤の最大化と国際競争力の強化を追求，それ以外の部分は国が責任をもって管理する，

[vi] 理念型（Idealtypus）とは，価値解釈による選択肢の分析などを可能とするために，ドイツの社会科学者マックス・ウェーバーが提唱した概念．詳しくは，マックス・ウェーバー（1936）などを参照．

という考え方に基づいたシナリオである．政治思想としては，リバタリアニズム（自由主義）的価値観を強く反映したものである．いわば，自動車産業やIT産業などと比肩する水産業を作ろう，という方向性である．日本周辺海域の生物生産力や，日本の漁業技術に鑑みれば，十分に実現可能なシナリオであると思われる．

まず，可能な限りの規制緩和と，自由競争促進施策を実施し，産業が創出する貨幣価値（交換価値）の最大化を進める．公費に基づく補助金や政府の支援は原則的に全廃し，水産資源の利用税を徴収して，その資金をもって政府は漁業者の活動内容を厳密に監視・取り締まる．資源の変動に伴うTACの増減は，自然科学的根拠に基づいて，政府により迅速に決定・執行されるので，資源管理に関する科学的厳密性も高まる．また，生態系保全のための海洋保護区なども自然科学的見地から政府により設定される．いわゆる，科学的知見に基づいた厳密な資源管理と「儲かる漁業」が迅速に実現できる．

しかし，経済的効率性を最重要視した漁業では，漁業操業は単価の高い魚種とそれに特化した漁法に収斂していく可能性が高いため，日本沿岸の漁業文化の多様性や漁業形態の多様性は低下すると考えられる（Makino and Matsuda, 2011）．産業内における貨幣的な効率性を追求する観点からは，現在の日本の漁業就業者は多すぎるため，特に零細漁業を中心に大幅な漁民数の削減が政策的に行われる必要がある．その結果，特に水産業に依存する遠隔地・条件不利地では雇用問題が生じ，集落の消滅につながる可能性も高い．また，企業の経営的判断により，経済的・生態的環境の変化に応じた所在地移転や漁業からの退出，創出された富の地域外（東京など）への流出など，地域経済の安定性を脅かす事態も危惧される．環境・生態系の保全に関しても，産業による自主的な取り組みは期待できず，政府が別途対応する必要性が高い．よって，社会全体としてみた際の効率性が改善されるかどうかについては，別途検討が必要となろう．

以上，このシナリオは，ニュージーランドやアイスランドなどの水産政策の考え方を少々極端にモデル化した将来像ということができよう．表9・2における経済的手法を中心に，理念Cの産業政策面に関する施策を実施しつつ，他の側面は政府が社会政策として行政的手法を中心に補完することになると考えられる．その結果として，図9・3でいえば，Cの産業政策面は非常に改善されることが期待できるが，D．地域政策面やE．文化政策面は相対的に弱いシナリオである．

2・3 国家食料供給保障シナリオ：食料供給の公共性を重視した平等主義的シナリオ

このシナリオは，先のグローバル競争とは正反対の，平等主義的価値観（エガリタリアニズム）に基づいた将来像である．まず，自然科学的調査に基づいた生産体制（漁船の種類や規模）が政府の主導により構築されるとともに，価格政策（最低価格維持政策など）の厳密な執行により，生産者には豊漁不漁に関わらず一定水準の所得を保証する．いわば，準公務員的な性格の食料供給産業を，国として確保するというシナリオである．そこでは，一定の客観的要件を満たした国民は全て漁業に参入する資格を有し，既存の漁業者はその指導者としての役割を担うことになるが，定年制などの導入により人材の流動性を確保する必要がある．

消費者に対しては，国際需給に影響されない安定した価格で安全な水産物の供給を国の責任として実現するために公費を投入する．また，自然条件と産業的経緯に即した計画的な水産拠点地区の形成により，地域経済を維持するとともに，地域の水産文化も積極的に維持・振興する．同時に，操業・環境保全措置や経営に関するデータは全面公開し，生産者による資源・生態系のモニタリング実施と統計情報整備を義務化する．

ただし，業界による創意工夫や技術革新などの誘引は低下するため，科学技術の振興とその成果の継続的導入により，操業の効率性を常に維持・促進する施策が重要となる．また，消費者ニーズを的確に把握するための取り組みも別途必要となる．

資源変動への対応は，全面的に国の責任において行われる．資源の回復が必要な資源に対しては，水産物供給の安定性（毎年何トンずつとるのか）と資源回復の速度（何年で回復させるのか）のバランスを重視し，政府が決定する．その結果生じる漁業経営の悪化や支援措置については公費で負担する．

当面の間，公費の支出は大きくなるが，食料自給率は大幅に向上し，また長期的な国際食料価格の上昇を想定すれば，費用対効果の面からも合理的な選択肢となりうる可能性がある．このシナリオでは，表9・2の行政的手法・司法的手法を中心とした施策により，特に理念B.食料供給面を重点化した施策を実施することになると考えられる．その効果として，図9・3のA.資源・環境政策面とB.食料政策面については大きな改善が期待できる．

2・4　生態的モザイクシナリオ：資源・環境保全の地域主義的シナリオ

　生態的モザイクシナリオは，沿岸漁業と沖合漁業の役割分担に基づくシナリオである．コミュニタリアニズム（地域主義）的価値観を強く反映している．

　沿岸漁業に対しては，各海域の生態的特性に応じた資源の持続的利用・生態系保全・食料生産・地域の維持・文化の振興という5つの役割を明確にし，いわば地域コミュニティーの中核となる，海の守人としての公的な役割を付託する．また，地産地消や地域通貨による端物の地域内流通，生態系保全の推進など，新しい役割を担う人材の流入を可能とするような規制緩和を行う．その結果，地域の生態・文化に合わせた多様な資源・漁業管理が実施され，地域の固有価値の保全および雇用維持・地域維持の効率性は高まることが期待される．しかし，交換価値（貨幣価値）については，沿岸漁業に対しても自由競争原理を導入するグローバル競争シナリオに比べて効率性が低くなる．よって，生態的モザイクシナリオの場合，地域によっては，公的役割の維持・促進を条件として沿岸漁業への公費の投入が必要となる可能性が大きい．

　沖合漁業は，産業としての効率化を重視し，グローバル競争シナリオと似た施策が採られる．しかし資源変動への対応は，グローバル競争シナリオとは異なり，産業界と政府の協力によって行われる．資源回復が必要な資源に対しては，資源回復シナリオの選択を行い，公費による支援措置や減船措置によって休漁・退出を促す．いわば，水産物の安定的供給を志向しつつ，漁業経営悪化の痛みを政府（国民）と産業が分担する形となる．その結果，生物学的な資源管理に純化した施策は取れず，結果的に資源の回復の速度はグローバル競争シナリオよりも遅くなるであろう．なお，このように資源変動に由来する漁業経営の悪化の一部を公費で補償する場合には，その科学的・客観的判断基準とするためにも，漁業者・加工流通業者に対して経営データの提供を義務化する必要がある．

　このシナリオの場合，沿岸では表9・2の自主的手法を中心に理念A，D，Eに関する施策を，また沖合では経済的手法を中心に理念B，Cに関する施策を，それぞれ重点的に実施することになると考えられる．その結果として，図9・3でいえば，A～Eのすべての側面で中程度の改善が現れることを期待している．

§3. 国民の政策ニーズ把握とシナリオ評価

これまで繰り返し述べたように，政策の選択には価値観に関わる問題が不可避である．これは科学的に一意に決まるものではなく，国民の選択にゆだねられるべきものである．よって，(独)水産総合研究センターは2009年1月にインターネットによるアンケート調査を行い，水産政策に対する国民の政策ニーズの把握を試みた（分析サンプル数は2000）．

主たる結果は以下のとおりである．まず，図9・1に示した5つの理念A～Eの重要性の順位については，「どれも同じぐらい重要（順位はつけられない）」という回答がすべての地域で過半数を上回り，全国平均でも約55％を占めた．よって，政策を選択する際に5つの理念の間に優先順位や重み付けを設定することは適当ではないことが推察された．前節で紹介した3つの将来シナリオの中では，図9・3において各理念のバランスが取れた改善を示している「生態的モザイクシナリオ」が，比較的に国民の政策ニーズに近いと考えられる．

また，順位をつけることが可能と回答した回答者（全体の約45％）に対してその順位を質問した結果，A→B→C→D→Eという順位が示された．このうち，第1位の「A. 資源・環境保全の実現」について，具体的にどのような内容が重要と思うかを尋ねたところ，「A-2 生態系・環境との調和」に対する関心が特に高く，またその傾向は漁業生産が大きな地域で，より強かった．

海洋生態系や環境の保全に関し，国際的に最も重要なルールの1つは，生物多様性条約である．この条約の理念・方法論を示す指針として，生態系アプローチと呼ばれる12の原則がまとめられている（第10章参照）．その第2原則は，生態系の保全活動を「最も低位の適切なレベルにまで浸透されるべき」と指摘している．これは，各地域・海域の資源利用者が分権的・自治的に管理を実施することで効果的かつ公平な管理が可能となるという，近年の環境政策の理念的潮流に沿った考え方である（Dolsak and Ostrom, 2003）．また，次章で紹介する生物多様性国家戦略（2012）においても，地域重視，順応的管理，自主管理，海洋保護区，科学に基づくモニタリングの充実，といったキーワードが並んでいる．これらは全て「管理のあり方」の生態的モザイクシナリオにおいて重視されている概念である．つまり，各海域の沿岸漁業の公的役割を明確化する「生態的モザイクシナリオ」は，水産資源・漁業の管理のあり方としてのみならず，

今後の海洋生態系保全のあり方としても，高いポテンシャルをもっているといえよう．

以上，水産総合研究センターの発表した「管理のあり方」の概要を紹介した．ただし，ここで提示した各シナリオは，価値観の違いを明示的に際だたせた極端な理念型である．実際の政策立案においては，各選択肢の特徴を踏まえつつ，地域住民や漁業種類ごとの政策ニーズにきめ細かく配慮した形で，これらのシナリオの中庸を採るような現実的選択が必要であろう．

なお，生態的モザイクシナリオで提示したように，地域の漁業者が公的な役割をも担うという社会制度では，その効果が水産セクターを超えて波及することから，水産セクターのみの視点からは正当にその価値を評価できない．むしろ，場合によっては「非効率的」と判断される可能性すらある．よって，これからの日本の漁業制度に必要な議論は，食料政策，環境政策，地域政策，文化政策を含む総合的海洋政策の見地から，水産がどこまで担うことが望ましいのか，という議論である．縦割り行政やセクショナリズムから脱却した総合的な政策立案とその総合的な評価の重要性が，今後ますます重要となる．

引用文献

Charles AT（2007）：Adaptive co-management for resilient resource systems:some ingredients and the implications of their absence. In Armtage D, Berkes F, Doubleday N（eds）Adaptive co-management. University of British Columbia Press, pp 83-104

Costello C, Gaines SD, Lynham J（2008）：Can Catch Shares Prevent Fisheries Collapse? *Science*, 321: 1678-1681

Dolsak N, Ostrom E（2003）：The commons in the new millennium. MIT Press

Hersoug B（2005）：Closing the commons:Norwegian fisheries from open access to private property. Eburon Academic Publishers

Hilborn R（2007）：Defining success in fisheries and conflicts in objectives. *Marine Policy*, 31: 153-158

Makino M, Matsuda H（2011）：Ecosystem-based management in the Asia-Pacific region. In Ommar RE, Perry RI, Cochrane K, Cury P Ed.s World Fisheries: A Social-Ecological Analysis. Wiley-Blackwells, pp 322-333

OECD（2006）：Using market mechanisms to manage fisheries: smoothing the path. OECD publishing

大橋貴則（2007）：アメリカの漁業管理政策について―マグナソン・スティーブンス漁業資源保存管理法改正からの示唆．水産振興，473：1-69

水産総合研究センター（2009）：我が国における総合的な水産資源・漁業の管理のあり方

清光照夫，岩崎寿男（1986）：水産政策論．恒星社厚生閣

舩橋晴俊（2012）：社会制御過程における道理性と合理性の探求．舩橋晴俊，壽福眞美編　規範理論の探求と公共圏の可能性（現代社会研究叢書5）．法政大学出版局，13-43

牧野光琢(2009a)：「我が国における総合的な水産資源・漁業の管理のあり方」について．水産振興，504：1-51

牧野光琢（2009b）：「我が国における総合的な水産資源・漁業の管理のあり方」について．海洋水産エンジニアリング，88：35-44
牧野光琢（2009c）：「我が国における総合的な水産資源・漁業の管理のあり方」取り纏めから．生態系アプローチと水産資源の持続的利用．月刊海洋，41（9）：520-526
牧野光琢（2010）：水産業の特性に関する国際比較とITQ．海洋水産エンジニアリング，92：17-23
牧野光琢（2011）：ナマコ漁業の地域特性と管理目的に適合した施策の選択—シミュレーションを用いた考察．漁業経済研究，55（1）：149-165
マックス・ウェーバー（富永祐治，立野保男訳）（1936）：社会科学方法論．岩波書店
宮川公男（1994）：政策科学の基礎．東洋経済新報社
山川　卓（2007）：譲渡可能個別燃料割当制（ITOQ；Individual Transferable Oil Quota）による沖合漁業管理．漁業経済研究，52：1-20
婁　小波（2005）：TAC管理の制度評価．（小野征一郎編著）TAC制度下の漁業管理．農林統計協会，pp 278-296

第10章　生物多様性条約と生態系アプローチ

　第10章から第13章までは，考察の対象を生態系保全に拡張する．まず本章では，生態系保全の考え方や，その漁業管理における重要性を簡単に整理したあと，国連生物多様性条約と我が国の生物多様性保全戦略を紹介する．後半では，生物多様性条約の理念・方法論である「生態系アプローチ」に基づき，日本の漁業制度を評価することにより，漁業管理を生態系保全に拡張させていくうえで必要となる補完施策を考察する．本章の結果は，第13章で知床世界自然遺産の管理制度を評価する際に使用する．

§1．生態系保全と漁業管理

1・1　生態系と生物多様性

　生態系とは「植物，動物及び微生物の群集とこれらを取り巻く非生物的な環境とが相互に作用して一の機能的な単位を成す動的な複合体」と定義される（生物多様性条約第2条）．つまり，生物と非生物環境のシステム（動的な複合体）である．この「システム」という表現は，各構成要素の間に様々な相互作用や関わり合いがあることを意味している（森，2012）．

　生態系の中では，無数の化学物質が変質しながら有機物が生産されている．我々人類は，その産物を食料としていただき，また木材，遷移，燃料など様々な生活素材を得ている．同時に，生態系の中の物質循環によって排泄物は浄化され，有害物質は無害化され，正常な環境が維持される（第11章生態系サービス参照）．生物多様性は，この生態系の重要な構成要素である[i]．たとえば海洋生物多様性保全戦略では「生物多様性は，長い進化の歴史を経て形づくられてきた生命の『個性』と『つながり』であるといえる．生物多様性は，人類が生存のために依存している基盤であり，人類は様々な恵み（生態系サービス）を多様な生物が関わり合う生態系から得ている．」と述べている（環境省，2011）．

---

[i] 生物多様性条約第2条では，生物多様性を「すべての生物（陸上生態系，海洋その他の水界生態系，これらが複合した生態系その他生息又は生育の場のいかんを問わない）の間の変異性をいうものとし，種内の多様性，種間の多様性及び生態系の多様性を含む」と定義している．

全ての生物は，生態系内での物質循環上の役割を果たしながら，ネットワークを構成している．その網の目が多様であるほど，その構成者が多いほど，ネットワークは強靭になる．生態系の物質循環に着目したときの，生物多様性の意義はここにある（古谷，2012）．また，ヒトという 1 つの種が，ヒトと同じように数十億年をかけて分化・派生してきた他の生物種を絶滅においやることは間接的な自己否定であるという見解や，そもそも人間にとっての重要性ではなく「それ自体」の価値（内在的価値）が存在する，という考え方もある（及川，2010）．

よって，生態系保全において守るべき対象は，個々の生物だけではなく，それらの生きた関係も含まれる．食物網の構造や光合成による一次生産，有機物の分解過程や，物質循環に至るまで，これらすべてを損なわないように保全することが生態系保全である[ii]．すなわち「人と自然の持続可能な関係の維持」（日本生態学会生態系管理専門委員会，2005）こそが，生態系保全の目的といえるだろう．

1・2　漁業管理と生態系保全

では，これまで漁業管理はどのように行われてきたのであろうか．欧米諸国や国際漁業管理機関などでは，伝統的にMSY（Maximum Sustainable Yield：最大持続収穫量）方式と呼ばれる管理が基本とされてきた．毎年再生産される資源の増加分だけ漁獲すれば，元本にあたる資源量は温存され，持続的に漁獲が行える．生物資源の特性として，その増加分が最大になるような適度の資源量があり，そこで持続的な漁獲量もまた最大になる，という理論である（長谷川，1985；松田，2000）．

しかし実際の漁業では，自然変動や科学的知見の不足に由来する不確実性が非常に大きい．MSY方式に基づく資源管理方式はこの不確実性に弱く，現実の管理の場面では無意味である場合さえあることがわかってきた．さらに生態系の捕食・被捕食者関係を考慮すると，このMSYは必ずしも種の保全とは両立せず，特に多魚種のMSY方式は一部の種の絶滅確率を上昇させうることも指摘されている（Matsuda *et al.*, 2008）．それが生態系の構造と機能を劣化させたり，あるいは生態系サービス全体としての価値を下げてしまうようなことがあっては

[ii] 生物多様性や生態系の保全に関する，生物学的知見を基盤とした研究分野として保全生態学（conservation biology）があり，特に近年は社会科学との連携も進んでいる．詳しくは鷲谷ら（2010）．また，海の保全生態学については松田（2012）および白山ら（2012）などを参照．

ならない[iii].

　以上のような認識に基づき，近年では，南極海洋生物資源保存条約（CCAMLR），国連FAOの責任ある漁業に関する行動規範と京都宣言，ワシントン条約（CITES），ヨハネスブルグ行動宣言など，海洋や漁業に関する様々な条約・国際的な宣言などに生態系保全の概念は採用されている．

　日本においても，漁業法成立後50年の1999年に発表された水産基本政策大綱では「生態系の保全は，水産資源の維持・増大はもとより，安全な水産物の供給にとっても不可欠な前提条件である」と明記され，また2001年に成立した水産基本法第2条でも「水産資源が生態系の構成要素」であることを前提として，その保存および管理が行われなければならない，と規定している．さらに2007年の海洋基本法においても，「海洋の開発及び利用と海洋環境の保全との調和」が，6つの基本理念の筆頭に位置づけられている．

§2. 国連生物多様性条約と生物多様性国家戦略

　生物多様性条約は，生物多様性の保全と持続可能な利用に関する包括的な国際枠組みである．1992年にリオで開催された，環境と開発に関する国連会議（United Nations Conference on Environment and Development：UNCED）において，気候変動枠組条約，環境と開発に関するリオ宣言，森林原則，アジェンダ21などとともに採択された．2012年現在，生物多様性条約は，世界192カ国とEUが参加する世界最大の環境条約の1つである．この条約の目的には，1）生物の多様性の保全，2）その構成要素の持続可能な利用，および3）遺伝資源の利用から生ずる利益の公正かつ衡平な配分，の3つが謳われている．

　生物多様性条約第6条，および生物多様性基本法（2008年成立）に基づき，日本国内における生物多様性の保全と持続可能な利用に関わる政策の方向性を定めたものが，生物多様性国家戦略である．1995年に第一次国家戦略が策定された後，2002年，2007年，2010年に改訂が行われ，現在は2012年に決定された「生物多様性国家戦略2012-2020」の下で，生物多様性保全のための様々な施策が実施されている[iv]．そこには，生物多様性の4つの危機[v]，生物多様性

[iii] 生態系保全と両立する漁業の理論的研究例については，松田（2012）およびコラム13を参照．
[iv] 戦略の策定経緯および全文は環境省自然環境局生物多様性センターのウェブページからダウンロードできる（http://www.biodic.go.jp/biodiversity/wakaru/initiatives/index.html）．

に関する5つの社会的な課題[vi], 短期および長期の目標, 施策を展開するにあたっての基本的視点と戦略, 約700の具体的施策を含む行動計画が定められている. また, 2010年に愛知県名古屋市で開催された生物多様性条約第10回締約国会議（CBD COP10）で採択された, 愛知目標（Aich Biodiversity Targets）を達成するため, そのロードマップや, 東日本大震災からの復興・再生に関する施策も記載されている点が特徴である.

特に海の生物多様性保全に関しては, 2011年に海洋生物多様性保全戦略が策定された. 海洋生物多様性保全戦略は, 海洋の生態系の健全な構造と機能を支える生物多様性を保全して, 海洋の生態系サービスを持続可能なかたちで利用することを目的としている[vii]. この目的を実現するために, 海洋の生物多様性の保全および持続可能な利用について, 基本的な視点と施策を展開すべき方向性を示した文章である. この戦略に基づき, 科学的な情報・知見の整備や, 海洋生物多様性保全のための施策の実施が行われているが, その重要施策の1つである海洋保護区については, 第12章で詳しく議論する.

§3. 生物多様性条約生態系アプローチ

では, 生態系を保全するためには, どのような社会的なしくみや技術的取り組みが必要なのだろうか. この点に関し, 現在国際的に最も頻繁に参照されるのが, 生物多様性条約の「生態系アプローチ（Ecosystem Approach）」である（表10・1）. これは, 生物多様性条約第五回締約国会議において採択された, 同条約の理念・方法論を示す指針である. なお, FAO（2003）は, この生態系アプローチの漁業管理への適用を推奨しており, また, 我が国の生物多様性国家戦略2012-2020で提示されている「7つの基本的視点」も, この生態系アプローチをもとに組み立てられているとみてよいだろう.

---

[v] 人間活動や開発による危機, 自然に対する働きかけの縮小による危機, 人間により持ち込まれたものによる危機, 地球環境の変化による危機, の4つ.
[vi] 生物多様性に関する理解と行動, 担い手と連携の確保, 生態系サービスでつながる「自然共生圏」の認識, 人口減少などを踏まえた国土の保全管理, 科学的知見の充実.
[vii] 生態系サービスとは, 自然から得られる様々な恵みのことである. 第11章で紹介するミレニアム生態系評価では, この様々な恵みを, 1) 食料や水, 資源などの供給（供給サービス）, 2) 疾病の予防や気候・水・自然災害の調節・浄化機能（調節・制御サービス）, 3) 精神的な満足や審美的楽しみの提供（文化的サービス）, および, 4) それらを支える一次生産や栄養塩循環, 水循環など（サポート機能）に分類している（図11・1参照）.

表 10・1　生態系アプローチの 12 原則

原則 1	土地，水，生物資源の管理目標は，社会が選択すべき課題である．
原則 2	管理は，最も低位の適正なレベルにまで分権化させるべきである．
原則 3	生態系管理者は，近隣および他の生態系に対する彼らの活動の（実際の，若しくは潜在的）波及効果を考慮すべきである．
原則 4	管理によって得られる潜在的な利益を考慮しつつ，経済的な文脈において生態系を理解し管理することが一般に求められる．そのような生態系管理プログラムは，いずれも，以下の点を含むべきである． a) 生物多様性に不利な影響をもたらす市場のゆがみを軽減すべきこと． b) 生物多様性保全と持続的利用を促進するためのインセンティブを付与すべきこと， c) 実行可能な範囲で，対象とする生態系における費用と便益の内部化をはかること．
原則 5	生態系サービスを維持するために，生態系の構造と機能を保全することが，生態系アプローチの優先目標となるべきである．
原則 6	生態系は，その機能の限界内で管理されるべきである．
原則 7	生態系アプローチは，望ましい時間的，空間的スケールにおいて行われるべきものである．
原則 8	生態系の作用を特徴付ける時間的なスケールの相違や遅延効果（タイムラグ）を考慮し，生態系管理の目標は長期的視点に立って設定されるべきである．
原則 9	管理に際しては，変化が不可避であることを認識すべきである．
原則 10	生態系アプローチは，生物多様性の保全と利用の適正なバランスと，両者の統合を追及すべきである．
原則 11	生態系アプローチは，科学的知識，土地固有の伝統的知識，地域的知識，革新や慣習を含めたあらゆる種類の関連情報を考慮したものでなければならない．
原則 12	生態系アプローチは，関連する全ての社会部門，科学分野を包含したものであるべきである．

　原則 3，5，6，7，8 は，生態系保全の生態学的側面に関するものである．まず原則 5 では，本アプローチの目標が生態系の構造と機能の保全であることを明記している．漁業を含めた人間活動は，生態系の構造や機能・回復力に様々な変化をもたらし，その生態系サービス提供機能に潜在的影響を及ぼす．そのような影響が実際に対象地域で生じるかどうか，そしてそれが正の影響か負の影響かについては，対象とする生態系に特有の構造や機能に依存するであろう．また生態系保全においてはスケールが重要な要素である（原則 3，7，8）．たとえば，ある生態系構成要素の空間的配置に関する認識は，部分的にはその観測のスケールに依存する．また管理対象となる問題に応じて，遺伝子，個体群，種，群集，景観のそれぞれのレベルが重要な要素となる．時間的にも，あるスケール（月・年など）で周期性が観察される現象が，他のスケール（時間・日）ではまったく非周期的で予測不可能な現象に見えうる．さらに生態系は閉鎖系ではない．多くの場合，生態系はエネルギーや物質，個体などの移動により互いに関連しており，それゆえ，適切な時空間的スケールは対象とする問題の性質

に応じて決められることとなる．

　一方，原則 1，2，4，9，10，11，12 では，社会・経済的な側面を述べている．まず，文化的多様性をもった人間を生態系の重要な要素として認識し，管理の中心に位置づけているとともに，幅広い利害関係者の参画と分権的自治的な管理の導入を奨励している（原則 1，2，12）．特に原則 2 は，自然資源の管理はその生産段階において最もよく遂行されるということを意味している．これは地方分権化と資源管理権限の委譲により，効果的で公平な管理が可能となるという考え方である（Dolsak and Ostrom，2003）．

　生態系を構成する種，その構成割合，個体群の大きさ，人間社会との関わりの度合いなどは，時とともに変化するものである．生態系の変化は自然であり不可避である．よって，生態系保全のための取り組みはそれらの変化に対応しうるものでなければならない．また生態系の機能に関する知識や理解は限られており，新しい情報や状況に柔軟に対応する能力を形成することが，生態系保全のためにも，制度の進化のためにも重要である．よって原則 9 では不確実性に対処するための順応的（Adaptive）な態度を重視している．

　また生態系は，経済的に有用な財やサービスを提供する（生態系サービス）．よって生態系保全のための取り組みは，経済的文脈に沿ったものである必要がある（原則 10）．原則 4 では，インセンティブ政策などの経済的な手法の有用性を強調している．さらに原則 11 では科学や伝統的・地域の知見など，すべてのセクターが有する知識の活用を述べ，またその強化のための社会的投資を奨励している．

　このように，生態系アプローチは単にある生態系を保全するために必要な技術上のガイドラインのみを示したものではない．生物的・社会的・経済的知見を統合するための包括的な意思決定および行動のための枠組みであり（Smith and Maltby，2003），そこには社会経済的な側面も含まれている．つまり生態系アプローチは，生態系保全を実現するための社会的な戦略として位置づけられるのである．

§4. 日本の漁業管理制度の評価

　前章までで説明してきた日本の漁業制度が，その制度的長所を活かしつつ，生態系保全を実現していくためには，どのような補完施策と研究が必要なのであろうか．この点を検討するため，以下では生態系アプローチの政策的含意を 6

つのテーマに分け，日本の漁業制度を検討する（牧野・松田，2006）．

4・1　生態系サービスの提供（原則5）

これまでの伝統的な漁業管理では，その主たる対象は水産資源であった．特に経済的価値の高い魚種が重視され，その魚種にプラスに働く範囲でのみ，生態系に注意が向けられていたという面も強い[viii]．しかし，上述のように，1999年の水産基本政策大綱や2001年水産基本法，2007年海洋基本法により，今日では，生態系保全自体が重要な政策課題の1つと位置づけられつつある．

生態系保全を実施する上で第1に重要なことは，漁獲対象種と生態系との関係やその相互作用に関する科学的理解である．1・2で述べたように，単純な漁獲量（トン）最大化は，生態系を構成する多くの魚種の絶滅確率を高める恐れがある．よって，生態系の構造を保全するという観点からは，捕食者を採捕する漁業種と被捕食者を採捕する漁業種間の調整制度も必要となろう（コラム13 参照）．また第12章で詳しく議論するように，適切な海洋保護区（MPA）の設置も有効な手段の1つである．海洋保護区は水産資源の避難所となるほか，その群集構造の保全や再生産への良い影響が期待できる．また生物多様性の向上や，突発的な環境変動による資源崩壊リスクへのヘッジとしても重要である．

4・2　コンセンサスの形成（原則1，11，12）

第9章で整理したように，漁業は社会的に多様な役割を担っている．よって漁業の管理は，単に個々の経済主体の利潤最大化という観点のみではなく，社会的観点からの意味合いをも有する．つまり水産資源の管理目的の決定は，社会的選択の側面を有しているといえる（原則1）．漁業者らと漁業地域住民はこの水産資源に依存して生計を立てており，またこの資源の将来により直接的に関わっているという面からいっても主要な利害関係者である．

多くの漁業集落において，漁業は長年にわたりコミュニティーの中心的位置づけを占めてきた．よって漁業調整の利益はコミュニティーの生態系サービス利用目的と重複する部分も大きかった．しかし，生態系の保全目的や目標水準を決定する際には，様々な利害や価値観が反映されねばならない．現行制度では漁業者らが意思決定の主体であるため，漁業内部の利害調整などのシステムは高度な

[viii] このような場合には，「漁場改善」や「漁場改良」という表現が用いられる．

しくみがあるものの，他の生態系サービス利用者（一般市民や，都市近郊のレクリエーション利用者など）の利害は反映されにくい制度となっている．事実，海域生態系には非常に幅広い利用者が存在し，それゆえ幅広い利害が存在する．漁業や遊漁のような直接的利用価値のほかにも，景観としての価値や存在価値などの非消費的価値，将来世代のアクセス権や，遺伝子が潜在的に有する新薬開発の可能性なども指摘されている．これらの幅広い利害を調整するためには，透明な意思決定過程が重要である．また地上起源汚染物の同化・消長といった物質循環上の価値を正当に評価するためには，流域圏管理（集水域管理）の観点を取り込むことが必要となろう．これらの新たな調整項目を既存の漁業調整制度に取り込むか（たとえばアメリカやオーストラリアのように各海域の利用調整委員会に幅広い利害関係者が参画する），あるいは上位の調整組織を創設して，漁業を含めた各利害がその下で適切に調整されるようにするべきか，そしてそのためにはどのような科学的知見が必要となるのか，に関する考察が必要である．

　ただし，海域生態系の機能と構造はそれぞれの海域・季節によって特徴的な性格があり，その多様性はほとんど無限ともいえる．よってすべての現場を研究者が精査することは現実的ではない．その一方で，各地域の漁業者らやその組織には，世代を越えて蓄積されたその海域に関する明示的・暗黙的知識が存在する．こうした知識は生態系保全においても有効に活用するべきである（原則11）．たとえば日々の漁業操業により得られる漁獲量・種・構成などのデータは，生態系の構造と機能を把握する上で最も基礎となる情報源である．ただしこうした地域漁業者らが提供する情報のみで生態系の構造と機能の保全に十分であるとは考えられない．なぜなら，仮に漁業者らがすべての情報を正確に提供したとしても，その情報は漁具・漁法や経済的インセンティブにより選択された情報だからである．よって今後重要な研究課題は，生態系保全のために必要な追加情報の特定を科学的見地から行い，さらにそれらの情報収集やモニタリングに関する漁業者・行政・研究者・一般市民間の役割分担を考察することであろう．

4・3　管理のためのインセンティブ（原則4）

　資源管理主体としての地域漁業者やその組織には，管理を効率的に行うことによりコストを削減し，また生態系サービスの向上を通じて追加的便益を享受するインセンティブがある．しかし，自主的な漁業管理は商品価値の高い魚種を中心に行われている場合が多い（第14章参照）．

ただし，日本の漁業管理制度には原則4の適用に際して幾つかの利点を有していることが指摘できる．法的に保護された漁業権はその法益の高度な安定性（security）を意味する．この高度な安定性は，より長期的視点から漁場の生態系の健全性を維持するインセンティブにつながる（Hanna, 1998）．一方でたとえば個別譲渡可能漁獲割当制度（ITQ制度）の場合，権利は対象資源自体に対して設定される．この法益の性格の違い，すなわちエリア（漁場）ベースの法益と対象資源（魚種）ベースの法益という違いは，不確実性下において大きな意味をもつ．ITQ制度の場合，毎年の資源評価や新たな知見などにより資源量推定が更新される度にTAC（およびITQ）が再定義されることとなり，よって権利の安定性を低めてしまうこととなる．一方でエリアベースの漁業権の場合は，漁場の生態系保全により経済的便益が期待できるのであれば，地域漁業者らはその知識や能力を自主的・積極的に活用し，また効果的な遵守を期待することができよう．さらに，このような生産段階でのインセンティブ以外にも，流通段階における施策としての水産エコラベルなどもその有効性が期待される．

以上より，日本の漁業管理制度は原則4の方針に沿って生態系保全へと拡張する潜在的可能性があるといえる．ただし，資源量や魚価の変動は漁家経営の不確実性を高め，漁業者の将来に対する割引率を高めることを通じて意思決定が短期的になる危険性がある．その対策としては長期的な観点から生態系の健全性を示す指標の開発や，不確実性対策としての順応的管理（共に後述）が重要となろう．

4・4　資源の保全と利用のバランス（原則6, 10）

原則10は，現行漁業法第1条の「漁業生産力の発展」が意味しているところである（第4章参照）．しかし，その主たる管理対象が経済的に有用な魚種に限られていることは指摘した．原則4が示す通り，経済的文脈に沿った管理施策は重要であるが，その管理範囲に可能な限り生態系機能・構造の保全という観点を含むことが必要である．また生態系機能の限界（原則6）についても，漁業権・許可や漁業調整制度に加えて，1997年から導入された総漁獲可能量制度（TAC制度）や，2002年度から実施された総漁獲努力量制度（TAE制度）は，漁獲圧を生産力の限界内に収めるための手法と捉えられよう．よって今後の課題は，不確実性を明示的に考慮した上で，TACやTAEの設定手順の中に生態系に対する適切な考慮を取り込むことである．

また必要に応じて海洋保護区（MPA）の設置も有効である．ここで海洋保護区とは「海洋生態系の健全な構造と機能を支える生物多様性の保全及び生態系サービスの持続可能な利用を目的として，利用の形態を考慮し，法律またはその他の効果的な手法により管理される明確に特定された区域」と定義される（環境省，2011）．海洋保護区については，第12章で詳しく議論する．

4・5　スケール横断的統合（原則2, 3, 7, 8）

第3節で述べたように，日本の漁業管理制度では資源利用者たる地元漁業者らが中心となって漁場の利用や資源保全を行っており，原則2の考え方に沿ったものと捉えられる．よって，いかに生態系保全の視点をその管理に取り込むかが重要な課題となる．特にスケール問題（原則3, 7, 8）に対処するためには，管理組織を局地的レベルから広域的レベルまで複層的に組織し，またそのそれぞれのレベルを互いに適切に連携することが有効である．この側面に関し，日本の漁業管理制度では，問題に応じて様々なレベルの管理組織が存在する（表4・2参照）．また，第6章と第7章でみたように，魚種別・漁業種別の組織も県を越えて組織されており，TACの執行において重要な役割を果たしている．よって日本の漁業管理制度は，潜在的には地理的・空間的スケール問題に対応しうる構造を有しているといえる．時間的スケールの問題に関しては，一般的に漁業者らは短期的意思決定に従うことが多いとされる（魚がいるときに獲れるだけ獲るという思想）．こうした問題に対処するためには，対象とする資源の変動の性質に応じた管理施策を順応的に導入するとともに，長期的な取り組みを可能とする制度的枠組みが必要である．第4章で紹介した，資源管理・漁業経営安定対策は，その1つの参考例となる．また同時に，漁業と生態系の相互作用への考慮として，長期的視点から生態系の状態を表示する何らかの指標の開発が望まれる．この指標を参照しながら，漁業調整・資源管理が行われることが重要である．

4・6　順応的能力の形成（原則9）

日本の漁業管理では，管理の意思決定権限を漁業者自身が有しているので，日々の操業を通じて得られる情報に応じて柔軟に意思決定を行いうる．つまり潜在的には，管理の意思決定に柔軟性があり，順応的管理に適していると考えられる[ix]．たとえば資源管理型漁業の成功例である京都府底びき網漁業では，禁

漁区の設置や操業自主規制といった施策を逐次追加的に実施し，日々の操業によりその効果を検証しながら不確実性を削減させた上で，以降の意思決定（施策の拡張・停止・撤廃）を行うという順応的戦略を取っている．その結果，経営リスクは大幅に削減され，また管理事業全体の価値も大幅に上昇した（牧野，2007；牧野，2010）．こうした管理能力を形成する場として，各地の漁業協同組合や漁業管理組織（FMO）が重要な機能を果たしている．

今後の課題はやはり，漁業管理の中に生態系の視点を取り込むことである．また，順応的管理に不可欠なデータ収集・モニタリングシステムの構築や，その役割分担を科学的見地から検討する必要がある．

§5. まとめ

本章では，日本の漁業制度が，生物多様性条約生態系アプローチを実施していくうえで多くの制度的長所を有していることを示した．また，今後，日本の漁業管理を生態系アプローチに基づく管理に発展させていくための課題も整理した（表10・2）．しかしながら，制度を改正する際には，その制度的文脈や日本の漁業管理の背景を十分に理解することがまず必要である．ある地域で成功

表10・2 生態系アプローチに基づいて評価した日本の漁業管理制度の長所と課題

制度的長所
1. 地域の資源利用者による分権的・自治的管理
2. 管理における地域的・科学的知見の利用
3. 階層的管理組織
4. 日々の漁業操業を通じた順応的管理
5. 経済的文脈に基づいた，持続的資源利用の促進
課　題
1. 生態系の視点：漁獲対象種と生態系との関係やその相互作用に関する科学的知見の整備．
2. 利害関係者の参画：幅広い利害関係者の参画と透明な意思決定．集水域管理の視点．
3. データ収集とモニタリング：生態系保全に必要なデータの特定と，その収集やモニタリング制度の確立，およびその役割分担．
4. 指標：長期的な視点から生態系の健全性を示す指標の開発と，漁業管理への適用．
5. 海洋保護区：日本の社会的・生態的特性に即した海洋保護区の設置理論の確立．

[ix] 不確実性の存在を前提としたうえで，受動的あるいは能動的な学習（adaptive learning）によって情報を逐次更新し，状態の変化に応じて柔軟に管理内容を変えていく管理の考え方を順応的管理（adaptive management）という（松田，2004）．中長期的な管理を目指すものであり，近年では生態系の保全・管理のための標準的な考え方として定着しつつある（山川，2012）．

した制度を，そのまま他の地域に持ち込んでも，必ずしも成功は期待できない．日本の漁業権・漁業許可の性質や，総合的漁業調整制度を前提にした場合，たとえばITQをベースとするニュージーランドとは別の生態系保全制度に帰結するはずである．よって，既存の制度を深く理解し，そこにおける資源利用者（生態系サービス利用者）の役割を考察することが重要である．

なお，表10・2にまとめられた長所は，必ずしも日本の全ての現場で活用されているわけではない．現実に制度的長所を発揮し漁業管理が成功している現場では，それを可能とするその現場に特有な条件がある．たとえば，第6～7章でも紹介したように，日本の多くの成功事例では，当地の漁業者・研究機関・地方行政の間で非常に活発な情報交換や意見交換が行われている．これは日本の漁業管理制度の特徴でもある．欧米における科学や行政の役割が主に漁業取締り（TACの設定やその執行・監視）にあるのに対し，日本では主に漁業者らの活動をサポートするものとして位置づけられるのである（第5章参照）．また日本の場合，地域の漁業者同士は世代を越えてお互いを知っており，そこで築かれる関係は自主管理施策の効果的実施に重要な要因となっている．

さらに，海域生態系に影響を与える人間由来の要因には，漁業以外にも汚染や開発・観光など様々なものが考えられる．そして実際の現場における問題解

コラム9：漁業管理ツール・ボックス

本章で紹介した漁業管理ツール・ボックスは，漁業管理の研究に様々な形で活用できる．たとえば図9・3を用いて，十分に管理が進み効果が現れている部分を青，今後さらに取り組みが必要な部分を黄色に塗ることにより，地域間の比較や，異時点間の比較にも利用できる．北海道，青森県，長崎県のナマコ漁業管理を対象とした分析例は，牧野ら（2011）を参照されたい．また，その普及を目的とした簡易版の漁業管理ツール・ボックスも作成され，現在は日本全国の漁業管理の現場で利用されつつある．各組合，部会，研究会などでこの漁業管理ツール・ボックスを用いることにより，管理意識の形成，現在の管理状況の把握・情報共有が促進される．また，今後，現場の問題への対処策を具体的に検討する際に，何をやれるか，先行事例はなにか，など選択肢の一覧としても参照できる．さらに，都道府県の普及指導業務においても，幅広い様々な仕事を整理できるとともに，現場関係者と一緒に考え，議論を始めていくためのとっかかりとして利用することができる．

牧野光琢，廣田将仁，町口裕二（2011）：管理ツール・ボックスを用いた沿岸漁業管理の考察—ナマコ漁業の場合．黒潮の資源海洋研究，12：25-39．

決にあたっては，問題の所在と原因の同定（対象とする生態系がどのような状態にあるのか，問題があるとすれば何が主要な原因であり，どの程度が漁業由来なのか）の把握が重要となる．第13章では，知床世界自然遺産海域に本章の結果を適用するが，今後はこれら具体事例分析に基づき，現在の生態系アプローチという指針そのものの限界についても批判的に検証することにより，より有用な指針に順次改訂していくための理論的蓄積をすすめていく作業が重要となろう．

コラム10：生態系保全をめぐる様々な用語

生態系保全（ecosystem conservation）に類似した用語として，生態系管理（ecosystem management），生態系に基づく管理（ecosystem-based management），生態系ガバナンス（ecosystem governance）などという表現がある．おそらく，1980～90年代には，生態系管理という表現が一般的であり，最も使用されていたと思われる．しかし近年は，生態系そのものを人間が管理することは本質的に不可能である（管理できるのは人間による利用だけ）という見解や，生態系の中の様々なプロセスおよび相互作用をも包括的に守るべきという認識，さらには，生態系に関する多様な価値観や利害の調整も含まれるべきなどの観点から，生態系管理という表現はあまり使われなくなってきた．なお，同様の議論として，資源管理と漁業管理という用語の使い分けについては第1章の脚注を参照されたい．

また，アジェンダ21の第17章においては，統合的沿岸域管理（Integrated Coastal Zone Management：ICZM）という概念が提示された．我が国の海洋基本法第25条においても「沿岸域の総合的管理」の推進が規定されている．ラムサール条約決議Ⅷ.4添付文書1によればICZMの定義は「持続可能性の原則を用いて経済の発展と世代内，世代間の公平性を達成しつつ，いちだんと効果的な生態系管理を実現するために，沿岸域の様々な利用者，利害関係者及び意志決定者を一つにまとめるための仕組み」とされる．つまりICZMは，沿岸域における生態系保全を実現するための具体的なしくみの1つと位置づけることができよう．総合海洋政策本部事務局が2011年に発表した「沿岸域の総合的管理の取り組み事例集」では，全国から10カ所の優良事例が紹介されており，本書第13章で紹介する知床世界遺産も含まれている．

引用文献

Dolsak N, Ostrom E (eds) (2003): The Commons in the New Millennium. MIT press
FAO (2003): Ecosystem Approach to Fisheries, FAO Technical Guidelines for Responsible Fisheries 4 Suppl. 2
Hanna S (1998): Institutions for marine ecosystems: economic incentives and fishery management. *Ecological Applications*, 8: 170-174
Matsuda H, Makino M, Kotani K (2008): Optimal Fishing Policies That Maximize Sustainable Ecosystem services. In:K Tsukamoto, T Kawamura, T Takeuchi, T D Beard Jr, M J Kaiser eds. Fisheries for Global Welfare and Environment. TERRAPUB, pp 359-369
Smith R D, Maltby E (2003): Using the Ecosystem Approach to Implement the Convention on Biological Diversity. IUCN Ecosystem Management Series No.2
及川敬貴（2010）：生物多様性というロジック：環境法の静かな革命．勁草書房
環境省（2011）：海洋生物多様性保全戦略．
白山義久，桜井泰則，古谷 研，中原裕幸，松田裕之，加々美康彦（2012）海洋保全生態学．講談社
日本生態学会生態系管理専門委員会（2005）：自然再生事業指針．保全生態学研究，10：63-75
長谷川彰（1985）：漁業管理．恒星社厚生閣
古谷 研（2012）：恵みを生み出す海洋生態系．白山ら編 海洋保全生態学，pp 30-41
牧野光琢（2007）：順応的漁業管理のリスク分析．漁業経済研究，52（2）：49-67
牧野光琢（2010）：水産資源の順応的管理とリスク分析．寺西俊一，石田信隆編自然資源経済論入門1 農林水産業を見つめなおす，pp 163-190
牧野光琢・松田裕之（2006）：漁業管理から生態系管理への拡張に向けた制度・経済分析の課題．環境経済・政策学会年報，11：270-284
松田裕之（2000）：環境生態学序説．共立出版
松田裕之（2004）：ゼロからわかる生態学．共立出版
松田裕之（2012）：海の保全生態学．東京大学出版会
森 彰編（2012）：エコシステムマネジメント．共立出版
山川 卓（2012）：水産資源の管理：自然科学の視点から．白山ら編 海洋保全生態学，pp 170-189
鷲谷いづみ，椿 宣高，夏原由博，松田裕之（2010）：地球環境と保全生物学（現代生物化学入門6）．岩波書店

第11章　ミレニアム生態系評価

本章では，国連が行った地球規模の生態系評価であるミレニアム生態系評価について，その概要と漁業に関する記述を概観するとともに，注目すべき概念を紹介する．また，漁業の現状に関する記述について，異なる視点に基づく論文などを引用しながら，批判的に考察する．

§1. はじめに

1・1　ミレニアム生態系評価と生態系サービス

ミレニアム生態系評価（Millennium Ecosystem Assessment）とは，国連の提唱により2001年6月から4年間にわたって行われた，地球規模の生態系評価である．世界95カ国から1,360人の専門家が参加した大規模な評価であり，生態系の現状がどうなっているのか，その変化が人間生活の福利（Human well-being）にどのような影響を及ぼすのか，どのような将来シナリオではどのような対策が必要なのか，などを詳細に議論している．その成果は多数の報告書として発表されているが，以下本章では，ミレニアム生態系評価詳細報告書（Full report）の第一巻，生態系と人類の福利：現状と動向（Ecosystems and Human Well-being, Volume 1：Current State and Trends）を「詳細報告書第一巻」と，ミレニアム生態系評価統合報告書（Synthesis Report）を「統合報告書」と標記する．上記を含む全てのミレニアム生態系評価報告書は，http://www.maweb.org/en/index.aspx からダウンロードできる．なお，統合報告書は，横浜国立大学21世紀COE 翻訳委員会責任編集（2007）が日本語訳を発表している．また，この地球規模の評価のほかに，地域，流域，国などのレベルのサブ・グローバル評価が行われている．日本でも，里山・里海の持続可能な管理にむけた科学的基盤の提供を目的として，2007年からサブ・グローバル評価が行われ，その報告書が2010年に国連大学より発表されている[i]．

ミレニアム生態系評価では，前章で議論した生物多様性条約生態系アプロー

---

[i] 英語版は UNU（2010）が Webpage で公開されている．日本語版は，国連大学高等研究所日本の里山・里海評価委員会（2012）がある．

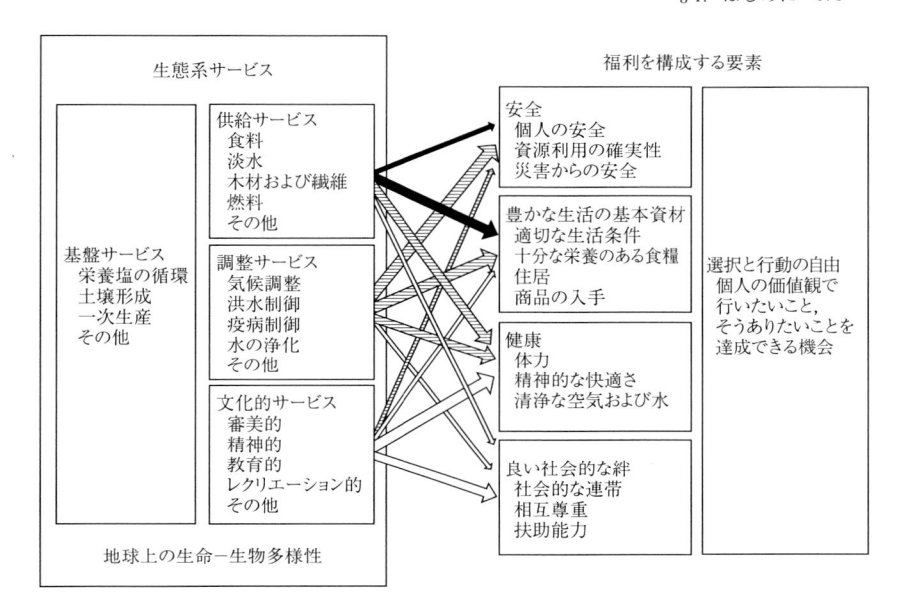

図11・1 生態系サービスと人類の福利
(横浜国立大学21世紀COE翻訳委員会責任編集(2007)を基に作成)

チに準じ,人類が生態系からえている公益的機能を生態系サービス(Ecosystem Services)と呼んでいる(図11・1).いわばこれは,自然から得られる様々な恵みのことである.そして,その様々な恵みを,1)食料や水,資源などの供給(供給サービス),2)疾病の予防や気候・水・自然災害の調節・浄化機能(調節・制御サービス),3)精神的な満足や審美的楽しみの提供(文化的サービス),および,4)それらを支える一次生産や栄養塩循環,水循環など(基盤サービス)に分類している.そして,これまで正当な評価が行われず,その価値が明示的に扱われてこなかった生態系サービスも視野に含めて,生態系の機能と構造を保全すべきであるという考え方が,ミレニアム生態系評価の主要なメッセージの1つである[ii].

ミレニアム生態系評価の枠組みにおいて,漁業とは,生態系サービスの中の供給サービスの一部である,食料の供給を担う産業である.本章では,特に海洋漁業に着目し,詳細報告書第一巻の第18章「海洋漁業システム(Ch.18 Marine

---

[ii] 生態系およびそれを支える生物多様性の経済分析手法および分析例は,馬奈木・地球環境戦略研究機関(2011)に詳しい.

Fisheries Systems)」の概要や重要概念を紹介する．また必要に応じて統合報告書の内容も参照する．

1・2 漁業に関する記述の概要

詳細報告書第一巻第 18 章の「海洋漁業システム」は全部で 8 つの小節から成っている．「18.1 イントロダクション」で考察範囲や用語の定義を行った後，「18.2 海洋漁業システムの状況と動向（Condition and Trends of Marine Fisheries Systems)」では，海洋生態系に影響を与える様々な人為的要因のうち漁業が最も深刻な影響を及ぼしていること，現在の漁獲圧が既に持続可能な水準を大きく越えており，少なくとも重要な水産資源の 4 分の 1 が乱獲されていること，漁獲対象魚種の食物網における位置を示す漁獲物の栄養段階が 1950 年代以降低下していること，漁獲がしだいに深い水深で行われるようになっていること（漁場の垂直拡大），乱獲が海域の生物多様性維持にも負の影響を与えていること，深海底などの重要な生息域が人為的に改変され危機的状態にあると考えられること，などを解説している．

「18.3 海洋漁業システムにおける変化の駆動力（Drivers of Change in Marine Fisheries Systems)」では，これらの変化をもたらす要因として，大規模な気候変動，政府による歪んだ補助金に起因する過剰な漁獲能力の存在，世界的な水産物需要の増大，技術変化や違法操業，および世界経済のグローバル化の進展などをあげており，またその結果として低所得諸国における安価なタンパク質としての水産物消費が減少していることを示している．

「18.4 海洋漁業システム内における選択・トレードオフおよび相乗作用（Choices, Trade-offs, and Synergies within the Systems)」では，採捕漁業および他の海域利用形態（鉱物資源開発，観光，養殖業，海運など）が海洋生態系に与える影響やその原因の同定を行っている．また近年急速な成長を見せている養殖について，その生産量拡大の可能性を論じてはいるものの，養殖業の発展それ自体が採捕漁業における乱獲などの諸問題への解決を与えるわけではないことを指摘している．

「18.5 他のシステムとの選択・トレードオフおよび相乗作用（Choices, Trade-offs, and Synergies with Other Systems)」では，海洋漁業と気候変動，沿岸域，島嶼生態系との関係について簡単に解説している．

「18.6 海洋生態系の使用権と保護の状況（User Rights and Protection Status

of Marine Ecosystems)」では，共有資源としての海洋生態系を保全するための方策として，生態系サービスの使用に関する権利の設定に着目し，その社会経済的影響や，高度回遊性魚類などの管理における国際的取り組み，また海洋保護区（Marine Protected Areas；MPAs）の導入により期待される効果などを整理している．

「18.7 海洋漁業の持続性と脆弱性（Sustainability and Vulnerability of Marine Fisheries）」では，水産資源の変動性や，資源動態の非線形性，すなわち資源量などがある閾値を越えたときにカタストロフィックな変化が生じる現象など，持続的な漁業を目指すうえでの管理の困難性を解説している．

最後に「18.8 海洋系への管理による介入（Management Interventions in Marine Systems）」では，不確実性への対応としての順応的管理の必要性や，様々な生態系サービスの内容を統合的に管理する省庁横断的制度の必要性，海洋保護区や予防的取り組みの果しうる役割，近年の様々な取り組みの事例紹介などを行っている．

§2. ミレニアム生態系評価において注目される概念

本節では，ミレニアム生態系評価で海洋漁業と生態系に関して記述されている様々な概念の中から重要と思われるものをいくつか選び，解説する．

2・1 権利に基づく漁業管理

生態系サービスの多くはオープンアクセス下にあることが多い．しかし，近年になってその希少性が顕在化したこともあり，今後はこれらのサービスへのアクセスを制限し，利用者を特定した上で生態系保全に整合的な使用秩序の形成とインセンティブ付与を行う施策が望ましいという認識が広まっている（Hilborn *et al*., 2005, Grafton *et al*., 2006）．海洋漁業の場合でも詳細報告書第一巻の 18.6 で記述されているように，使用権の付与を通じた管理の有効性が指摘されている．

こうした指摘の背景には，伝統的なトップ・ダウン的（上意下達式）漁業管理方式の限界が，国際的な共通認識として確立されつつあるという事実がある．トップ・ダウン的管理の代替策として，インセンティブ施策としての安定的な資源使用権の設定と漁民への付与，地域漁民の主体的参画を重視した共同管理

(コ・マネジメント），またそれに必要な人的・社会的資本の蓄積の重要性などが注目されている．

　第5章および第9章で議論したIQ/ITQも，インセンティブを活用した資源管理方策の1つである（Arnason, 1995）．しかし，中・低緯度海域では一般に漁獲対象魚種数や漁民数・漁船数・漁港数が多いため，ITQの設定や執行には多大な費用が必要となる．発展途上国ではTAC設定に必要なデータ収集などの基盤制度も整備されていない場合が多く，また資源が国有である場合には初期配分の正当性の問題も生じやすい．特に譲渡可能性があると，第3章の日本の漁業制度の歴史でもみたように，権利の集中や格差の拡大，条件不利地にある漁業集落の崩壊といった問題も発生するだろう．また，魚種によっては自然変動が大きく，最大持続収穫量（MSY）といった基礎的理論すら適用できないものもあろう（第10章参照）．統合報告書のp. 21においても，「特に冷水域の単一種漁業では，譲渡可能個別割当が適当であろう」と限定的に記述されている．日本への適用を検討する際にも，IQ/ITQに適した魚種・漁業種を科学的に選定する作業が重要である．

　IQやITQ以外にも，様々な性質の権利を設定することが可能である．個別努力量割当（Individual Effort Quotas：IEQs）や，グループ努力量割当（Group Effort Quotas：GEQs），それらを取引可能（Transferable）にしたITEQsやGTEQs，操業許可（Fishery Licenses），譲渡可能性操業許可（Transferable Fishery Licenses），集落への割当（Community Quotas）や用益権（Use rights）など，様々な内容が考えられる[iii]．たとえば，第5章で説明したように，日本の漁業権や漁業許可は私的所有権の設定ではない．水産資源に関する私的所有権の設定が憲法上困難でありまた多魚種漁業が中心であるタイにおいても同様のしくみが1982年から導入されている．一方，ニューイングランドのトロール漁業やハワイのカジキ類延縄漁業，中西部太平洋のマグロまき網漁業などには個別努力量割当が適用されている（Ahmed et al., 2006）．ITQ同様，管理の目的や社会的背景，対象資源の性格，漁業操業の実態に応じた適切な権利内容を構築することが重要である．

　ただし漁業管理と生態系保全との整合性を考えた場合，漁業管理の実施で全ての生態系問題が解決できるわけではない．特に管理対象以外の種や希少種の

[iii] OECD（2006）では，財産権の6つの指標（Exclusivity, Duration, Quality of title, Transferability, Divisibility, Flexibility）に即して様々な権利の構成内容とその特徴を整理している．

混獲や投棄，生息域破壊といった問題は，本質的に漁業管理のみでは対応できない．両者の乖離を埋めるための補完的な環境政策が必要となる（第10章参照）．特に沿岸生態系の保全に関しては，IQやITQのような対象資源への権利設定ではなく，生態系の「場」としての生産力を維持するインセンティブが重要である．よって，日本の漁業管理制度は地域的な環境保全・生態系保全を考える際の，先進的な事例を提供出来ると思われる（佐久間，1995）．地元漁民・住民が地元の資源や生態系の保全に関する意思決定権限を有する共同管理（コ・マネジメント）に基づく沿岸域管理方式は，インセンティブ構造上も政策費用対効果の観点からも，今後さらに注目を集めるであろう．この点については，第13章で知床世界自然遺産における漁業者らの活動を事例紹介する．

2・2 海洋保護区

海洋保護区（Marine Protected Areas：MPAs）は，海の一部を特定して高度に管理することにより「場」として守っていく取り組みであり，次の第12章で詳しく議論する．一般的に，生態学的あるいは文化的に重要な場が，海洋保護区に指定されるが，水産資源保護法における保護水面のような，いわゆる禁漁区（No-take zones あるいは Marine reserves）は様々なカテゴリーの海洋保護区の1つである．たとえばIUCN（国際自然保護連合）による定義でも，厳密な禁漁区（科学的調査のみ許容）から，レクリエーションや漁業などによる持続的利用が可能な区域まで，目的に応じて幅広いカテゴリーに分類されている．世界的にみても，海洋保護区内で漁獲や利用を行う事例は多い．

海洋保護区の設置がもたらす便益としては，生態系の機能・構造・特異性が維持される，外的なかく乱に対するレジリエンスが向上する，非消費的な利用の機会が増える，生息域が拡大する，生息域の質が向上する，絶滅リスクが下がる，保護区内の生物多様性が向上する，などが指摘されている．

なお，特に禁漁区の設置により期待される漁業への便益の1つは，それらの海域からの資源のはみ出し（Spillover）を効率的に採捕することによる収入増とコスト削減である．ただし，保護区内の密度効果（混雑効果）を考慮すると，長期的にははみ出し効果が減り，個体の小型化や成熟の早期化が生じる可能性もある．よって，定期的に保護区内で漁業を操業し，適度な間引きを行うことも合理的である（Grafton *et al.*, 2005）．

2・3 システムの非線形的変化とレジリエンス

「18.7 海洋漁業の持続性と脆弱性（Sustainability and Vulnerability of Marine Fisheries）」では，水産資源の変動性や，資源動態の非線形性が議論されている．これは，資源量などがある閾値を越えたときにカタストロフィックな変化が生じる現象など，持続的な漁業を目指すうえでの生態的な困難性に関する議論である．一般に，生態系への人為的な負荷に起因する資源水準や生態系サービスの変化は，負荷の増大に伴い徐々に進行する．しかし負荷の程度によっては，非線形的な変化を示す場合がある[iv]．システムの非線形性が意味する重要な帰結は，均衡点が複数存在しうるということである．つまり，同一の環境条件下で潜在的に2つ以上の異なる状態が存在しており，実際にはそのうちのどちらかが実現することとなる．そしてあるシステムのレジリエンス（回復力）とは，外的負荷を受けかく乱されたシステムが，元の均衡状態に戻る能力や性質と定義される．外的かく乱などの大きさがある閾値を越えたとき，システムは急速に別の均衡に移動し，レジームシフトが発生する．複雑系の数理解析研究によれば，複数存在する均衡点のなかからどの均衡が実際に実現するかは，システム外部からのかく乱現象の大きさと同時にそのシステムがたどってきた経路に依存することが知られている（雨宮・富田，2007）．

こうした複雑系の観点からは，人為的な負荷と外的要因（物理的環境の変動など）が海域生態系に複合的に働きかけた結果として，資源水準の急激な変化や魚種交替，富栄養化にともなう赤潮の発生などが現れるという解釈が可能である．なお，非線形的変化の事例として，統合報告書 p. 12 では，ニューファンドランド東海岸沖における大西洋たら類の崩壊が紹介されている．本書では第7章において，資源の大規模変動・魚種交替現象の下での漁業管理を議論した．そのほか，単一漁業資源のカタストロフィックな崩壊を数理的に説明したものとして Clark（2011）がある．また，オランダの湖における富栄養化とその修復現象を実証的に説明したものとして Scheffer et al.（2001）が，魚類の行動学的特性を加味して魚種交替現象を説明した試みとしてスクール・トラップ論（Bakun and Cury, 1999）などがある．

[iv] 線形関係とは，2つの状態（x, y）が比例関係で表される場合をいう（$y=ax+b$, a, b：定数）．非線形関係とは，2つの状態（x, y）が2次式で表される場合（$y=ax^2+b$）や，別の変数（z）との積の形で表される場合（$y=xz$）など，線形関係以外の全ての関係をいう．生態系で2つ以上の生物や物質が相互作用を及ぼしあうとき，その作用の仕方は必ず非線形になる．

漁業資本は一般に耐用年数が長く，特に専業化の進んでいる沖合・遠洋漁業では，短期間（1～2年）での操業形態の大幅変更は困難である．よって，漁業資源を持続的に採捕するという視点からは，単一魚種や系群の資源量維持やその変動幅の削減を目指すと同時に，漁獲対象とする生態系全体のレジリエンスを高めるという視点も重要となる．実際に，中緯度・低緯度の多くの漁業では，複数の魚種を組み合わせた操業が可能である．我が国において，安定的な水産物の供給と安定的な漁業経営を実現するという観点からは，生態系全体の変動性やレジームシフトを前提にしつつ，どのような漁獲対象魚種の組み合わせが水産物供給と経営のレジリエンスを高め，リスクを削減するのか，あるいはいつ対象魚種をスイッチすることが資源・経済・社会的に合理的か，といった側面を，漁船耐用年数（20～30年）や許可年限（5年），および単年度収支（1年）を考慮しつつ定量的に考察することが重要である．

§3. 漁業の現状に関する記述

　詳細報告書第一巻第18章の議論においてもっとも重要と思われる認識は，現在の漁獲圧が既に持続可能な水準を大きく越えており，少なくとも重要な水産資源の4分の1が乱獲されていること，漁獲対象魚種の食物網における位置を示す漁獲物の栄養段階（trophic level）が1950年代以降低下していること，よって，未開発資源を求めてしだいに深い水深で操業するようになっていること（漁場の垂直拡大）といった，一連の「漁業の危機」説である．こうした見解は，本章の監修・筆頭著者でブリティッシュ・コロンビア大学教授のダニエル・ポーリー（Daniel Pauly）氏による論文で多く見られる．最近はイギリスのジャーナリストであるチャールズ・クローバー（Charles Clover）氏による「THE END OF THE LINE：How Overfishing is Changing the World and What We Eat（和訳は脇山真木，2006）」や，マーク・カーランスキー氏による「魚のいない世界（和訳は高見浩，2012）」なども話題となった．

　第18章の図18.3および国連の公式統計によれば，1945年に1,400万トン前後であった世界の海洋採捕漁業生産は，戦後の日本，中国，フィリピン，タイなどの漁業の成長により，1970年代には6,000万トン，現在は7,000～8,000万トンで推移している．FAO（2005）によれば，世界の主要漁業資源の半分は完全に開発された（Fully exploited）状態にあり，4分の1が不完全な開発

(Under-exploited），残りの4分の1が過剰開発（Over exploited）および枯渇（Depleted）の状態にある．また，世界の漁業の持続性を阻害している原因としては，過剰な漁獲能力の存在が最も頻繁に指摘されている．より制度論的な議論からは，不適切なインセンティブの存在，限られた資源に対する高い需要，貧困と代替職業の欠如，知識の複雑さと不足，ガバナンスの欠如[v]，といった側面が指摘されている（FAO, 2002）．

このように，世界の漁業管理において取り組むべき課題が数多く残されていることについて異論はない．しかしながら本章の記述は，やや一面的解釈に過ぎる部分もあるように思われる．以下本節では，今回のミレニアム生態系評価では引用されていない論文なども参照しながら検討を加えたい．

まず上述のFAOによるレビュー結果に関しては，複数の解釈が可能である．全資源の4分の3が完全に（Fully）または過剰に（Over）利用されているか枯渇（Depleted）状態にあると解釈すれば，早急に漁業操業を大幅縮小または停止し，低下した資源の回復を実施すべきであるという結論になりやすい．その一方で，全体の4分の3が完全または不完全な開発にあり，4分の1のみが過剰開発や乱獲という状況は，現段階としては成功裏にあるという評価もある（Hilborn et al., 2005）．これは，世界の食料需要を満たし飢餓や貧困を撲滅していくためには海の生産力を最大限利用することが必要であり，いわば全ての資源を十分に（Fully）に活用することが理想である，という見地に基づく解釈である．このように同一の資源評価結果に基づいても，「海の生産力（生態系サービス）のどの部分をどのように人類が活用すべきか」，「望ましい生態系の姿はどのようなものか」といった価値観の違いによって，同一のデータに基づく解釈や評価が大きく変わるものであるという点を十分に認識する必要がある．

詳細報告書第一巻図18.4の漁獲物の栄養段階は，それぞれの種の食物網の中での位置を示しており，1次生産者にレベル1，植食動物にレベル2，捕食動物にレベル3，肉食動物と最高位の肉食動物にレベル4, 5を割り当てている．通常，高位栄養段階の魚種は経済価値も高い．よってこの図に示されている栄養段階の平均値の低下は，高位栄養段階種の乱獲の結果であるとされ，"Fishing Down"

---

[v] ガバナンスとは，「社会的，経済的開発のための資源の管理に関する社会における政治権力及び指揮権の行使」と定義される（DAC, OECD 1997）．ガバナンスという表現が採用されるようになった理由は，この表現の方が対象の制御困難性や不確実性を前提とし，また多様な価値観や利害の衝突・調整という社会的側面をより強調するからである（Dietz et al., 2003）．

と呼ばれている（Pauly et al., 1998）．また，図18.5は漁場の垂直的・水平的拡大の状態を示しており，近海の資源を採り尽くした漁業が次第に漁場を広げて操業している様子を示すものであるという説明文が付されている．漁業の発展による漁場の外延的拡大は日本の戦後漁業の発展過程においても観察された現象であり，また上位捕食者の代表的な魚種であるマグロのように，世界各地で採捕されている資源の場合，対象魚種の局地的資源変動や漁具・漁法の進歩，および社会的背景を考慮に入れて解釈する必要がある．たとえば近年の発展途上国を中心とした人口増加に伴う需要増により，世界的に中・深層の安価な小型浮魚類を対象とした漁法・漁船が増加しており，これらの漁獲が浅海における漁獲や高位栄養段階種の漁獲の増大よりも高い"伸率"を示しているため，漁場の深化や漁獲物の栄養段階低下が観察される，という解釈も可能である[vi]．

それでは，今後世界の漁業に増産を期待することは不可能なのであろうか．ミレニアム生態系評価の記述からは，悲観的な印象を受けるが，異なる意見も存在する．まず，近年世界では資源回復の段階にある資源の割合が徐々にではあるが増えつつあるという事実がある（Garcia and Grainger, 2005）．また，現在十分に利用されていない資源（とくに低栄養段階の資源や中・深海性の資源）の利用技術を開発するとともに，選択性の高い漁具漁法により減った資源や未成熟漁を保護すれば，世界の持続可能な漁獲量を増やすことは十分可能である（松田・牧野，2006）．Sanchirico and Wilen（2002）は，適切な漁業管理さえ行われれば1億トンを超える生産が可能であり，また漁業収入も，世界的な水産価格上昇と高付加価値生産の推進により，1990年水準の2倍にあたる1,400億USドルに拡大することは困難ではないと指摘している．

§4. まとめ

望ましい漁業とは，どのような基準を満たすものなのだろうか．いわゆる資源管理の基準としてこれまで国際的に汎用されてきたMSY基準は，おもに生物学的側面に注目した基準であり，漁業の社会経済的側面や，MSYの達成がもたらす社会的便益を明示的には考慮してない．また，国外への輸出を目的として操業する外貨獲得産業としての漁業が発達している国々の議論においては，漁業による地域の維持や文化振興の視点が欠落している場合が多いように思われ

[vi] ワシントン大学のレイ・ヒルボーン（Ray Hilborn）教授による見解．未発表．

る．漁業管理を立案し，またその成功・失敗を評価する際は，資源維持のみならずその評価の背景や社会における漁業の位置づけと経緯を明確にする作業が必要である．長谷川（1985）は「どういう生産諸関係あるいは社会諸関係を背景にして，各管理基準が生まれてくるのかの歴史的経緯に関する解析が必要になってくる…各国漁業の史的展開の過程に即して，管理の内容が吟味されねばならないのである」と指摘している．

　第9章で紹介したように，漁業管理には社会的に様々な目的や評価基準がある．同様に生態系保全の評価においても，人間社会側の諸要素が排除されると単なる生物学的研究にとどまってしまう．また，生態系や絶滅危惧種の保護のみを目的とした急激な制度変化や，目的間のトレードオフを無視した管理施策の導入は，大きな社会的追加コストを強いることになる．生態系に係る知識を得るために膨大なコストが発生する一方で，特に発展途上国においては，社会への短期的な便益がほとんどないという状況になりかねない．つまり，社会経済的側面への配慮を欠いた生態系保全は，ミレニアム生態系評価が明らかにした主要な知見の1つである「農村部等地方の貧しい人々は直接的に生態系サービスに依存しており，そのサービスの変化に最も影響を受けやすい」という警笛とはまったく逆の結果にもつながりかねない[vii]．この点からも，自然生態系と人間社会の両方の視点を含んだシステムとしての視点と総合研究の重要性は明らかであろう（コラム11参照）．特に，「どのような生態系が望ましいのか」という価値観や，生態系を保全する目的については，生物多様性条約生態系アプローチの第一原則（第10章参照）が指摘するように，社会的な選択である．この点の重要性については，最終章でもう一度触れることとする．

　周知のように，これまでの漁業管理や生態系管理に関する国際的な議論は欧米を中心に行われてきた．しかし，本書で繰り返し述べているように，異なる自然と異なる社会の下では，望ましい漁業管理・生態系管理は異なる．欧米の議論が良い・悪いではなく，日本は日本の，アジアはアジアの生態系保全のあり方を考案し提示することが，理論の発展のためにも現実の課題解決のためにも重要である．まずはその第一歩として，欧米を中心とした現在の生態系保全の議論を国際的に相対化する議論を，欧米の研究者が理解できる言葉で，日本から発信していくことが重要である．

[vii] 統合報告書 p.1 にある「四つの主要な知見」を参照．

コラム11：総合研究における人文・社会科学の役割

　文部科学省学術審議会学術体制特別委員会の人文・社会科学に関するワーキング・グループで2000年度に行われた議論を参考に，人文・社会科学の特徴と総合研究における役割を簡単にまとめてみよう．なお，本ワーキング・グループの議事録などは文部科学省のウェブページで閲覧できる．

　まず，自然科学と人文・社会科学の性質の違いとして指摘できるのは，自然科学が唯一の真理，永遠不変の法則をみつけることを目的としているのに対し（たとえば海洋生態系の機能や構造の理解），人文・社会科学は，ある種の「解釈の学」であり，解釈のコンペティションのなかでより一層納得性の高いものが残る（解釈主義：Interpretivism）という点である．時代，場所，人（価値観など）によって解釈が違うことを前提に，それを総体として理解することが人文・社会科学の意義であろう．

　また，現代社会においては，唯一これが正しいという価値を示すことができなくなってきた．新しい多様な価値を前提にして，その中でどういう判断をどう選び出すのか，という点を科学的に扱うことも人文・社会科学の役割の1つであろう．現実の問題設定が明確になされれば，自然科学からファクトの発見として学際研究に貢献できることはある．しかし，問題の設定の仕方によって答えは変わるので，総合的・包括的視点（時空間・テーマ・価値観など）からの鳥瞰図を見る必要がある．これが総合研究における人文・社会科学の主要な役割である．

引用文献

Ahmed M, Boonchuwongse P, Dechboon W, Squires D (2006)：Overfishing in the Gulf of Thailand: Polichy challenges and bioeconomic analysis. *Environment and development Economics*, 12: 1-30

Arnason R (1995)：The Icelandic Fisheries: Evolution and Management of a Fishing Industry. Blackwell

Bakun A, Cury P (1999)：The "school trap": a mechanism promoting large-amplitude out-of-phase population oscillations of small pelagic fish species. *Ecology Letters*, 2: 349-351

Clark C W (2011)：Mathematical Bioeconomics: The Optimal management of Renewable Resources. Wiley-Interscience

Development Assistance Committee, OECD (1997)：Evaluation of Programs Promoting Participatory Development and Good Governance - Synthesis Report. DAC Expert Group on Aid Evaluation

Dietz T, Ostrom E, Stern P C (2003)：The Struggle to Govern the Commons. *Science*, 302: 1907-1912

FAO (2002)：Report and documentation of the International Workshop on Factors Contributing to Unsustainability and Overexploitation in Fisheries. Bangkok, Thailand, 4-8 February 2002. FAO Fisheries Report No.672

FAO (2005)：Review of the State of World Marine Fishery Resource. FAO Fisheries Technical Paper 457

Garcia S M, Grainger R J R (2005)：Gloom and Doom? Future of Marine Capture Fisheries, Philosophical Transactions of the Royal Society. *Biological Sciences*, 360: 21-26

Grafton R Q, Kompas T, Schneider V (2005)：The bioeconomics of Marine Reserves: selected Review with Policy Implications. *Journal of Bioeconomics*, 7:161-178

Grafton R Q, Arnason R, Bjorndal T, Campbell D, Campbell H F, Clark C W, Connor R, Dupont D P, Hanneson R, Hilborn R, Kirkley J E, Kompas T, Lane D E, Munro R, Pascoe S, Squires D, Steinshamn, S I, Turris B R, Weninger Q（2006）: Incentive based approach to sustainable fisheries. *Canadian Journal of Fisheries and Aquatic Sciences*, 63: 699-710

Hilborn R, Orensanz J M, Parma A M（2005）: Institutions, incentives and future of fisheries, Philosophical Transactions of the Royal Society. *Biological Sciences*, 360: 47-57

OECD（2006）: Using Market Mechanisms to Manage Fisheries: Smoothing the Path. OECD Publishing

Pauly D, Christensen V, Dalsgaard J, Froese R, Torres Jr. F（1998）: Fishing down marine food webs. *Science*, 279: 860-863

Sanchirico J N, Wilen J E（2002）: Global Marine Fisheries Resources:Status and Prospectus. Resource for the Future Issue Brief 02-17, August 2002

Scheffer M, Carpenter S, Foley J A, Folke C, Walker B（2001）: Catastrophic Shifts in Ecosystems. *Nature*, 413: 591-596

United Nations University（2010）: Satoyama-Satoumi Ecosystems and Human Well-being: Socio-ecological Production Landscapes of Japan-Summary for Decision Makers. United Nations University

雨宮　隆，富田瑞樹（2007）：複雑系としてのリスクの評価事例．野紘平，松田裕之編　生態環境リスクマネジメントの基礎．オーム社，pp 157-172

国連大学高等研究所日本の里山・里海評価委員会（2012）：里山・里海―自然の恵みと人々の暮らし―．朝倉書店

佐久間美明（1995）：地域環境管理と漁業管理の接点：茨城県久慈地区を事例として．北日本漁業，23：97-104

チャールズ・クローバー，脇山真木訳（2006）：飽食の海：世界からSushiが消える日．岩波書店

マーク・カーランスキー，高見浩訳（2012）：魚のいない世界．飛鳥新社

長谷川彰（1985）：漁業管理．小野征一郎，多屋勝雄編，長谷川彰著作集　第一巻．成山堂書店

松田裕之，牧野光琢（2006）：水産資源．海洋政策研究財団編　海洋白書2006．成山堂書店，19-21

馬奈木俊介，地球環境戦略研究機関（2011）：生物多様性の経済学：経済制度と制度分析．昭和堂

横浜国立大学21世紀COE翻訳委員会責任編集（2007）：国連ミレニアムエコシステム評価：生態系サービスと人類の将来．オーム社

第12章　海洋保護区

海の生態系保全施策の1つに，海洋保護区（MPA）がある．日本には法的海洋保護区（LMPAs）と，自主的海洋保護区（AMPAs）という2種類の海洋保護区がある．本章前半では，様々な目的に応じて設置される海洋保護区の事例を紹介する．後半では，海洋保護区の社会的側面として，その目的や地域漁業の役割を議論する．

§1. 背景と定義

前章で紹介した，国連ミレニアム生態系評価（Millennium Ecosystem Assessment）によれば，地球上の生態系のうち，海域・沿岸域が最も危機に瀕していると指摘されている．漁業による海洋生態系劣化の防止や，マングローブ・さんご礁などの重要な生息域の保全のため，また，陸上起源の環境負荷を管理する手法として，さらには気候変動に起因するグローバルな生態リスクに対するヘッジ策の1つとして，海洋保護区（Marine Protected Areas：MPAs）に関する国際的議論が高まっている（田中，2008）．

海洋保護区については，日本が既に署名した様々な宣言・文章で数値目標を含む具体的な行動が定められている．たとえば，2002年にヨハネスブルグで開催された「持続可能な開発に関する世界首脳会議（WSSD）」では2012年までの海洋保護区設置が宣言されている．2003年のG8サミット（G8 Action Plan）では，参加各国が海洋保護区のネットワークを2012年までに設置することが合意されている．また，2006年にブラジルで開催された生物多様性条約第8回締約国会議では，2010年までに世界の海域ならびに沿岸の生態域（Ecological regions）の少なくとも10%を効果的に保全することを目標として設定している．さらに，2010年に日本で開催された生物多様性条約第10回締約国会議（CBD COP10）の愛知目標では，2020年までに沿岸域および海域の10%を適切に保全・管理することが決定された．よって，日本はこれら国際的な約束を達成すると同時に，日本の生態的・社会的特性を踏まえた海洋保護区のあり方を国際社会に提示していく必要がある．

日本国内における海洋保護区に関する公的文章としては，まず海洋基本法に基づいて 2008 年 3 月に策定された海洋基本計画がある．そこでは「生物多様性の確保や水産資源の持続可能な利用のための 1 つの手段として，生物多様性条約その他の国際約束を踏まえ，関係府省の連携の下，我が国における海洋保護区の設定のあり方を明確化した上で，その設定を適切に推進する」とされている．また 2011 年に策定された海洋生物多様性保全戦略では，その目標達成のための有効な手段の 1 つとして海洋保護区を位置づけ，今後その管理の充実やネットワーク化を推進していくことが述べられている．2012 年に策定された生物多様性国家戦略（第 10 章参照）においても，海洋生物多様性の保全のための具体的施策の 1 つとして海洋保護区に触れ，「各種の法規制と漁業者の自主規制を基本として，…知床世界自然遺産地域多利用型統合的海域管理計画の事例なども参考にし，漁業者をはじめとしたさまざまな利害関係者の合意形成を図ります」と明記している．

　最後に，海洋保護区の国際的および国内的な定義を整理しておこう．生物多様性条約第 7 回締約国会議（CBD COP7）では「海洋・沿岸保護区（Marine and Coastal Protected Area）」を「海洋環境の内部またはそこに接する限定された区域であって，その上部水域及び関連する植物相，動物相，歴史的及び文化的特徴が，法律及び慣習を含む他の効果的な手段により保護され，海域または／及び沿岸の生物多様性が周囲よりも高度に保護されている区域」とした（UNEP CBD 2007　COP7 Decision VII/5 note 11）．また，IUCN（国際自然保護連合）は保護区を「生態系サービス及び文化的価値を含む自然の長期的な保全を達成するため，法律又は他の効果的な手段を通じて認識され，供用され及び管理される明確に定められた地理的空間」と定義している（Dudley, 2008, 加々美, 2010）．これらの国際的な定義も踏まえ，我が国の海洋生物多様性保全戦略（環境省，2011）では，海洋保護区を「海洋生態系の健全な構造と機能を支える生物多様性の保全及び生態系サービスの持続可能な利用を目的として，利用形態を考慮し，法律またはその他の効果的な手法により管理される明確に特定された区域」と定義している．

§2. 海洋保護区の分類

2・1 国際自然保護連合（IUCN）による分類

海洋保護区には様々な種類がある．禁漁区などの，人間による利用を排除する海洋保護区は，様々な海洋保護区の1つのタイプにすぎず，marine reserve, no-take zone, あるいは no-take marine protected area などと呼ばれる．たとえばIUCNは，原則として科学的研究のみを許容し他の全ての利用を強く制限する「Ia 厳正自然保護区」から，人間による自然資源の持続的利用を許容する「VI 自然資源の持続的利用を伴う保護区」まで，7種類の保護区を階層化して整理している（表12・1）．World Bank（2006）は「厳正海洋保護区」，「禁漁区」，「多目的利用海洋保護区」，「生物圏保護区」など様々なタイプの海洋保護区を入れ子状に整理している．

さらに，表12・1の各カテゴリーの間には，一義的な優劣をつけることができないという点にも注意が必要である．たとえば，人の手つかずの原生自然（Wilderness）を保護することこそが望ましいという考え方にたてば，カテゴリー

表12・1　IUCN による保護区のカテゴリー（Dudley, 2008）

	保護区 Category of protected areas	主な管理目的 Areas managed mainly for
Ia	厳正自然保護区 Strict nature reserve	厳格な保護／主に科学的研究 Strict protection
Ib	原生自然保護区 Wilderness area	厳格な保護／主に原生自然の保護 Strict protection
II	国立公園 National park	主に生態系の保全と保護 Ecosystem conservation and protection
III	天然記念物 Natural monument or feature	主に特定の自然の特徴を保全 Conservation of natural features
IV	生息地種の管理区域 Habitat / species management area	主に人間の管理介入を通じた保全 Conservation through active management
V	陸上海洋景観保護区 Protected landscape / seascape	主に陸上・海洋景観の保全およびレクリエーション Landscape / seascape conservation and recreation
VI	持続的資源利用保護区 Protected Area with sustainable use of natural resources	主に資源の持続可能な利用 Sustainable use of natural resources

Ia がそのツールとして最も適しているであろう．逆に，ラムサール条約やアジェンダ 21 で採用されている「Wise Use」という考え方に基づき，利用と保全の両立により貧困撲滅や食料安全保障を実現することが望ましいという考え方にたてば，カテゴリー VI の方がすぐれている．何を目的に海洋保護区を設置するのか，その目的に応じて適した海洋保護区を使い分けることが重要である．

2・2 日本における分類

1) 法的海洋保護区（Legal MPA：LMPAs）

日本においても，海洋生態系の健全な構造と機能を支える生物多様性の保全および生態系サービスの持続可能な利用を目的として，様々な管理が行われてきた．海洋生物多様性保全戦略であげられている，その具体例としては，①自然景観などの保護を目的とする自然公園，自然海浜保全地区，②自然環境または生物の生息・生育場の保護を目的とする自然環境保全地域，鳥獣保護区，生息地等保護区，天然記念物の指定地，③水産動植物の保護培養を目的とする保護水面，沿岸水産資源開発区域やその他都道府県や漁業者団体など多様な主体による様々な指定区域，などがある．

さらに，この内容を詳しくみていくと，「法律に基づき行政が直接設置・管理しているもの」と「地域の生態系サービス利用者により個別現場の社会・経済的状況に応じて自主的に設置・管理されているもの」と大きく 2 種類に分けることができるだろう．後者は，海洋保護区の定義における「その他の効果的な手法により管理されるもの」に相当する．よって本章では，前者を法的海洋保護区（Legal MPAs：LMPA），後者を自主的海洋保護区（Autonomous MPAs：AMPA）と呼ぶことにする（牧野 2010）．

法的海洋保護区（LMPAs）の具体例としては，表 12・2 に示すような 9 種類が考えられる．

2) 自主的海洋保護区（Autonomous MPAs：AMPAs）

生物資源の保護や，アマモ再生，珊瑚礁保護，磯焼け対策など，各海域生態系の個別問題に対応して，地域住民らによる自主的な活動として設置される海洋保護区は，日本沿岸に多数存在している（Yagi et al., 2010）．以下，自主的海洋保護区（AMPA）の典型例を 4 つ紹介することにより，その特徴を考察しよう．

§2. 海洋保護区の分類　187

表12・2　日本におけるLMPA（環境省，2011の資料集より作成）

名　称	根拠法	主な目的	規制内容
1）自然景観を保護するためのLMPA			
自然公園	自然公園法	傑出した自然の風景地を保護しその利用を増進．	埋め立てなどの開発規制．
自然海浜保全地区	瀬戸内海環境保全特別措置法	自然の状態が維持され，将来にわたり海水浴や潮干狩り等に利用．	工作物の新築，土地の形質の変更，鉱物の掘採，土石の採取等の開発規制．
2）自然環境や生物の生息・生育場を保護するためのLMPA			
自然環境保全地域	自然環境保全法	保全が特に必要な，優れた自然環境を保全．	土地改変などの開発規制．
鳥獣保護区	鳥獣保護法	鳥獣の保護．	狩猟の規制，工作物建築等開発規制，動力船使用制限，等．
生息地等保護区	種の保存法	国内希少野生動植物の保存．	開発規制，採捕規制，動力船使用制限，立ち入り制限，等．
天然記念物	文化財保護法	学術的価値の高い動物，植物，地質鉱物を保護．	現状の変更，またはその保存に影響を及ぼす行為の規制（許可制）．
3）水産動植物を保護培養するためのLMPA			
保護水面	水産資源保護法	水産動植物の保護培養．	埋立，浚渫などの開発規制（許可制），指定水産動植物の採捕規制．
沿岸水産資源開発区域，指定海域	海洋水産資源開発促進法	水産動植物の増殖および養殖を計画的に推進するための措置．	海底の改変，掘削行為などの開発規制（届出制），「沿岸水産資源開発計画」の策定，等．
共同漁業権区域	漁業法	水産動植物の保護培養，持続的な利用の確保等．	水産動植物の採捕規制等．

事例1：知床半島

　第13章で詳しく紹介するように，知床半島羅臼側の沿岸海域では，1995年より，スケトウダラ根室海峡系群の産卵集群保護を目的とした禁漁区が自主的に設定されている．地元漁業者らの有する経験的知見にもとづいて地先海域を34に区分した上で，科学的に同定されたスケトウダラ産卵海域の一部を含む形で，7区が産卵期の禁漁区に指定されている．この禁漁区の広さは，スケトウダラ資源の状況に応じて毎年再検討されている．知床海域が世界遺産に登録された後の2005年には，IUCNのレッドリストに記載されているトドの餌資源保護

も加味して，新たに6区が産卵期の禁漁区に加えられた．この禁漁区は，世界遺産条約に基づく海域管理計画の中でも正式に位置づけられている．つまり，地元生態系サービス利用者の自主的取り決めと，条約に基づく公的管理とが直接的に連動している点が特徴である．

事例2：東京湾

横浜市は，東京湾の西岸に位置し，日本で最も大きな都市の1つである．17世紀より，東京湾は良質の水産物が獲られることで有名であり（江戸前），アナゴ，シャコ，スズキ，アサリ，アオリイカなどが水揚げされてきた．現在の横浜市周辺海域は，特にアナゴとシャコが有名である．図12・1は，横浜沿岸の暮らしを描いた19世紀初頭の浮世絵である．沿岸域における人々の暮らしの中に，漁業が根差していることがわかる．19世紀後半の漁業操業図によると，この海域の多くの沿岸域は干潟やアマモ場で占められていたことがわかっている．

太平洋戦争後，日本は急速な経済発展をとげた．1970年代からは，水産資源にとって特に重要な藻場は，横浜のような都市部ではほとんどが埋立で消失してしまった．今日，約140 kmにわたる横浜市の海岸線のほとんどは開発され，自然海岸は約500 mしか残されていない．

1981年にダイバーらが組織するNPOが，東京湾の海底のゴミを除去する活動を開始した．この活動がベースとなり，現在は地元漁業者や住民，学生，研究機関，民間企業も含む多様な主体が参加したNPOによりアマモ再生区が設定され，移植・保護活動がつづけられている．アマモの種は，横浜市の最南端で研究者が発見した，天然アマモ場から採取されている．また，アマモ再生区は地元漁業協同組合の規則および神奈川県漁業調整規則などにより禁漁区に指定されている（自然再生を推進する市民団体連絡会，2005）．こうした活動の成果として，アマモ群落面積の拡大と，約30年ぶりのアオリイカ産卵が確認された．この事例では，NPOと地元住民，そして地元漁業が協働している点が特徴である．

図12・1　歌川広重により描かれた江戸時代の東京湾
（金沢八景のうち野島夕照）

事例3：鹿児島県

鹿児島県では，約80％の藻場が磯焼けしており，そこにガンガゼなどのウニが大量繁殖している（Tanaka, 2010）．たとえば，1978年には，岩本地域は36ヘクタールの藻場があったが，1996年には10ヘクタールまで縮小し，現在はほぼ消滅している．

鹿児島県および地元漁協は，こうした事態に対処するため，藻場の再生活動を開始した．しかし，漁業者の多くは高齢であり，一方で，ウニの繁殖力があまりに強く，有効な措置を取ることができなかった．そのとき，地元の水産高校は，生徒たちの社会貢献を含む新たな活動を模索していた．よって，潜水の講義の一環として，地元漁協，県研究機関と共同でウニ除去とアマモ場再生活動を開始した．この活動の目標は，アオリイカの産卵を確認することとされている．アマモを移植した海域は，水産高校の学生と漁協の協働でモニタリング・管理が行われ，徐々に回復しつつある．

本事例は，海洋保護区の設置と管理が高校の教育活動として位置づけられている点が特徴である．

事例4：沖縄県

沖縄県は熱帯性の海洋生態系を有し，多くの観光客を誘致している．沖縄本島の西方40kmに位置する座間味諸島では，観光によるダイビングと漁業が主要な産業である．1990年代には，座間味海域の有名なダイビングスポットには毎日数百人のダイバーが訪れていた．

しかし，1990年代後半になると，その過剰負荷が問題化した．投錨やフィンの接触によるサンゴ礁の破壊や，巻き上げる泥による被害などである．こうした事態に対処するため，ダイビングショップと地元漁協はサンゴ礁保護のための議論を開始し，1999年には漁業も観光も立ち入り禁止のAMPAを3カ所設定した．ボランティアのダイバーたちが，定期的にモニタリングし，科学的根拠に基づく標準化された手法でサンゴの被覆率を記録した．その結果，3年間で被覆率は約30％から50％にまで改善された．その間，地元の研究機関は科学的・技術的なサポートを提供した（鹿熊, 2007, 2009）．

しかしながら，2002年になると，このAMPA海域でオニヒトデが急激に増加した．これらの3カ所のAMPAは立ち入り禁止海域であり，また，ボランティアベースで実施されていたモニタリングは頻度が低かったため，オニヒトデの繁殖は数カ月間にわたり認知されなかった．その結果，1つのAMPAでは，70％

のサンゴが破壊された．現在，集中的な研究とオニヒトデ駆除作業が行われているが，回復の目途は立っていない．

　この事例の特徴は，観光業と地元漁業が協働している点である．また，この事例の教訓は，IUCN カテゴリー Ia のような完全立ち入り禁止の MPA であっても，頻繁なモニタリングが必要ということである．

2・3　自主的海洋保護区の長所と課題

　以上の 4 つの AMPA の事例が端的に示しているのは，漁業，観光，教育，レジャー，環境 NPO など，地域の生態系サービス利用者と研究者・行政が連携しているという点である．各海域の個別問題および個別目的に応じて，多様な保護区を自主ベースで設置していることが，AMPA の最大の特徴であり，これは生態系アプローチ第 2 原則（第 10 章参照）にもかなった方式である．我が国の生物多様性国家戦略の基本的視点にも「地域に即した取組」があげられており，また海洋生物多様性保全戦略の基本的視点にも，「自主的な管理等の地域の知恵や技術を生かした効果的な取組」を進めていくことが示されている．

　さらに AMPA には，以下のような長所がある．第 1 は海洋保護区に必要な情報である．保護区の設置場所や広さの検討，期待される効果の予測などを行う際，科学的知見とともに，地元生態系サービス利用者の有する経験的・伝統的知識を活用する場合が多い．私見では，これが短期間で効果を上げるための最良の方式であり，生態系アプローチの第 11 原則にも合致する．

　長所の 2 つ目は，モニタリング費用の安さである．生態系は本質的に変動するものであり，海洋保護区を設定した場合はその後のモニタリングと，その結果に基づく施策への順応的フィードバックが重要である．AMPA では，地域の漁民・住民が主体になった“身近な”モニタリングが行われ，行政費用を大幅に削減できる可能性がある．また，諸関係者との調整のうえでの合意形成を重視するため，保護区設置後は地元関係者による相互監視（とも監視）が効き，少ない行政コストで高い遵守率が期待できる．

　一方で，このような AMPA が国際的に認知され，正当に評価されるためには，主に以下の 2 つの課題があると考える．第 1 は，利害調整型意思決定過程の限界である．関係者の合意形成に由来する施策執行の効率性と，目的が本当に達成できるのかどうかという施策内容の十分性とは分けて議論する必要がある．第 4 章でも議論したように，利害調整的な意思決定では抜本的な取り組みは合意され

にくい．よって，生物多様性確保や生態系サービス保全の効果を科学的に検証し，漸次的であっても常に改善を続けることが必要である．

　課題の第2番目として，自主管理ベースでは執行の公的担保が弱いという点が指摘されるべきである．もし関係者の一部が自主管理を一方的に破棄して無秩序な行動をとった場合，自主管理ベースではその行動を強力に規制する能力をもたない．こうした事態を避けるためには，集落（コミュニティー）能力の維持とともに，漁業法における委員会指示の裏付命令制度（漁業法第67条第4項）や，資源利用協定における認定協定制度（海洋水産資源開発促進法第14条）のように，自主的規制と公的規制との連動が有効である．また，万が一関係者の全員がモラルハザードをおこして目的達成を放棄した場合，自主的管理は公的管理よりも環境を破壊する恐れが高い．よって，特に漁業などの主要な生態系サービス利用者に対しては，持続可能な利用に関する説明責任が明確化されるべきである．この説明責任には，社会的な価値判断に加えて科学的根拠が必要であり，後者を自主的管理において如何に担保するかも実際的な問題である．

§3. 海洋保護区の社会的側面

3・1　海洋保護区の目的

　生物多様性条約の目的は，生物多様性の保全と，その持続的な利用，およびそこから生ずる利益の公正かつ衡平な配分，の3つである（生物多様性条約第1条）．さらに，生態系アプローチ（Ecosystem Approach）第5原則では，生態系サービスを維持するために，生態系の構造と機能を保全することが優先目標となるべきこと，が述べられている．さらに生態系アプローチ第1原則では，生態系サービスに対する認識や評価は文化的・経済的・社会的ニーズによって様々であり，先住民族や地域集落の住民は重要な利害関係者としてその権利・利益が認識されなければならないという前提の下で，「管理目標は社会が選択すべき課題である」と述べている．

　よって，海洋保護区を議論する際には，1）海洋保護区はあくまで目的実現のための手段であり，設置そのものが目的ではないこと，2）設置の第1の目的は生物多様性の保全とその持続的利用およびその利益の公正かつ衡平な配分であり，そのために生態系の機能と構造の保全を通じた生態系サービスの維持が重要であること，3）具体的な設置目的や，設置によって実現しようとする望ましい

生態系の姿は，社会的選択として決定されるべきこと，4）設置目的に応じて様々な海洋保護区のタイプがあること，の4点に注意する必要がある．

　第2章で述べたとおり，日本人は世界的に見て，タンパク質の多くを水産物に依存している．生産性の高い日本周辺海域は，数千年にわたって漁場として利用されてきた．地元の人々は，沿岸の生態系サービスに依存して生活をしており，まさに人間が生態系の一部にくみこまれているのである．第13章で詳しく紹介するように，知床海域では，生態系を構成する種の多く，鍵種のほとんどが漁獲対象種である．知床の生態系を人間が利用する前の原生的な自然（1000年以上前）に戻すことが管理の目標とならない限り，多様な資源を持続的に漁業が利用することと，生態系の機能と構造を保全することは，一致するのである．換言すれば，地元の漁業は海域生態系の鍵種の1つともいえよう．前節で紹介した東京湾の藻場再生においても，数百年前から漁業が生態系の一部なのである．現在でも，彼らの活動の目標は，漁業を排除することでも原生的自然に戻ることでもない．人間社会と生態系の持続可能な関係を実現することにある．

　日本国民も，こうした枠組みを支持している．2009年1月に，水産総合研究センターが実施した社会調査によると，国民が重要と思う海域利用形態は，水産物の生産が83％であった（水研セ，2009）．これが，日本の自主的海洋保護区（AMPA）設定プロセスや地域漁業者の主体的役割の正当性にもつながっていく．日本の海洋保護区の設置目的は，たとえば未開のフロンティアを開拓して作られた国における目的とは，異なるのである．この違いを理解しなければ，国際的な場で海洋保護区に関する建設的な議論を行うことは困難であろう．

3・2　地域漁業者らの役割

　我が国における海洋保護区の議論は，まだ始まったばかりである．特に漁業関係者には，海洋保護区＝禁漁区という誤解から生じる拒否反応が根強いことが，その理由の1つである．しかし，本章で整理したように，国際的な海洋保護区の理論に基づいて目的・手法などの再整理を行い，日本の社会的・生態的特徴を踏まえた，日本の海洋保護区のあり方を国際社会に提示していく必要がある．

　第2章で整理した，日本の水産業の社会的位置づけおよび海と地域住民の歴史は，アジア太平洋海域の国々と多くの共通点を有している．よって，日本型の海洋保護区は，アジア太平洋諸国において実効的な海洋保護区を立案する際に参考となることが期待される．この海域の多くの国々では，水産物の食料安

コラム12：里海

　生態系や生物多様性の保全は，原生自然の保護のみを意味するわけではない．長年にわたる自然と人間のかかわりの中で形成されてきた二次的自然の保全も含まれる．この見地から「里海」という概念が国際的にも注目を集めている（Berque and Matsuda, 2013）．日本では，自然を人間から切り離して保護するのではなく，両者の共生は如何にして可能かという「人間の自然への望ましい関わり方」を中心として環境保全を考えている．里海とは，人間とのかかわりによって高い生産性と多様性をもつにいたった沿岸域のことであり，人間生活と伝統的文化が自然との共生につながる形のことである．したがって，それは社会的文脈と土地に固有のものである（柳，2010）．

　里海の概念は，生物多様性国家戦略や海洋基本計画においても言及されるとともに，2008年からは環境省により里海創生事業が実施され，6カ所のパイロットプロジェクトが実施されている．そのうちの1つが，第12章で紹介した東京湾のアマモ場再生事業である．

　さらに，里海に関する国際的なイニシアティブも始まりつつある．生物多様性条約からは技術報告として里海に関する図書が発表され（United Nations University Institute of Advanced Studies Operating Unit Ishikawa/Kanazawa, 2011），その筆頭事例として第13章で紹介する知床世界遺産が紹介されている．また，第11章で紹介した国連ミレニアム生態系評価のサブ・グローバル評価（SGA）では，日本の里山・里海が評価対象ともなっている．

Berque J and Matsuda O (2013)：Coastal biodiversity management in Japanese satoumi. *Marine Policy*, 39: 191-200
United Nations University Institute of Advanced Studies Operating Unit Ishikawa/Kanazawa (2011)：Biological and Cultural Diversity in Coastal Communities: Exploring the Potential of Satoumi for Implementing the Ecosystem Approach in the Japanese Archipelago (CBD Technical Series No.61). Secretariat of the Convention on Biological Diversity
柳　哲雄（2010）：里海創生論．恒星社厚生閣

全保障上の位置づけや，水産業の雇用創出源としての重要性が高く，また利用対象資源の多様性も大きい．沿岸に膨大な数の人が住んでいる一方で，政府の環境政策に関する財政能力・強制能力は一般に低い．また，藻場や干潟が急速に減少し，生態系の劣化が懸念されている．地元の資源利用者・住民と公的機関の役割分担に基づいて生態系保全を実施し，そのための様々な手法の1つとして海洋保護区を位置づけることが有効である．

　しかし，第10章で詳しく議論したように，漁業管理だけでは生態系の保全を実現できない点に注意する必要がある．漁業者主導による自主的海洋保護区

(AMPAs)は，市場価値の高い資源の増大を目的としている場合が多いだろう．生態系保全と漁業管理の間には，やはりギャップが存在する．海洋保護区の設置目的の設定は，すぐれて社会経済的な行為である．海洋保護区さえ設置すれば全ての問題が解決するかのごとき議論の単純化は，特に現実的な議論が必要とされる国際政治の場では，避けられなければならない．

　実際，多様なセクター間で意見や利害を調整して活動の目的を設定し，運営していくのは困難なプロセスである．しかし，著者は横浜のアマモ場再生NPO（海辺つくり研究会）が重要な参考事例になると考える．このアマモ場再生活動には，自然環境保護派の人々，海を生活のために利用する漁業者ら，釣りやボート・ヨット・ダイビングなど海洋性レクリエーションの利用者，さらに環境学習や環境教育に取り組む人々など，様々な人々が参加している．NPOの事務局長である木村尚さんは，「それぞれ主義主張が違うところもあって，一本化して同じ舞台に立って何かするということにはなりえていないという現状です．ただ，環境の目的が『子供達の育成』という話では，どんなに主義主張が違っても，だいたい同じ舞台に上がれるというのが，手ごたえとしてつかめてきています」と述べ，海に行って獲って食べるということを「この視点だけは外せない」と指摘している（自然再生を推進する市民団体連絡会，2005）．

引用文献

Dudley N（2008）：Guidelines for applying protected area management categories. IUCN. http://data.iucn.org/dbtw-wpd/edocs/PAPS-016.pdf.
Tanaka T（2010）：A review of the barren ground phenomenon and the recovery of seaweed communities in Kagoshima, southern Japan. *Bulletin of Kagoshima Prefecture Fisheries Technology and Development Center*, 1: 13-18
World Bank（2006）：Scaling up marine management:the role of marine protected areas. World Bank
Yagi N, Takagi A P, Takada Y, Kurokura H（2010）：Marine protected areas in Japan: Institutional background and management framework. *Marine Policy*, 34: 1300-1306
加々美康彦（2010）：生物多様性の保全と海洋保護区．水産海洋研究，74（1）：60-61
鹿熊信一郎（2007）：サンゴ礁海域における海洋保護区（MPA）の多様性と多面的機能．日本サンゴ礁学会誌，8（2）：91-108
鹿熊信一郎（2009）：サンゴ礁海域における海洋保護区（MPA）の多面的機能．（山尾政博，島秀典編）日本の漁村・水産業の多面的機能．北斗書房，pp 89-110
環境省（2011）：海洋生物多様性保全戦略．
自然再生を推進する市民団体連絡会（2005）：森，川，海をつなぐ自然再生．中央法規
水産総合研究センター（2009）：我が国における総合的な水産資源・漁業の管理のあり方
田中則夫（2008）：海洋の生物多様性の保全と海洋保護区．ジュリスト，1365：26-35
牧野光琢（2010）：日本における海洋保護区と地域．季刊・環境研究，157：55-62

第13章　知床世界自然遺産

　日本でも有数の盛んな沿岸漁業が操業されている知床世界自然遺産海域では，生態系保全のための様々な取り組みがおこなわれている．そこでは，地域の漁業を，効果的な生態系保全を実現するために不可欠な主体として位置づけている点が特徴である．この知床の保全方式は，ユネスコから「他の世界自然遺産地域の管理のための素晴らしいモデル」と評されるなど，国際的にも高く評価されている．

§1．知床世界自然遺産の概要

1・1　はじめに

　知床半島は，北半球で季節流氷が到来する最も低緯度に位置する海域であり，海洋生態系と陸上生態系の間には，遡河性魚類により密接な相互関係が存在している．また，絶滅危惧種を含む多くの種の生息地としても重要な地域である．

　1964年，知床半島とその周辺海域は国立公園に指定され，1977年には，日本版のナショナル・トラストである知床100平方メートル運動が始まり，開発から自然が守られてきた．1994年より，自治体を中心に世界遺産登録へ向けた活動が始まり，2005年に世界遺産リストへの掲載が決定された[i]．

　知床が候補地リストに掲載された時点より，生態系保全のための様々な新しい活動が展開されてきた．その活動の最も顕著な特徴は，漁業を地域から追い出すのではなく，生態系の構造と機能を保全していく上での中心的存在として，その役割を積極的に位置づけたことである．この方式は，漁業の共同管理（コ・マネジメント）を，生態系の共同管理に拡張したものである．このアプローチを「知床方式」と呼ぶ（Makino et al., 2009；Matsuda et al., 2009；Makino et al., 2011）．この知床方式は，ユネスコから「他の世界自然遺産地域の管理のための素晴らしいモデル」と評され，また学問的にも，国際コモンズ学会

---

[i] 2012年現在，日本には4カ所のUNESCO世界自然遺産がある．知床半島とその周辺海域（711 km^2），白神山地（170 km^2），屋久島（107 km^2），小笠原諸島（80 km^2）である．世界遺産条約と生物多様性保全の関係や今後の課題については吉田（2012）を参照．

(International Association for the Study of the Commons：IASC）から世界のインパクト・ストーリーに選ばれるなど，国際的に高く評価されている．

1・2　生態系の概要

知床半島とその周辺海域は，北半球で季節流氷が到来する最も低緯度に位置する海域であり，東サハリン寒流と宗谷暖流の影響をうける海域である．さらにオホーツク海からの中層冷水により，海洋環境は複雑な構造となっている．初春には，アイスアルジーが増殖し，流氷形成時の鉛直混合により作られる栄養塩の豊富な中層水が表層に運ばれることで植物プランクトンの大増殖が生じ，それを餌とする動物プランクトン，さらに高次消費者である魚類や海棲哺乳類，陸上の生物にまでつながる食物網が形成される（Sakurai, 2007）．夏になると，マッコウクジラがいか類を捕食し，多くの観光客を魅了する．冬には，トドの個体群が半島海域にあつまり，またシャチは一年中周辺海域にすんでいる．

この生態系の顕著な特徴の1つは，陸域と海域の生態系の相互作用である．大量の遡河性魚類が半島の河を遡上し産卵する．それが上流の陸域生態系におけるヒグマや猛禽類の貴重な餌となる．また，半島は世界的に希少な海鳥類の生息地として，また，渡り鳥の渡来地としても世界的に重要な地域でもある（環境省・北海道, 2007）．

このような豊かな生態系と高い生物生産力に依存し，この半島では人間が数千年にわたり居住してきた．遺跡から発掘される物品は，北ユーラシア大陸における発掘物との共通点を有している．よって，この地域の人々は北ヨーロッパからシベリアを通って移住してきたとも考えられている．トド，アザラシ，魚類の骨も大量に発掘されている．8～12世紀ごろには，オホーツクからの移住もあったと考えられている．13～14世紀ごろにはアイヌ文化が発達し，人々は狩猟採集および農業によって生活していた．アイヌ語では"しれとこ"は「地の果て」を意味する（羅臼町役場企画室, 1983）．

江戸時代にはいると，本州からの人々が水産物を求めてやってくるようになり，徐々に地元の人々を支配するようになった．明治維新以降，北海道は正式に日本の国土となった．2012年現在，知床半島（斜里町・羅臼町）には，7,768世帯18,474人が居住している．主要な産業は，漁業，農業，観光業である．

1・3　知床世界遺産海域における漁業

上述のとおり，知床半島には人々が長年生活してきた．商業漁業が始まったのは，1790年に本州人により斜里場所が設置されてからである（斜里漁業史編纂委員会，1979）．当時の主要な生産物は，サケ・マス・ニシンの塩漬けであった．明治維新後は，オヒョウやマダラを狙った沖合漁業が始まった．

太平洋戦争後，漁民の数は急増した．今日，半島周辺の海域は日本でも最も生産力の高い漁場の1つである．表13・1は，2010年の羅臼町と斜里町の漁獲構成である．主要な漁業種類は，サケマス定置網，スルメイカ釣り，スケトウダラ・マダラ・ホッケの刺網，などである．この地域には，加工業も発展している．特に羅臼昆布は，日本の市場で最も高価なコンブの1つとして評価されている．

表13・1　2010年の知床半島（斜里町・羅臼町）の漁業生産

	量（トン）	金額（百万円）
さけ・ます類	31,127	10,274
いか類	20,855	4,800
スケトウダラ	10,087	1,076
ホッケ	9,074	1,327
マダラ	3,130	1,077
コンブ	555	1,189
ナマコ	45	245
その他	3,979	1,458
合計	78,852	21,445

出典：北海道水産林務部（2012）

1・4　遺産登録までの経緯

2004年，日本政府は知床半島とその周辺海域を正式に世界遺産候補地として推薦した[ii]．これを受けて，UNESCOの諮問機関であるIUCN（世界自然保護連合）が遺産地域の管理計画をレビューし，また2004年7月に現地調査を実施した．IUCNはその現地調査報告書のなかで，1）海域の海域部分の保護レベルの強化，特にトドの餌資源となるスケトウダラ資源の適切な管理，2）サケ科魚類の河川内移動経路の確保のため，河川工作物撤去も含めた調査・検討，などを指摘した．さらに2005年2月には，3）遺産海域の面積拡大，4）海域管理計画の迅速な策定，が追加提案された．

[ii] 世界自然遺産登録までの経緯は桜井（2012）に詳しい．

表13・1に示されているように，スケトウダラは地元漁業にとって重要な漁獲対象種の1つである．よって，特に1）と4）について，地元漁業者は自分たちが遺産海域から追い出されるのではないか，という危惧を抱いていた．これに追い打ちをかけるように，マスメディアはこの問題をセンセーショナルに報道し，あるテレビ番組は「漁業者とトドはどちらが大切か？」といったテーマの番組を放送した．また，現場の実態を知らない数人の研究者からは，自然保護のために漁業を大幅に規制強化すべきという発言もあった．これらの動きは，当然，地元漁業者の懸念を大幅に増加させた．一部漁業者は，世界遺産登録に対して強硬な反対姿勢を表明しはじめていた．

2005年2月のIUCNからの追加提案の直後，科学委員会海域ワーキング・グループ（図13・1参照）の桜井泰憲座長を中心とした研究者や行政官らが，各漁協のリーダー達との議論を開始した．当時漁業者らは，この問題を死活問題としてとらえており，議論は非常に白熱したという．繰り返しの会合と議論を経た後，海域ワーキング・グループでは，海域管理計画（IUCN指摘の4）の目的を「遺産地域内海域における海洋生態系の保全と，持続的な水産資源利用による安定的な漁業の営みの両立」とすべきことを決定した．

2005年3月，日本政府はUNESCOに対して，1）遺産海域を距岸1 kmから3 kmに拡張すること，2）海域管理計画を3年以内に策定すること，3）その計画のなかにスケトウダラやトドに関する適切な管理措置を組み込むこと，を返答した．こうした日本政府の対応をうけ，2005年7月，知床は世界自然遺産に登録された．

§2. 知床方式

2・1 セクター間調整のための新組織

第10章で議論したように，生態系保全とは，多様なセクターをまたがる活動である．陸上の生態系は河川生態系を通じて海域生態系と連関する．しかし，日本には，世界遺産に関する特別な法律は存在しない．よって，各省庁がそれぞれ別々に，生態系の構成要素を管理・保全している．表13・2は，知床世界遺産の生態系保全に関連する様々な法律を示している．

他の多くの国々と同様，日本の行政のしくみは，各省庁に法に基づく明確な権限と義務が定められている（法律による行政の原理と法の支配[iii]）．このよう

§2. 知床方式　199

表13・2　海域生態系保全に係る法律・担当省庁

項　目	主たる法律	担当省庁
漁業管理	水産基本法，漁業法，水産資源保護法，漁業管理法，海洋水産資源開発促進法，など	水産庁
環境汚染防止	海洋汚染・災害防止法，廃棄物処理法，水質汚濁防止法，など	国交省，環境省
景観・森林保全	自然公園法，国有林野の管理経営に関する法律，など	環境省，林野庁
生物・文化財保護	鳥獣保護法，種の保存法，文化財保護法，など	環境省，文科省

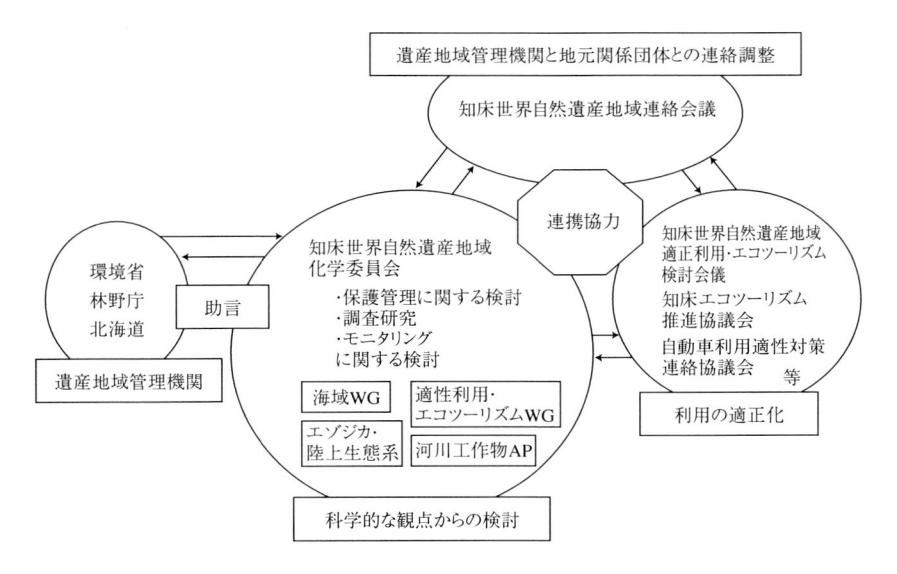

図13・1　新設されたセクター間調整組織

なしくみは，しばしば，省庁や部局を越える調整を困難にしやすい．たとえば自然公園法は，環境省に対し，漁業が生態系に及ぼす影響を調整するための権限を与えていない．漁業は長年にわたり地域経済の基幹産業であり，海面利用の中心であるため，世界遺産海域の生態系保全のためには漁業との調整が不可欠である．もう1つの主要産業である観光業についても同様である．よって環境省と北海道は，図13・1に示すように，セクター間調整のための新しいしくみ

[iii] 行政が国民の権利自由を侵害する場合には，必ず国民代表議会の制定した法律に従うべきとする原則．この原理が法技術として確立していることが，法治国家成立の必須要件とされる（原田，2000）．

を構築した．

　まず，2003年に，世界遺産地域連絡会議が作られた．これは，行政，地元関係団体などによる連絡調整を目的とするものである．この組織が，最終的な意思決定主体である．

　知床世界遺産地域科学委員会は，2004年7月に設立された．この組織は，主に科学者により構成され，管理計画の素案作成や，科学的なアドバイスを担当する．この委員会の下には，急務の課題への対応を目的として，2012年現在3つのワーキング・グループ（WG）と1つのアドバイザリー・パネル（AP）が設置されている（海域WG，エゾシカ・陸上生態系WG，適正利用・エコツーリズムWG，河川工作物AP）．

　知床世界自然遺産地域適正利用・エコツーリズム検討会議は，遺産地域の適正な利用と観光を推進することを目的とした会議である．ここには，学識経験者，関係行政機関，漁協の他にも，観光協会，ガイド協議会，山岳会，遊漁団体，観光船協議会，などが参画している．

　これらの組織により，幅広い利害関係者の参画を確保するとともに，各セクター内のルールや情報・意見を他セクターと共有することが可能となった．その結果，管理計画の正当性が高まったと言えるだろう．以上が，知床方式における中心的な制度的枠組みである．

2・2　海域管理計画

　知床世界自然遺産地域多利用型統合的海域管理計画（以下，海域管理計画）は，科学委員会海域ワーキング・グループにより素案が作成され，環境省および北海道により2007年12月に決定された．海域管理計画は，海洋生態系の保全の措置，主要な水産資源の維持の方策およびそれらのモニタリング手法並びに海洋レクリエーションのあり方を明らかにし，それらに基づく適切な管理を規定している．また，海域管理計画の冒頭に明記された管理の目的は，「遺産地域内海域における海洋生態系の保全と，持続的な水産資源利用による安定的な漁業の営みの両立」とされている．漁業者は，その素案を議論する最初の段階からオブザーバーとして参加している．また，生態系は，非定常，不確実，複雑なシステムであり，将来予測が不確実であることから，管理の基本理念として順応的管理（第10章参照）の考え方を採用している．

　モニタリングは，順応的管理の鍵となる部分であり，また最もコストのかか

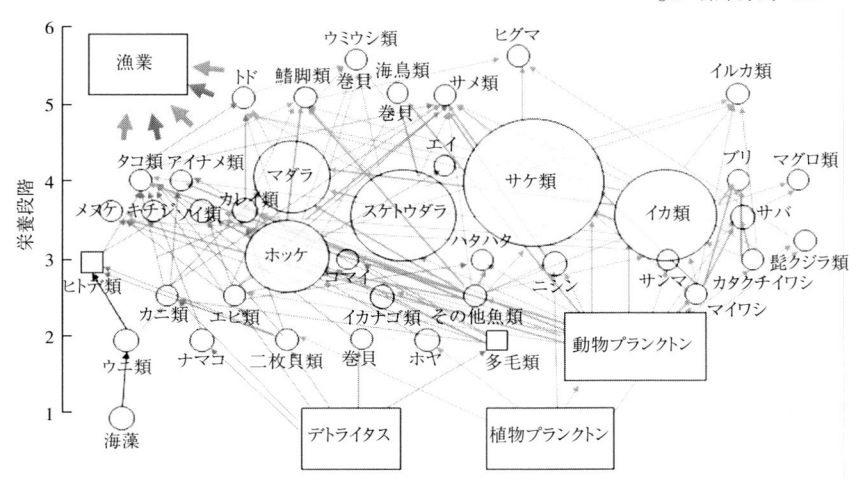

図13・2 知床世界遺産海域生態系の食物網
(知床世界遺産科学委員会海域 WG 作成)

る活動である．知床の海域生態系をモニタリングするために，まず海域ワーキング・グループでは，生態系の食物網を把握し，指標種を選定した（図13・2）．選定された指標種は，さけ類（シロザケ，カラフトマス，サクラマス），スケトウダラ，トド，などである．これは，生態系の鍵種のなかから，絶滅危惧種や高次捕食者をえらんだものである．

　知床方式においては，漁業者らは生態系の一部として位置づけられており，また彼らのまとめる漁獲統計は生態系モニタリングを効率的に行うために活用されている．地元の漁協では，漁獲統計を60年以上にわたり編集してきた．そこには，生態系を構成する種の多く，指標種のほとんどが含まれている．さらにスケトウダラなどの重要魚種については，漁獲場所，漁獲サイズ，時期，成熟度などの細かい情報が自主的に蓄積されてきた．こうした情報は，知床海域生態系の機能と構造の変化をモニタリングする上での基礎情報として，非常に重要である．

　もちろん，漁業データだけでは，海域生態系全体をカバーすることはできない．よって，海域管理計画では，漁獲対象となっていない種や，物理的基礎情報（水温・水質・気象・流氷など）を行政部局が担当することとしている．このように，政府と生態系サービス利用者の役割分担によって，生態系モニタリングのコストを大幅に節約することが可能となった．

　ただし，現段階では，モニタリングの結果がどう変化した時に，施策をどう

対応させるべきか，について，十分な知見が整備されていない．次の課題は，指標のレファレンス・ポイントを科学に基づいて設定し，管理施策をそれらと連動させることであろう．

2・3　絶滅危惧種トド

2004年7月のIUCN現地調査では，トドとその餌であるスケトウダラについての指摘があった．表13・1に示された通り，スケトウダラは地元漁業の主要対象種の1つである．

スケトウダラ漁業は，漁業法および水産資源保護法に基づき，知事からの許可と漁業調整規則により管理されている．また，1997年からは，資源管理法に基づくTACも設定されている．これらの公的管理措置に加えて，以下のような様々な自主管理措置が導入されている．

まず上述のように，スケトウダラ漁業者らは，漁獲サイズ，時期，漁場，体長，成熟度などのデータを自主的に蓄積している．また，過去20年以上にわたって漁協と地元の研究機関が合同で海況調査を実施しており，漁獲量・組成データなどは資源解析に活用されている．解析結果は再び漁業者らに提供され，自主的管理措置の内容が議論される．たとえば，釧路水産試験場による刺網の網目選択性に関する研究の結果に基づき，漁業者らは自主的に目合いを91mmから95mmに拡大している．

また，知床半島羅臼側の沿岸海域では，1995年より，スケトウダラ根室海峡系群の保護を目的とした禁漁区が自主的に設定されている．地元漁業者らの有する経験的知見に基づいて地先海域を34に区分した上で，科学的に同定されたスケトウダラ産卵海域の一部を含む形で，7区が産卵期の禁漁区に指定されている．この禁漁区の広さは，スケトウダラ資源の状況に応じて毎年再検討されている．知床海域が世界遺産に登録された後の2005年には，IUCNのレッド・リストに記載されているトドの餌資源保護も考慮して，あらたに6区が産卵期の禁漁区に加えられた．その結果，2009年以降は全34区のうち13区が禁漁区に指定されている．

スケトウダラは，自然由来の加入量変動が大きく，よって大規模な資源変動を示す魚種である（Funamoto, 2011）．こうした資源変動に対応して漁獲圧を削減するため，漁業者がお互いにお金を出し合って自主的に減船し（とも補償），最終的には隻数を1980年代の193隻から，半数以下にまで削減した．政府は，

減船補償金(約11億円)を漁業者らが銀行から借り入れる際の利子部分を公費で負担している．さらに2002年には，5隻ずつのグループによる操業を開始し，順番に1隻ずつが休漁することによって，変動コストと操業日数の20％削減を実現している．

海域管理計画では，これら自主的な管理措置を正式に評価し，スケトウダラの管理の一部として位置づけている．次の課題は，これら自主的な措置の効果を科学的に検証することである．なお，知床のスケトウダラ漁業者は，スケトウダラ根室海峡系群を採捕しているが，根室海峡系群は，ロシアの大型トロール漁船も採捕しているという点を指摘したい．現時点では，ロシア側の漁獲量や生物データなどが限られているため，スケトウダラ資源を適切に管理することは非常に困難である．現在の地元漁業者は，このような困難な状況の下でも，上にまとめたような多様な取り組みを自主的に導入しているのであり，敬意に値する．

次は，IUCNのレッド・リストに記載されているトドである．トドは，世界全体でみると絶滅危惧種とされているが，アジア個体群は年1.2％の割合で増加している (Burkanov and Loughlin, 2005)．一方で，知床の漁業者の観点からは，トドは害獣である．一部のトドは，網の中に居るスケトウダラなどを捕食するため，網の破損などの被害が発生している．よって，漁業被害を緩和するため，2006年までは漁業法に基づいて毎年116頭が駆除されてきた．

この駆除頭数を，より明確な科学的根拠に基づいて設定するため，2007年より随時設定方法は改訂されている．基本的な考え方は，Potential Biological Removal (PBR) 理論 (Wade, 1998) に基づき，絶滅リスクを上げない範囲で駆除枠を設定するという方式である．(独)水産総合研究センターが資源評価を行った結果，2012年現在のPBRは235頭である[iv]．ここに，定置網などによる混獲も加味して毎年の駆除枠は設定され，2010年以降は156頭とされている．なお，駆除されたトドは遺棄されるのではなく，地域の食料として消費されているという点を強調したい．つまり，トドは，日本にとっては，水産資源の1つなのである．

2・4　海と陸の生態系相互作用

放流されたものも含めて，知床では多くのサケ科魚類が河川を遡上する．上

[iv] トドの資源評価結果は，国際資源評価事業の一部として公開されている (http://kokushi.job.affrc.go.jp/index-2.html)．

流では，これらの魚類は陸棲生物の重要な食料となっており，生物多様性の維持や栄養循環に役立っている．また，表13・1に示したとおり，サケ科魚類は主要な水産資源でもある．よって，漁業法と水産資源保護法に基づき，サケ定置網には漁業権が必要であり，また主要河川や河口での採捕は禁止されている．

ダムなどの河川工作物は，サケ科魚類の遡上を阻害する．よって，世界遺産内の陸域と海域の生態系相互作用を促進するために，2005年より，工作物の改善が始まった．

科学委員会の河川工作物APは，遺産地域内のすべての河川をレビューした結果，118の工作物を確認した．そして，そのサケ科魚類への影響について，近隣住民の生命・財産に及ぼす氾濫リスクも加味しながら評価し，可能なものについては工作物の撤去を，また撤去が不可能な場合には魚道やスリットの設置などの改善を行ってきた．その結果，2010年5月までに，31の工作物が改善・撤去されている．また，その効果を科学的に検証するために，3年間のモニタリング計画が実施されている．

§3. 気候変動への適応

3・1　UNESCO/IUCN 現地視察と海域管理計画改定

海域管理計画を策定した翌年の2008年2月，UNESCO世界遺産センターとIUCNによる保全状況現地調査が行われた．その調査結果報告書では，地域社会や関係者の参画と科学的知見に基づく知床方式を，「他の世界自然遺産地域の管理のための素晴らしいモデル」と称賛している．また，生態系保全をさらに効果的なものにしていくため,以下の17の勧告がなされた（環境省による仮訳）[v]．

> 勧告1：さらなる保護の層を加える観点から，国際海事機関（IMO）と共に，遺産地域の海域について，特別敏感海域（PSSA）の指定について検討すること．
> 勧告2：管理計画は，海域管理計画に含まれているように，目的と管理

---

[v] ユネスコとIUCNによる現地調査において，日本政府から調査団に提出された保全状況の報告書，現地調査団による調査結果の報告書と勧告，その内容に対する日本政府のコメント，世界遺産委員会での最終評価などは，インターネットで公開されている（http://hokkaido.env.go.jp/kushiro/nature/mat/m_1_1/h20_mission.html）．

戦略についてのみ概説するのではなく，活動内容，成果，客観的に検証することのできる指標を明確にした行動につながるものにすべきである．また，計画は様々な実行機関が分担する責任と役割を明確に示すとともに，計画実行のための時間枠を詳細に示すべきである．

勧告3：遺産の管理計画を見直し，包括的な遺産管理計画として完成させること．その中には，多利用型海域管理計画を含むその他の個別の計画を全て統合すべきである．この管理計画にはさらに，サケ科魚類，エゾシカ，スケトウダラ，トド，オオワシなどの指標種の管理など，全ての鍵となる管理事項とエコツーリズムについて記述されるべきである．

勧告4：漁業資源の持続的な生産も含む，海洋の生物多様性の持続的生産力を確保するための，海洋の生息地の範囲内での禁漁区を含めた地域に即した保全地域の特定や指定，取り組みを検討すること．

勧告5：資源利用の問題，特にスケトウダラの持続可能でない漁獲について，長期的な解決策を見つけるためと，科学的情報の定期的な交換のため，ロシア連邦との間で始められた協力を継続すること．

勧告6：遺産地域内の持続的な保全のための適切な管理措置の実施と，遺産地域の海域の外側における関係する団体との協力的な措置によって，2つの指標種（スケトウダラとトド）の個体数の減少傾向という問題に取り組むこと．

勧告7：遺産地域内におけるサケの自由な移動を推進する対策を継続・推進させるとともに，サケの遡上個体数を増加させること．

勧告8：遺産地域内のサケ科魚類にとっての重要性に鑑み，モニタリングを進めつつ長期的視野の基に，ルシャ川の河川工作物の改良について，優先的に配慮すること．

勧告9：河川工作物の改良が，遺産地域内外のサケの個体群の移動に及ぼす影響に特に注意を払いながら，遺産地域内のモニタリング活動を継続・推進させること．

勧告10：遺産地域内の自然植生に対するエゾシカによる食害が，許容可能なものか許容できないものかの限界点を明らかにすることが出来るような明確な指標を開発すべきである．

勧告11：知床半島エゾシカ管理計画と関連する実行計画の実施を継続すべきであるが，抑制措置が，遺産地域のエゾシカの個体群，生物多様性，

生態系に及ぼす影響を注意深く観察すべきである．

勧告12：知床世界遺産地域内のエゾシカの管理と，北海道全体のエゾシカ管理とを注意深く調整すること．

勧告13：遺産地域内における，エゾシカ個体群の抑制措置（個体数調整）については，全て，注意深く，人道的な点から，また，慎重に実施されること．

勧告14：遺産地域に関する，統合的なエコツーリズム戦略を出来る限り早急に策定すること．この戦略は，遺産地域の自然価値の保護，観光客の自然に基づく良質な体験の促進，地域経済の発展の促進を基本とすべき．

勧告15："適正な利用"と"エコツーリズム"に関連した現在の活動を継続するとともに，統合的な方法でこれらの事項に取り組むことを確保するため，包括的な一つのワーキンググループのもとに統合
すること．

勧告16：知床のエコツーリズム戦略と，知床内の観光と経済的開発の地域戦略との間に密接に連携・統合を確保すること．

勧告17：(a) モニタリング計画の開発と，(b) 知床世界遺産の価値に対する気候変動の影響を最小限にとどめるための順応的管理戦略とを含んだ知床の「気候変動戦略」を開発すること．

これらの勧告を踏まえ，海域管理計画が策定されて5年が経過した2012年に，計画の改訂作業が開始された．

3・2 知床の生態系と水産業への影響

ここでは，勧告17に含まれている気候変動について，知床の海域生態系および水産業への影響と，その適応についての基本的な考え方を紹介しよう（Makino and Sakurai, 2012）[vi]．

世界各国の研究者の参加のもと，気候変動に関する最新の科学的知見の評価を行うことを目的に1988年に設立されたIPCC（Intergovernmental Panel on Climate Change：気候変動に関する政府間パネル）は，2007年にその第4次

[vi] IPCCは気候変動（Climate Change）を，人為的・自然起源を問わずすべての気候の時間的変動，としている．地球はこれまで自然変動としての温暖化や寒冷化を繰り返してきたとされるが，近年の人為起源による気温や水温の上昇を，ここでは温暖化と呼ぶことにする．

§3. 気候変動への適応　207

評価報告書を発表した[vii]．そこでは，地球の温暖化傾向は疑う余地がないこと，特に20世紀中盤以降の気温上昇の原因は温室効果ガスの可能性が非常に高いこと，その結果として，海水温や海面水位の上昇，海洋酸性化が引き起こされること，などを指摘している．IPCC第4次評価報告書の重要なポイントの1つは，いわゆる地球温暖化がすでに始まっており，回避できないという見解を明示したことであろう．

　海水温が上昇すると，海流の変化や水柱の成層化がおこり，栄養塩分布の変化が引き起こされる．また海水面の上昇は，藻場・干潟の減少とそれに伴う沿岸生物の分布の変化を引き起こす．これらの変化により，プランクトンの分布・組成・季節変動は変化し，結果的には水産資源の産卵場，索餌場，回遊経路の変化と漁場・資源量の変化を引き起こすであろう（水研セ，2009）．

　知床周辺の海域においても，温暖化をうかがわせる様々な兆候が報告されている．たとえば，知床生態系の基礎をなす流氷について，網走地方気象台が観測してきた過去64年間の流氷期間をみると，1990年代以降は約2割ほど日数が減少している．この流氷の減少が直ちに知床生態系の基礎生産を低下させるとは考えられていないが（Ono et al., 2001），今後もこの現象傾向が続けばいずれ生態系の構造と機能を大きく変化させる事態が起きうるだろう．

　知床や北海道海域の主要水産資源について，温暖化の影響を分析した研究によれば，資源量の減少が危惧される水産資源として，シロザケ（Kaeriyama, 2008；Kishi et al., 2010），マダラ（桜井，2007），ウニ（桑原ら，2006）などがある．また現場漁業者らによれば，バフンウニや羅臼昆布（オニコンブ）の大きさや形状に変化が現れているという．一方，資源の増加が期待される資源もある．たとえばスルメイカ（Sakurai, 2006；Rosa et al., 2011）やニシン（Megrey et al., 2007）などである．2012年はブリが大漁であり，またクロマグロの漁獲もある．一方，温暖化がそれほど大きく影響しないと考えられている資源には，スケトウダラ，サンマ（Ito et al., 2010），キチジ，などがある[viii]．なお，知床半島周辺海域とオホーツク海，ロシア海域などは，同一の大

[vii] IPCC第4次評価報告書は，3年の歳月をかけ，世界から800名を超える執筆協力者，2,500名を超える専門家の査読を経て公開された．報告書を発表した2007年には，気候変動の問題を人類に知らしめ，対応策の科学的基礎を築いた功績により，ノーベル平和賞が授与されている．
[viii] 温暖化に関する議論を行う際には，その時空間スケールが重要である．たとえば，短期的な振動（1～2年），中期的なレジーム・シフト（5～10年），長期的な動向（30～50）年では，観察される現象が異なる．知床周辺海域は，局所的には2000年以降の水温が低下しており，現

規模海洋生態系（Large Marine Ecosystem：LME）に所属しているため，ロシア海域においても同様の現象が報告されている（Radchenko et al., 2010）．

3・3 知床に必要とされる適応の考え方

IPCC 報告書によれば，温暖化は既に始まっており，避けられない．とすれば，温暖化を最小限に食い止めるための努力（温室効果ガスの排出量削減など）を進めると同時に，温暖化に「適応」するための戦略に関する議論が必要な段階に入ったと考えられる．

まず水産資源にとって重要なことは，漁業者らの日々の操業と科学的モニタリングにより，変化を常に観察することである．なお，これまでも知床海域では様々な資源が増減を繰り返してきた．たとえば昭和20年代は羅臼でニシンの豊漁があり，また昭和30年代は斜里でイカの豊漁があった．今後もこのような自然変動としての資源の増減は続く．しかし，温暖化により増えることが期待されている資源（スルメイカ，ニシンなど）については，増え始める時に特に慎重な管理が必要である．なぜなら，これらの資源は，これまでに経験したような一時的なボーナスではなく，将来の知床水産業を支える柱の1つになる可能性があるからである．

また，増えた資源を単に獲って売るだけでは，減る資源を十分に代替できるとは限らない．なぜなら，温暖化により増える資源は知床以外の海域でも増えるであろうし，また地域にとって新しい魚種を適正な価格で販売するためには，これまでとは異なる売り先，流通方法などが必要とされるからである．よって，消費者に知床の水産物をいかに喜んでもらうか，どのように高く売るのか，といった加工・流通面の取り組みが重要となる．このような取り組みは，個々の漁業者らの努力では限界があるため，漁協など組織レベルでの取り組みが必要である．

一方，減る可能性が指摘されているシロザケは，現在の漁獲のほとんどを種苗放流された個体が占めている．その遺伝的多様性は低く，また産卵期間は短い．よって，温暖化への適応策としては，自然産卵・孵化を促進するため，河川環境の修復を進めることの重要性が指摘されている（Nagata, 2011）．特にシロザケは，アイヌ文化にとって重要な存在である．シロザケを守ることは，日本

在は寒冷レジームにあると考えられている（Irvine and Fukuwaka 2011）．その一方で，海水温の年内変動（季節変動）の幅は大きくなっており，たとえば2010年の場合，春までは寒冷で夏以降は水温が急上昇している．

の文化的多様性を守ることにもつながる．

最後に，水産業関係者の住まいへの影響を考える．温暖化に伴い，北太平洋域における台風の進路は北に移動することが予測されている．また，台風の発生件数は少なくなるものの，1つ1つの規模が大型化することも予測されている（Murakami et al., 2011）．これまで一般に，北海道は台風が上陸しにくい地域とされており，洪水や河川氾濫への対策は，本州に比べて手薄になっている可能性が高い．しかし同時に，サケ科魚類の遡上を促進するという見地からは，新たな河川工作物の設置は困難であろう（Nakamura and Komiyama, 2010）．さらに海面水位の上昇は，高潮や津波のリスクを高める．上述したとおり，知床半島はそのほとんどが山地であるため，斜里町と羅臼町の住民はそのほとんどが河川沿いか沿岸に居住している．もしこれらの災害が発生すると，住民の生命や財産に及ぼすリスクは著しく高いといわざるをえないだろう．よって自治体は，ハザードマップと避難計画を作成するとともに，これを温暖化の進行に応じて定期的に改訂し，また住民への周知徹底をおこなうことが重要な任務である[ix]．

§4. 知床方式の評価と行政コスト

第10章では，生物多様性条約生態系アプローチに基づき，日本の漁業制度を生態系保全に拡張していくための制度的課題を5つ同定した．この5つの課題について，知床世界自然遺産海域における取り組みを整理したものが，表13・3である．

第10章で議論したように，日本の漁業管理と生態系保全は，決して水と油の関係ではなく，むしろ多くの共通点がある．地域漁民は，その海域で1年を通じて操業し，経験的知識や漁獲データを有している．また，様々な自主的ルールに基づいた管理を実施している．知床世界遺産における海域管理計画では，これらを正当に評価し，海域管理計画の一部として位置づけた．

つまり，漁業という産業を，自然保護のために政府が排除したりコントロール・監視したりする対象としてではなく，生態系保全を効率的に行うために必要不

[ix] 斜里町と羅臼町では，既に防災ハザードマップの作成が行われている．斜里町は（http://www.town.shari.hokkaido.jp/02life/20bousai_yobou/20bousaimap/index.html），羅臼町は（http://www.rausu-town.jp/kurashi/1212/）を参照．

可欠な主体として位置づけたのである．この知床の新たなアプローチの有効性は，生物多様性国家戦略や水産白書においても先進例として取り上げられ，またユネスコや国際学会からも高く評価されている．

では，これらの施策を実施することにより，どれだけの追加的コストが発生したのであろうか．表13・4は，2006年度に知床世界遺産において上述の諸施策を実施するのに必要となったコストを推定した結果である．総費用4.7億円は，知床における漁業生産金額約230億円の2％に相当する．このコスト見積は，陸域・河川・海域の合計額であり，海域部分が約半分と想定すれば，総費用は1％に過ぎない．また，漁業と並ぶ主要な生態系サービス使用産業である観光消費額との合計（約596億円）に対しては，0.8％である．著者の知る限り，海外での海域生態系保全に要した総コストに関する文献は未だ発表されていないため，直接的な国際比較を行うことはできないが，この知床方式は世界的にみても効率性が極めて高い保全アプローチであろう[x]．

表13・3 知床における制度的課題への対応

課　題	対　応
1）生態系保全の視点の導入	漁獲データを活用したモニタリング，河川工作物の改修，トドの科学的駆除と餌生物の保全．
2）漁業以外の幅広い利害関係者の参画	新たな調整組織の設立．
3）漁獲対象種以外のデータ収集とモニタリング	政府などによる補完的モニタリング制度の導入．
4）生態系の長期的動向を示す指標	指標種の設定とそのモニタリングの実施．
5）適切な海洋保護区の活用	トドの餌であるスケトウを目的としたMPA，海洋性レクリエーションのルール作り．

表13・4 2006年度の追加的行政コスト
（出典：Makino *et al*. 2009）

項　目	費用（百万円）
科学委員会・WG運営費	17.5
利用適正化協議会運営費	15.1
調査・モニタリング費用	54.7
河川工作物改修・撤去費用	284.9
人　件　費	101.8
計	473.5

[x] 2006年のコストの大部分を占める河川工作改善・撤去作業はすでに終了したため，2012年現在のコストはこの半分程度と思われる．

> **コラム 13**：バランスのとれた漁獲の提唱

　生態系保全と両立する漁業操業の具体的な考え方として，筆者も所属するIUCN漁業専門家グループ（Fisheries Expert Group：FEG）が提唱しているのが"バランスのとれた漁獲（Balanced Harvesting）"という考え方である（Garcia et al., 2012）.

　伝統的な漁業管理の概念では，選択的な漁獲によって若齢個体や希少生物，カリスマ的な種の漁獲を避け，高齢で大型の個体に漁獲を集中することによって，漁獲量を増大し環境への負荷を軽減することができると信じられてきた．しかし，高齢個体は再生産に大きく貢献するため，それらだけを取り除くことは環境の構造や機能をゆがめることにつながると同時に，生態的・進化的にも深刻な副作用を引き起こしかねない．

　上記論文では，全世界の36の生態系モデルを用いて，様々な選択的漁獲の比較分析を行った．その結果，生態系における栄養段階の下位から上位の種まで，また種内の大型個体から小型個体までをバランスよく利用することで，生態系の生産能力を最大限に活用できることが示唆された．

　この"バランスのとれた漁獲"という概念を契機として，多様な漁具でいろいろな魚を獲り，様々な料理法でいただく日本の食文化が，さらに世界から注目されることになろう．

Garcia S M, Kolding J, Rice J, Rochet M J, Zhou S, Arimoto T, Beyer J E, Borges L, Bundy A, Dunn D, Fulton E A, Hall M, Heino M, Law R, Makino M, Rijnsdorp A D, Simard F, Smith A D M（2012）：Reconsidering the Consequences of Selective Fisheries. *Science*, 335: 1045-1047

　知床海域は，盛んな漁業活動が存在する海域が世界自然遺産に登録されたという意味で，世界的にみても非常に特異な例である．よって，この知床における取り組みは，東南アジアやアフリカ沿岸国など，膨大な数の漁業者が，多様な魚種を様々な漁法で採捕する国・地域における，今後の生態系保全に大きく貢献できると思われる．

　ただし，知床には多くの課題も残っている．既述のように，まず諸施策の効果について科学的検証を行う必要がある．また，指標種の変化と生態系保全・漁業管理施策の対応に関する理論を確立する必要がある．さらに，生態系が知床と緊密に連結していると思われる北方四島の問題は，資源・漁業管理の面からも，生態系保全の面からも，大きな課題である．2008年に北海道洞爺湖で開催された，第34回主要国首脳会議では，日本国首相とロシア大統領の間で，オホーツク生態系の共同研究に関する覚書が交わさた．この覚書に基づいて設立された「アムール・オホーツク・コンソーシアム」を通じ，2国間での科学情報の共有・意見交

換・共同研究などが始まっている[xi]．領土問題という深刻な問題が存在しても，世界遺産プログラムに関わるこのような平和的科学的交流（Crosby, 2007）によって，知床漁業者らの漁業管理の取り組みが科学的に支援されることを期待したい．

なお，知床は，第10章で整理した漁業制度のポテンシャルを最大限活用しながら生態系保全を実現した事例である．しかしながら，現在日本の沿岸漁業は，漁獲量の減少や魚価低迷，高齢化などに苦しんでおり，制度的ポテンシャルを十分に活かしきれていない現場も多い．よって，沿岸漁民が有している生態的知識を維持し，制度的ポテンシャルを活用して効果的に生態系保全を実施するためにも，漁業振興施策と環境保全施策の両方を統合的に議論すべきであろう．水産行政と環境行政の垣根を越えた取り組みが，今後ますます重要となる．

引用文献

Burkanov N V, Loughlin T R（2005）：Distribution and abundance of Steller sea lions, Eumetoias jubatus, on the Asian Coast, 1720-2005 *Mar. Fish Rev*, 67: 1-62

Crosby M P（2007）：Improving international relations through marine science partnerships. Ed. by M H Nordquist, R Long, T H Heidar, J N Moore, Martinus Nijhoff Publishers. In Law Science and Ocean Management pp 271-293

Funamoto T（2011）：Causes of walleye pollock（Theragra chalcogramma）recruitment decline in the northern Sea of Japan: implications for stock management. *Fisheries Oceanography*, 20: 95-103

Irvine J R, Fukuwaka M（2011）：Pacific salmon abundance trends and climate change. *ICES Journal of Marine Science*, 68: 1122-1130

Ito S, Rose K A, Miller A J, Drinkwater K, Brander K M, Overland J E, Sundby S, *et al*.（2010）：Ocean ecosystem responses to future global change scenarios:a way forward. In Marine Ecosystems and Global Change pp 287-322 Ed. by M Barange, J G Field, R P Harris, E E Hofmann, R I Perry, F E Werner. Oxford University Press

Kaeriyama M（2008）：Ecosystem-based sustainable conservation and management of Pacific salmon. In Fisheries for Global Welfare and Environment, pp 371-380 Ed. by K Tsukamoto, T Kawamura, T Takeuchi, T D Beard, M J Kaiser Terrapub

Kishi M J, Kaeriyama M, Ueno H, Kamezawa Y（2010）：The effect of climate change on the growth of Japanese chum salmon（Oncorhynchus keta）using a bioenergetics model coupled with a three-dimensional lower trophic ecosystem model（NEMURO）. *Deep Sea Research II*, 57: 1257-1265

Makino M, Matsuda H, Sakurai Y（2009）：Expanding Fisheries Co-management to Ecosystem-based management:A case in the Shiretoko World Natural Heritage, Japan. *Marine Policy*, 33: 207-214

Makino M, Matsuda H, Sakurai Y（2011）：Siretoko:Expanding Fisheries Co-management to Ecosystem-based Management. In United Nations University Institute of Advanced Studies Operating Unit Ishikawa/Kanazawa Ed. Biological and Cultural Diversity in Coastal Communities:Exploring the Potential of Satoumi for Implementing the Ecosystem Approach in the Japanese Archipelago. CBD Technical Series No.61 Secretariat of the Convention on Biological Diversity, pp 19-23

[xi] その活動記録などの情報はウェブページで公開されている（http://amurokhotsk.com/?lang=ja）．

Makino M, Sakurai Y (2012): Adaptation to climate change effects on fisheries in the Shiretoko World Natural Heritage area, Japan. *ICES Journal of Marine Science*, 69: 1134-1140

Matsuda H, Makino M, Sakurai Y (2009): Development of an adaptive marine ecosystem management and co-management plan at the Shiretoko World Natural Heritage Site. *Biological Conservation*, 142: 1937-1942

Megrey B A, Rose K A, Ito S, Hay D E, Werner F E, Yamanaka Y, Aita M N (2007): North Pacific basin-scale differences in lower and higher trophic level marine ecosystem responses to climate impacts using nutrient-phytoplankton-zooplankton model coupled to a fish bioenergetics model. *Ecological Modelling*, 202: 196-210

Murakami H, Wang B, Kitho A (2011): Future change of western North Pacific typhoons:projections by a 20-km-mesh Global Atmospheric Model. *Journal of Climate*, 24: 1154-1169

Nagata M (2011): Sustainable use and conservation of Hokkaido salmon. Proceedings of Japan-Russia cooperative symposium on the conservation of Okhotsk ecosystems. Hokkaido University, 14-15 May 2011

Nakamura F, Komiyama E (2010): A challenge to dam improvement for the protection of both salmon and human livelihood in Shiretoko, Japan's third Natural Heritage Site. *Landscape and Ecological Engineering*, 6: 143-152

Ono T, Midorikawa T, Watanabe Y W, Tadokoro K, Saino T (2001): Temporal increase of phosphate and apparent oxygen utilization in the subsurface waters of western Subarctic Pacific from 1968 to 1998. *Geophysical Research Letters*, 28: 3285-3288

Radchenko V I, Dulepova E P, Figurkin A L, Katugin O N, Ohshima K, Nishioka J, McKinnell S M, *et al.* (2010): Status and trends of the Sea of Okhotsk region, 2003-2008. In Ed. by S M McKinnell, M J Dagg Marine Ecosystems of the North Pacific Ocean, 2003-2008. pp 268-299

Rosa A L, Yamamoto J, Sakurai Y (2011): Effects of environmental variability on the spawning areas, catch, and recruitment of the Japanese common squid, Todarodes pacificus (Cephalopoda: Ommastrephidae), from the1970s to the 2000s. *ICES Journal of Marine Science*, 68: 1114-1121

Sakurai Y (2006): How climate change might impact squid populations and ecosystems: a case study of the Japanese common squid, Todarodes pacificus. *GLOBEC Report*, 24: 33-34

Sakurai Y (2007): An overview of the Oyashio ecosystem. *Deep-Sea Research* 2 (54): 2526-2542

Wade P R (1998): Calculating limits to the allowable human-caused mortality of cetaceans and pinnipeds. *Mar. Mammal Sci*, 14: 1-37

環境省，北海道（2007）：知床世界自然遺産地域多利用型統合的海域管理計画及び説明資料

桑原久実，明田定満，小林　聡，竹下　彰，山下　洋，城戸勝利（2006）：温暖化による我が国水産生物の分布域の変化予測．地球環境，11（1）：49-57

桜井泰憲（2007）：地球温暖化が水産資源に与える影響．日本農学会編　地球温暖化問題への農学の挑戦．養賢堂，pp 49-73

桜井泰憲（2012）：知床世界自然遺産周辺海域の生態系保全と持続的漁業．白山ら編　海洋保全生態学．講談社，pp 14-25

斜里漁業史編纂委員会（1979）：斜里漁業史．斜里漁業史編纂委員会

水産総合研究センター編（2009）：地球温暖化とさかな．成山堂書店

原田尚彦（2000）：行政法要論（全訂第四版増補版）．学陽書房

北海道水産林務部（2012）：北海道水産現勢．北海道水産林務部

吉田正人（2012）：世界自然遺産と生物多様性保全．地人書館

羅臼町役場企画室（1983）：羅臼町史．羅臼町役場

第14章　総合考察（1）：漁業管理

　本章では，日本漁業の5つの目的（第9章）に即して，本書で紹介した6つの漁業管理の事例（陸奥湾ナマコ，伊勢湾イカナゴ，北部日本海ハタハタ，知床半島スケトウダラ，京都府ズワイガニ，北部太平洋マサバ）を比較分析することにより，漁業管理の制度的枠組みを規定する様々な生態的・社会的要因を考察する．

§1．比較分析の枠組み

　本書では，漁業管理の事例として，陸奥湾ナマコ，伊勢湾イカナゴ，北部日本海ハタハタ，知床半島スケトウダラ，京都府ズワイガニ，北部太平洋マサバ，という6つの漁業を紹介した．本章では，様々な生態的・社会的特性（自然の条件と社会の条件）を有する各事例において，漁業管理の制度的枠組みを規定する要因を考察する．

　日本の漁業管理は，しばしば，共有資源（コモンズ）の共同管理（コ・マネジメント）の事例として参照されてきた（McCAY and Acheson, 1987；Berkes et al., 1989；Feeny et al., 1990；McKean, 2003；Makino and Matsud, 2005；Jentoft et al., 2010）．コモンズ管理に関する研究でノーベル経済学賞を受賞したE. オストロムは，コモンズ管理の結果を分析する理論として，多層的で入れ子状の枠組みを提案した（Ostrom, 2009）．そこでは，4つのコアとなるサブ・システム（資源システム，資源単位，管理システム，利用者）と，その中の53の変数を提示している．この枠組みは包括的で，本書で紹介したすべての事例に適用できるものである．

　しかし日本の漁業管理には，A. 資源・環境保全の実現，B. 国民への食料供給の保障，C. 産業の健全な発展，D. 地域社会への貢献，E. 文化の振興，という5つの目的があった（図9・1）．よって，この5つの目的を明示的に意識した比較・分析を行うことで，各事例が日本漁業の生態的・社会的文脈の中でどのように位置づけられ，特徴づけられるかをより明確に整理し，考察できるであろう．さらに，この考察から得られた知見を一般化し，他の国内事例に援用する際にも，

日本の漁業の文脈に沿った形で他の事例を選択することができ，また，そこに適した制度的枠組みの考察が可能になると考える．

　以上の考え方に基づき，本章では以下のような比較分析の枠組みを採用する．まず本節では，図9・1におけるA〜Eの各目的に関連する要因，あるいは「観察可能な含意（King et al., 1994）」を同定する．これらの要因が，個別の漁業の管理制度の枠組みを規定していると仮定する．続いて，これらの要因に即して本書の6つの漁業管理事例を相対化する（§2.）．その結果に基づき，§3.では漁業管理の制度的枠組みと諸要因の理論的関係を議論する．

　まず，A.資源・環境面に関する要因としては，対象種の生息域の物理的環境や，その生物・生態的特徴が重要である．たとえば，生息域のタイプ（沿岸／沖合浮魚，沿岸／沖合底魚，岩礁性魚類，砂浜性魚類，など），分布（地域種，広域分布種，など），移動性（定着性，回遊性，高度回遊性，など），い集性（産卵集群など），寿命，成熟年齢，再生産性，加入変動・資源変動の程度，捕食・被捕食関係，生態系における機能，栄養段階，などである．これらに関する情報は，生物学や生態学から提供される．またこれらの要因が漁業管理にどのような差異をもたらすかについての考察は，生物学者と社会科学者の連携が必須である．

　B.食料供給面については，対象資源の食品としての量と質が規定要因となる．たとえば，総漁獲量（供給量），需要量，市場での財としての性格（相対価格，上級財／通常財／劣等財，ぜいたく品／必需品，代替財／補完財，価格弾力性，ブランド価値，など），季節性，地域性，用途（生鮮，食用加工，餌料加工，など）が考えられる．これらの要因については，漁業経済学や加工・流通論の分野で研究が進んでいる．

　C.経済・産業面については，漁業操業・漁業経営に関する要因がある．たとえば，関係漁業者の数，漁具，漁場，利潤率，資本・漁船の大きさ，対象資源への経済的依存度，リスク回避度，漁業者の年齢，後継者の有無，収入レベル，収入の安定性，それらの資源利用者間の多様性，などである．これらの要因については，資源経済学や実験経済学などの分野で考察されている．

　D.地域社会面に関する要因としては，たとえば，地域の定住の歴史，地理的条件（消費地へのアクセス，漁場と市場へのアクセス，など），地域内での雇用創出源としての重要性，海面利用の複雑さ（他漁業種や他産業の存在），地域経済への波及効果，などである．経済波及効果については，経済学における投入産出分析が有効な分析ツールである．

E. 文化面，に関する要因としては，資源利用の歴史の長さや文化的価値，相互信頼の程度，対象とする資源や漁場に関する経験的・科学的知識の蓄積度，資源崩壊経験の有無，リーダーシップの有無，などである．資源利用の文化や歴史については，人類学や民俗学・社会学などで多くの研究が蓄積されている．また，近年は統計分析などの手法により，社会的資本の重要性も示されている（Ahlerup *et al*., 2009）．Grief（1994）は，文化が管理組織の性格を決める上で重要な要因となっていることを示し，またPredigerら（2011）は，社会実験の結果に基づき，共有資源管理において協力が可能かどうかは文化の影響をうけることを示している．漁業者の，社会の中での位置づけ・地位もまた重要な要因である．なぜなら，リーダーシップに大きく影響するからである．Gutierrezら（2011）は，世界の130にわたる漁業のコ・マネジメント事例を分析した結果，その成功を説明する要因としてリーダーシップが最も重要であると指摘している．

§2. 6つの漁業管理事例の比較

2・1 陸奥湾ナマコ漁業（第6章§2.）

（A）**資源・環境面**：ナマコは，日本の広い海域に分布する定着性の高い底棲資源の1つである．陸奥湾は閉鎖性海域であり，地域個体群の独立性は高いと考えられる．つまり，管理の効果を地元の資源利用者グループが享受できるため，陸奥湾全体でみれば，これらは漁業管理にとって有利な要因である．市場サイズおよび成熟には2～3年を有するが，これは他の資源に比較すると，中程度の期間であろう．資源変動については，知見があまりそろっていないが，それほど極端に大きくはないと考えられる．

（B）**食料供給面**：漁獲量自体は大きくないが，近年の強い中国需要により，単価は高い．これは，漁業管理にプラスのインセンティブとなる反面，密漁も誘引する．乾燥ナマコは，典型的なぜいたく品である．川内町では，特にブランド価値の高い製品を製造しており，価格の弾力性は小さい．これも漁業管理には有利な要因である．漁期は比較的短い．生鮮ナマコは冬のみ消費されるが，乾燥製品は保存ができるため輸出には適しており，特に中国の旧正月前には需要のピークを迎える．

（C）**経済・産業面**：川内町では，100隻を超える零細漁船が操業している．

通常，漁船数の多さは管理を難しくする．一方，この事例では船型・漁法，また収入構造がほぼ均一であるため，この点はプラスである．ナマコに並ぶ主要な収入源であるホタテガイ養殖は，近年突発的な斃死現象が頻発しているため，経営リスク管理としてもナマコ資源が重要である．漁業者の平均的な収入は，地域の平均収入と同等かそれ以上であり，多くの漁業者が後継者をもっている．これも，長期的な持続可能性を誘引するため，漁業管理にはプラスの要因となる．

(D) 地域社会面：沿岸漁業はこの地域では最も重要な産業の1つである．陸奥湾のもう1つの主要産業であるホタテガイ養殖も，ナマコ漁業者が同時に経営していることが多いため，海面利用上の競合は小さい．生鮮ナマコは地域的に消費され，また乾燥ナマコは輸出品のため，本州最北部という消費地への距離は大きなマイナス要因となっていない．乾燥加工過程で雇用を創出するが，生産量自体がそれほど大きくないため，他の代表的な大量生産・加工用魚種（スケトウダラやさば類など）に比べると経済波及効果は小さい．

(E) 文化・知識面：陸奥湾ナマコ漁業は数百年の歴史をもっており，経験的な知識は世代を越えて蓄積されている．また，県研究機関により科学的知見も積極的に蓄積・提供されている．漁協内に組織された漁業管理組織（FMO）は強いリーダーシップを発揮して，幅広い管理施策を導入している．これらはすべて，漁業管理にプラスに働く．

2・2　伊勢湾イカナゴ漁業（第6章§3.）

(A) 資源・環境面：イカナゴは日本全国に広く分布しているが，その移動性はそれほど大きくはない．伊勢湾の地域個体群は，湾の内部および周辺部にのみ分布し，かなり独立性が高い．また，市場流通サイズに成長するまでの時間は孵化後約3カ月と短く（シラス），また再生産に要する期間も1年である．これらの要因は，管理の成果が早く発現するという意味で漁業管理にプラスにはたらく．しかし，仔稚魚期の自然死亡率が環境要因に大きく影響されることから，資源量の年変動が大きいという難点も有している．イカナゴのエサは動物プランクトンであり，捕食者は多様な浮魚・底魚類であるため，生態系における栄養段階は低い．

(B) 食料供給面：食用需要の多くは稚魚であり，漁獲量（トン）はそれほど大きくはない．特に乾燥シラスは消費者に人気があり，市場需要は大きく，価格も高い．これらは資源管理にプラスの要因である．しかし同時に，未成熟個

体への漁獲圧が高まりやすく，乱獲に陥りやすいという難点もある．成魚は加工処理されるため，加工産業からは安定的な原料供給が求められ，年変動の大きさは加工業経営にマイナスとなっている．

（C）**経済・産業面**：関係漁船数が非常に多い（700隻）ため，管理は難しい．さらに，2つの県の漁業者が，生活史段階の異なる個体を漁獲するため，漁業管理を一層複雑にしている．漁具は比較的均質性が高いので，この点はプラスである．漁業者のイカナゴへの経営的な依存度はかなり高く，漁獲量の年変動は漁業経営上も大きな課題となっている．よって，2006年より開始された資源回復計画では年間漁獲量の平準化が目標に設定された．

（D）**地域社会面**：漁船数も多く，加工もあるため，雇用創出源としての重要度は高い．また，大消費地（名古屋）が近い．成魚を餌料として利用する養殖業も西日本が中心である．よって，地理的条件としては有利である．加工産業があるため，経済波及効果もうみだすが，漁期が短いため，そのほとんどが季節労働である．特に愛知県側の漁業はシラスを主対象とするため，漁期が短く，海面利用上の競合はそれほど大きくない．しかし伊勢湾には重工業が発展しているため，大型の貨物船・工業船が海上を頻繁に往来することから，海上事故の防止と安全操業には十分な留意が必要である．

（E）**文化・知識面**：長年にわたる県間紛争があり，また1980年代には深刻な不漁も経験している．これらの苦い経験を経て，県をまたがる漁業管理組織（FMO）が組織された．愛知・三重両県の行政および研究機関による強いリーダーシップと手厚い科学的支援が提供されている．

2・3 北部日本海ハタハタ漁業（第6章§4.）

（A）**資源・環境面**：ハタハタは広範囲を回遊する底魚であり，この点は管理を難しくする．しかし，産卵期には特定の水域にい集するという特徴がある．平均的な抱卵数は他魚種に比して少ない．雌の成熟は2年で，寿命は5年であり，平均的な長さである．資源変動は大きいが，そのメカニズムはまだ十分に明らかになっていない．総じて，管理が非常に難しい資源である．

（B）**食料供給面**：抱卵雌は比較的良い単価だが，季節性が強い．漁獲量に関する価格弾力性は高く，大漁貧乏が発生しやすい．加工法や食べ方は多様だが，近年は，地域内での需要が低下しつつある．

（C）**経済・産業面**：4つの県の沿岸漁業（定置網＋刺網）と沖合漁業（底びき）

が採捕しており，この点は漁業管理を非常に難しくしている．経済的な依存度も漁業種や地域により異なるが，特に沿岸漁業者にとっては比較的高い．注意すべき点は，3年間の自主禁漁中，代替的な収入源（トラフグやアンコウなど）を見つけたことである．

（D）**地域社会面**：ハタハタは主に地域市場で消費されている．また，この地域に住む多数の沿岸漁業着業者にとっては，雇用を支える主要な漁獲対象である．伝統的に多様な加工・料理法があるが，多くが家庭で処理・調理されるため，加工による雇用創出効果はそれほど大きくないと思われる．

（E）**文化・知識面**：ハタハタ漁業は歴史が長く，地域食材として重要な位置づけにある（秋田県の魚に指定）．資源崩壊のあと，秋田県の漁協と行政の強いリーダーシップにより，1992年から抜本的な管理施策が導入された．他の3県の漁業者も同一の資源を利用しているが，全体として管理する枠組みは存在しなかった．しかし，水産庁および関係県行政の支援により，1999年には4県をまたがる漁業管理組織（FMO）が設立され，公的な資源回復計画も2003年から実施された．伝統的な知識は豊富に存在しており，また県および国の研究機関からも科学的支援を受けている．

2・4　知床半島スケトウダラ漁業（第13章）

（A）**資源・環境面**：スケトウダラは回遊性の魚類であるが，根室海峡系群の産卵場は知床半島沿岸である．成熟には3～5年と比較的長い時間がかかる．太平洋系群や日本海北部系群については，風向や水温，移送などの物理的要因や捕食者の存在が，新規加入量を大きく変動させる要因として指摘されている（Funamoto, 2011）．こうした環境由来の加入量変動により，数十年タームの大規模資源変動も観察されている（第2章図2・4参照）．これらの生物学的特徴は，一般に漁業管理を困難にする．生態系における栄養段階は比較的高い．

（B）**食料供給面**：根室海峡系群の場合，11万1,000トン（1989年）だった総漁獲量が1万5,000トン（1994年）に急低下した．肉は，すり身として加工され，大きな需要がある．一部の生鮮切り身は，地域あるいは韓国で消費される．スケトウダラの卵は，明太子などの原料として比較的高値で取引される．

（C）**経済・産業面**：1980年代は資源水準が高く，根室海峡だけで約200隻の刺網漁船が操業していた．経済的な依存度も高かったが，近年は資源水準の低下により依存度も総収入も低下している．また，ロシアの大型トロールが同

一の資源を漁獲している．日本側では，船型・漁具ともに均一性が高く，また漁船サイズが小さいが，ロシアのトロール漁船はサイズが非常に大きいため，関係漁業全体としての均一性は非常に低い．

　（D）**地域社会面**：沿岸刺網漁業は，地域にとって最も重要な雇用創出源の1つである．主要な消費地からは遠く，大規模な加工工場も地域内には存在しないので，経済波及効果はそれほど大きくはないと思われる．領土問題の存在のため，海面利用上の複雑さは非常に高く，管理を著しく困難にしている．

　（E）**文化・知識面**：スケトウダラ漁業の歴史は比較的短い．資源変動が大きく，1990年代に急激に減少したため，様々な自主的施策が導入されており，また公的にはTACも導入されている．漁業管理組織（FMO）は漁協の内部に存在し，強いリーダーシップを発揮しているが，資源状態はいまだ悪い．ロシアとの間での共同管理の枠組みは存在しない．知床周辺の生態系・資源に関し日ロ間の科学者の情報交換が始まったところである．

2・5　京都府ズワイガニ底びき網漁業（第7章§1.）

　（A）**資源・環境面**：ズワイガニは定着性の底棲資源で，200 m以深に生息する．資源変動は他資源と比してそれほど大きくないように見える．これらは漁業管理上の利点である．一方で，成熟には5〜6年と，長い時間が必要である．甲殻類，魚類，いか類，貝類など様々な生物を捕食する．

　（B）**食料供給面**：ズワイガニは，この地域において典型的な冬の味覚であり，需要も価格も高い．京都府の総漁獲量は少ないが，ブランド価値をもっている．特にカタガニは贅沢品である．一方，水ガニの価格はカタガニの10分の1である．これらの条件は，カタガニの管理へのインセンティブとなっている．

　（C）**経済・産業面**：底びき網漁業は，沿岸漁業に比べると資本規模・漁船サイズが大きいが，京都は15トン型が中心であるため，他県の底びき網漁業に比べると大きくはない．関係漁船数は少なく，船型もほぼ均一であるため，漁業管理にはプラスである．経済的依存度は非常に高く，これも漁業管理へのインセンティブとなる．

　（D）**地域社会面**：ズワイガニは，冬の観光客にとっての目玉であり，観光産業を通じた経済波及効果は非常に大きい．しかし，漁船数および関連加工産業は小さく，よって水産セクターへの経済波及効果はそれほど大きくない．また，現在は特に目立った海面利用上の競合もない．

（E）**文化・知識面**：50年以上の歴史をもつ漁業管理組織（FMO）が存在し，漁業者らはお互い世代を越えて知っている．また，1970年代に不漁を経験しており，FMOの強いリーダーシップで管理施策を導入して成果を出している．TACに基づく公的管理も1997年から導入されている．ズワイガニは，底びき網漁業者にとっても地域経済にとっても重要資源であり，またTAC対象種でもあるため，高いレベルの研究が府県および国の研究機関で実施され，漁業者に提供されている．

2・6　太平洋マサバまき網漁業（第7章§2.）

（A）**資源・環境面**：マサバは沖合の浮魚であり，大規模な資源変動を繰り返す魚種である．マイワシ，カタクチイワシとの魚種交替も観察されているとともに，太平洋を広範囲にわたり回遊する．これらはすべて漁業管理を困難にするマイナス要因である．成熟は2～3年であり，平均的である．動物プランクトン，カタクチイワシなどを捕食し，サメやミンククジラなどに捕食される．

（B）**食料供給面**：漁獲量は，1970年代には非常に大きく（太平洋系群から140万トン以上），主要な食料であった．食用としての需要は大きく，特に大型個体は比較的高値で取引され，多くの加工用途がある．一方，小型個体は単価が低く，養殖餌料にも仕向けられている．

（C）**経済・産業面**：マサバ太平洋系群漁獲量（トン）の大半は大中型まき網による．まき網にとっての経済的依存度は比較的高い．資本規模・船型は日本で最大の漁業種類の1つであり，資本集約的漁業である．収入は高いが，コストも大きい．このような漁業にとって，収入の変動は経営リスクを高め，また将来に対する割引率も高める．これらは漁業管理にとってマイナスの要因である．

（D）**地域社会面**：1970～1980年代，大中型まき網漁業は大量のマサバ，マイワシを東北・北海道に水揚げし，それを原料とした数多くの加工業が発展した．また，多くの新船が建造され，造船業界も活況を呈していた．よって，潜在的な経済波及効果や雇用創出効果は非常に大きい．

（E）**文化・知識面**：漁具としての歴史は短い．競争精神が強く，他の漁業種にくらべて，相互信頼の程度は低いと思われる．マサバはTACと資源回復計画で国により管理され，多くの研究が行われている．漁業管理組織（FMO）はいくつかのスケールで組織されている（県，北部太平洋，全国）．

以上の整理をもとに，各事例の主要な要因をまとめたものが表14・1である．

222　第14章　総合考察（1）：漁業管理

表14・1　本書で紹介した6つの事例の比較

	主要な要因	ナマコ	イカナゴ	ハタハタ	スケトウダラ	ズワイガニ	マサバ
A: 資源・環境面	移動性	低	中	高	高	低	高
	成長速度	並	早	並	遅	遅	並
	変動	中	大	大	大	小	大
B: 食料供給面	価格	高	高（稚）	高（卵）	高（卵）	高	中
	利用法	中	中	多	多	少	多
	需要	大	大	中	大	大	大
C: 経済・産業面	漁業者数	多	多	多	多	少	少
	依存度	高	高	中	中	高	高
	均質性	高	高	低	高	高	中
D: 地域社会面	雇用創出	大	大	中	大	小	大
	経済効果	小	中	小	中	大	大
	地理的条件	並	良	並	悪	良	並
E: 歴史・文化面	歴史	長	中	長	短	長	短
	資源崩壊	なし	あり	あり	あり	あり	あり
	リーダーシップ	強	強	強	強	強	弱

§3. 考　察

3・1　漁業者，政府，科学の役割

　様々な漁業管理事例の制度的枠組みと，社会的・生態的要因との関連を理解するためには，まず関係主体間の役割分担に着目するとわかりやすい．以下では，漁業・科学・政府という3つの主体について，その役割分担を比較検討しよう．

　管理対象資源の定着性が強く，独立性の高い個体群であり，また単価が高い場合，あるいは経営依存度が高い場合には，自主的管理への強いインセンティブがはたらきやすい．よって，漁協や自主的に結成される漁業管理組織（FMO）が管理の中心的役割を果たしている点が指摘できる．陸奥湾ナマコや京都ズワイガニはその典型例であり，また類似の漁業としてはアワビ，サザエ，ウニなどがある．実際，これらの漁業は自主的な漁業管理組織（FMO）の結成が最も進んでいる（後述）．

　一方，回遊性の高い資源や広域分布種を，様々な地域の漁業者が多様な漁法を用いて採捕する場合，自主的管理は機能しにくい．よって政府や，地理的スケールの大きな管理組織（全国組織）が管理の中心となる．その典型例が太平洋のマサバである．ハタハタも回遊性が高い広域分布種であるが，この事例で特に注目すべき特徴は，管理体制が段階的に発展・拡大していったという点である．当初

は県レベルの沿岸のFMOが自主的に管理を開始したが，徐々に沖合や他県も含む，より大きな地理的スケールで，より公的な管理体制に移行していった．この事例が示している，政府の重要な役割の1つは，広域管理体制構築のサポートという役割である．広吉・佐野（1998）も，日本の58の漁業管理事例をレビューした結果に基づき，広域分布資源の管理には政府の役割と漁連の役割が鍵であると指摘している．もちろん，知床スケトウダラのように国際問題に絡む資源管理についても，政府の役割が決定的に重要となる．

さらに，3つの回遊性資源（ハタハタ，スケトウダラ，マサバ）を比較すると，資源の生態的特性と広域漁業管理体制の発展過程に関する興味深い関連が明らかとなる．ハタハタは4県をまたがって回遊するが，生活史の重要な期間（産卵期）に特定の秋田県の海域にい集する．この事例では，産卵場（秋田県）の沿岸漁業者らが強いリーダーシップの下で厳格な漁業管理を実施し，その体制が，後のより広範囲（4県，3漁業種）の管理体制の基礎となっている．同様に，スケトウダラ根室系群についても，知床半島沿岸の産卵場にい集するため，地域の刺網漁業者らが禁漁区を設定している．しかし，領土問題によりロシア側の漁業種類や漁場をカバーする体制には発展できていない．これは漁業者で対応できる問題ではなく，政府が役割を果たすべき場面である．これら2つの事例では，抱卵期の雌の単価が高いという経済的要因も指摘できる．類似の規定要因を有する資源としては，たとえばニシンがあるだろう．

一方で，太平洋マサバの場合は，主要な産卵場が伊豆諸島以西沿岸にあり，一方で主要な漁場は東北沖であるため，地理的にも漁業種類的にも両者が乖離している．また，抱卵雌（冬から春）の価格が非常に低いため，産卵域の漁業者らに管理のインセンティブが働かないという難点がある．しかし，仮に漁業者らの自主的管理へのインセンティブが働きにくい資源であっても，マサバのように地域への経済波及効果が大きく，また食料政策上特に重要な漁業・資源については，政府が管理に積極的に介入すべきである．類似した生態的・社会的特性を有する水産資源としては，マイワシ，マアジ，スルメイカなどが指摘できる．また，離島などの遠隔地で漁業への依存度が高い地域の漁業管理についても，政府の担うべき役割は大きい．

なお，TACや資源回復計画，資源管理計画のような公的管理においても，漁業者の団体が重要な役割を担っているという事実を改めてここで指摘しておきたい．第3章で紹介したように，資源利用者による資源の管理，という理念が

日本の漁業管理制度を貫いている．その意味において，関係漁業者らの管理能力は重要な要因である．漁業者教育や，普及・指導員制度，漁業士制度などのインフラを強化することは，政府の重要な役割である．

6つのすべての事例において，科学が重要な役割を担っているという事実も重要である．本書で紹介した伊勢湾イカナゴ，北部日本海ハタハタ，太平洋マサバの事例のように，変動性の大きい資源の管理に重要な「管理の必要性に関する共通認識」の醸成に大きな役割を果たす．ズワイガニは，単価が高い定着性資源であり，自主的管理への強いインセンティブが働きやすい．しかしながら，市場サイズあるいは成熟まで長い時間がかかるため，管理効果の発現には不確実性も大きい．1982年に保護区を導入した際も，当初関係漁業者らは，その効果を疑っていた．しかし，研究者からの繰り返しの説明により合意が得られ，保護区設置が実現したのである

なお，第3章で指摘したように，日本の自主的な漁業管理制度では，資源利用の持続可能性に関する客観的な根拠が薄くなりやすいという弱点がある．よって研究は，管理施策の実効性や，社会的・生態的状況の変化に順応的な管理施策の内容について，漁業者や政府に助言をするという役割が期待される．しかし，近代的な研究は，多くの社会資本（研究施設，統計制度，人的資源）と，高い運営費用を必要とするので，すべての魚種にそれを適用することは不可能である．よって，漁業者らが長年にわたり各地域で蓄積してきた知識，経験，情報は非常に重要であり，有効に活用すべきである．ただし，漁業者から得られるこれらの知見は，経済的なバイアスがかかっていたり，漁場・海況レベルのスケールに限られている場合もある．よって，研究のもう1つの役割は，これらのバイアスを補正し，また，より大きな時間・空間スケールに拡張していくことである．最後に，知床の事例で指摘したように，研究は領土問題を越えた漁業管理を検討するための平和的な窓口となりうることも，非常に重要である．

3・2 管理制度の時空間スケール

空間的・時間的スケールは，漁業管理にとって非常に重要な要因である．単一の漁業管理組織（FMO）で管理できるような空間的に狭い分布の定着性資源（陸奥湾ナマコや京都ズワイガニなど）については，FMOのメンバーは容易に漁業管理の効果を享受することができる．一方，移動性が高く，回遊する資源（ハタハタやスケトウダラ，マサバなど）は，多くの外部性が発生する．そのよう

な資源については，回遊範囲や分布域を広くカバーするようなしくみを作る必要があり，また関係漁業者もすべてカバーすることが望ましい．FMOが適切な空間スケールをカバーしない場合，管理は失敗することが多い（Cardinale et al., 2010）．

日本には，いくつかの空間スケールで公的な漁業調整組織が存在する．集落レベル（漁協），県レベル（漁業調整委員会），生態系レベル（広域漁業調整委員会），そして国レベル（水産政策審議会）である．

第4章で説明したように，漁協は地元の漁業者らにより組織され，よって各地域に根差している社会的共通資本（Pretty, 2003）の1つである．2008年漁業センサスによると，日本には1,041の漁協が存在している（農林水産省大臣官房統計部，2010）．さらに，自主的な組織としてのFMOは，同一の漁具漁法，あるいは同一の資源を使っている漁業者が自主的に組織化したものをいう．通常，漁協の中に作られることが多いが，場合によっては複数の隣接漁協で，あるいは県境を越えたFMOが組織されることもある．たとえば，大中型まき網漁業は，県レベル，海区レベル，全国レベルのFMOを組織している．伊勢湾のイカナゴ漁業も，2県をまたがる総会を組織している．ハタハタについては，各漁協内に組織されるFMOと，県レベルのFMO，そして4県をまたがる系群レベルのFAOである協議会が入れ子状に存在する．漁業センサスによると，市町村を越えるFMOは141存在しており（全体の8.1%），県境を越えるFMOは11である（0.6%）．この統計値が示すように，行政境界を越える管理はまだ日本では稀である．

日本には，漁協やFMOに関する数多くの研究が存在する．たとえば，山本（1989）は，持続的な資源利用の立案や計画的操業の実施において，また，漁場からの富を公平な形で地域に還元するという面において，漁協やFMOが中心的な役割を担っていることを指摘している．婁（1996）は，関係漁業者間の相互信頼の形成や，利害調整などが，管理の成功を可能とするリーダーの重要な資質であることを強調している．

2008年漁業センサスにまとめられたFMOに関する情報をみてみよう（表14・2）．現在日本には，1,738のFMOが組織されており，これは5年前のセンサスにくらべて13.4%の増加となっている．多くのFMOは，高単価の定着性資源（アワビ，ウニ，ナマコなど）を対象としている．その次に対象資源として多いものは，カレイ，タイなどの高価なひれ魚である．

表14·2 漁業管理組織（FMO）の主な管理対象資源（農林水産省大臣官房統計部，2010）

対象種	FMOの数	FMOの総数（1738）に占める割合
アワビ（Haliotis spp.）	594	34.2%
サザエ（Batillus cornutus）	439	25.3%
ウニ（Echinoidea）	428	24.6%
ナマコ（Holothroidea）	324	18.6%
カレイ（Paralichthys olivaceus）	318	18.3%
マダイ（Pagrus major）	214	12.3%
カレイ類（Pleuronectidae）	207	11.9%

注：単一のFMOにより複数の資源が管理されることもあるため，割合の合計は100%を超えている．

　また，同じく漁業センサスにおけるFMOの規模（参加人数）と，その対象資源・漁法を詳しくみると，いくつかの特徴が明らかとなる．まず，定着性資源を対象としたFMOは，中規模（30～100人）が多く，ひれ魚のFMOは，より大きい規模をもっている．その理由はおそらく，関係漁業者全員をFMOのメンバーとする場合，ひれ魚は地理的範囲が広くなるからであろう．漁法については，底びきと刺網のFMOは小規模（50人以下）となることが多く，一方で釣りと採貝採草が大規模FMOとなる．これは，後者は操業に必要な資本規模が小さく，よって関係漁業者らの母体数が大きいからと思われる．

　次は時間スケールである．日本の漁業制度においては，3つの時間スケールが重要になると考えられる．まずは20～30年スケールであり，こはれは漁業者の世代や漁船の耐用年数にほぼ対応する．次は5年である．これは，制度的には権利や許可の更新期間に対応し，また生態的には，長寿命のカニやマグロといった生物も5年ほどで成熟する．また，マサバ，マイワシ，スケトウダラのような大変動資源では，約5年に1回ほどの頻度で卓越年級群を期待できる．最後は1年である．企業にとって単年度の経営収支は非常に重要である．また，行政施策も単年度会計主義が原則である．以上より，漁業管理の定量モデルを構築する際には，これらの3つの時間スケールでの管理効果を明示的に分析できるモデルが望ましい．

　時間スケールに関連してもう1つ重要な論点は，時差である．対象資源の生物生態的特性により，管理施策の導入から効果の発現まで，相当の時間が求められる場合がある．本書の事例では，スケトウダラとズワイガニがこうした特徴を有している．この時差はリスクの源であり，特に変動性や不確実性が高い

場合には,将来の割引率が高くなって,意思決定が短期的になりやすい(牧野,2007).こうした漁業の管理に関する合意形成では,科学的情報が特に重要な役割を果たしうる.しかし,科学的検討の結果,もしもあまりに効果発現に時間がかかりすぎたり,あるいはあまりに経済的リスクが大きすぎる場合には,漁業者らや地域経済は,資源学的に正しい意思決定をし得ない場合もあろう.そのような場合には,政府による経済的支援が不可欠となるだろう(第4章の資源回復計画および資源管理計画を参照).

以上,6つの漁業管理事例について,その生態的・社会的要因と管理制度の関係を考察した.次の作業は,管理が失敗した事例も含めて,多様な社会的・生態的特性を有する比較事例を増やすとともに,この比較分析の枠組みに統計学や数理生物経済モデルなどの分析ツールを適用した定量分析であろう.なお,スケール問題のもう1つの側面として,対象セクターのスケール(漁業以外のセクターを含めた管理)がある.これについては,次章で議論する.

引用文献

Ahlerup P, Olsson O, Yanagizawa D (2009): Social capital vs institutions in the growth process. *European Journal of Political Economy*, 25: 1–14

Berkes F, Feeny D, McCay B J, Acheson J M (1989): The benefits of the commons. *Nature,* 340: 91–93

Cardinale M, Bartolino V, Llope M, Maiorano L, Skold M, Hagberg J (2010): Historical spatial baselines in conservation and management of marine resources. *Fish and Fisheries*, 12 (3): 289-298

Feeny D, Berkes F, McCay BJ, Acheson JM (1990): The tragedy of the commons: twenty-two years later. *Human Ecology,* 18 (1): 1–19

Funamoto T (2011): Causes of walleye pollock (*Theragra chalcogramma*) recruitment decline in the northern Sea of Japan:implications for stock management. *Fisheries Oceanography*, 20 (2): 95-103

Grief A (1994): Cultural beliefs and the organization of society:a historical and theoretical reflection on collectivist and individualist societies. *Journal of Political Economy,* 102: 912–950

Gutierrez N L, Hilborn L, Defeo O (2011): Leadership, social capital and incentives promote successful fisheries. *Nature,* 470: 386-389

Jentoft S, McCay B J, Wilson D C (2010): Fisheries Co-management: Improving Fisheries Governance through Stakeholder Participation. In Grafton RQ, Hilborn R, Squires D, Tait M, Williams M (eds.) Handbook of marine fisheries conservation and management. Oxford University Press, pp 675–686

King C, Keohane R O, Verba S (1994): Designing social inquiry: scientific inference in qualitative research. Princeton University Press

Makino M, Matsuda H (2005): Co-Management in Japanese Coastal Fishery: It's Institutional Features and Transaction *Cost. Marine Policy,* 29: 441-450

McCAY B, Acheson J M (1987): The Question of the Commons: The Culture and Ecology of Communal Resources. University of Arizona Press

McKean M (2003): Common-pool resources in the context of Japanese history. *Worldwide Business Review,* 5 (1): 132-159

Ostrom E (2009)：A general framework for analyzing sustainability of social-ecological systems. *Science*, 325: 419-422

Prediger S, Vollan B, Frolich M (2011)：The impact of culture and ecology on cooperation in a common-pool resource experiment. *Ecological Economics,* 70: 1599-1608

Pretty J (2003)：Social capital and the collective management of resources. Science 302:1907–1912

農林水産省大臣官房統計部 (2010)：2008年漁業センサス．農林水産省大臣官房統計部

広吉勝治, 佐野雅昭 (1998)：資源管理型漁業の諸相と課題―先進事例調査からの考察．全国漁業協同組合

牧野光琢 (2007)：順応的漁業管理のリスク分析．漁業経済研究　52 (2)：49-67

山本辰義 (1989)：資源管理型漁業における漁協の役割．漁業経済研究，33 (2/3)：22-40

婁　小波 (1996)：漁業管理組織の組織特性と組織力．地域漁業研究，37 (1)：51-71

第15章　総合考察（2）：生態系保全

　本章ではまず，漁業管理の事例と知床世界自然遺産の生態系保全の事例を比較する．続いて，知床世界自然遺産の取り組みを，ノルウェーおよびフィリピンにおける生態系保全活動と比較することにより，生態系保全における地域漁業者の役割を規定する生態的・社会的要因を考察する．最後に，本書では扱うことができなかった今後の研究課題をまとめる．

§1. 漁業管理と生態系保全の制度比較

　伊勢湾イカナゴや北部太平洋ハタハタは，いくつかの地域別・漁業種別の漁業管理組織（FMO）が入れ子状になって管理制度を構成していた．しかし知床で設立された管理組織（図13・1）の構造的特徴は，各組織（連絡協議会，科学委員会およびその下のワーキング・グループ，利用適正化会議など）が，それぞれの管理の枠組みでモザイク状に関係しているという点である．そこにアンブレラとなる親組織は存在せず，各組織のネットワークという形式が採られている．

　このうち，漁業セクターの組織は，自主的漁業管理と生態系モニタリングを担当し，一方で観光セクターの組織は比較的トップダウン的な形式となっている．これは，観光などの海洋性レクリエーション利用者のほとんどは基本的に知床地域外からのアウトサイダーで，かつ，均一性が低いため，漁業のような参加型のルール作りは難しいことが要因であろう．一方で科学部門は，生態系の機能・構造の理解と，管理計画の枠組み（素案）の提案，および，生態系サービスの不確実性を削減する役割を担っており，基本的には漁業管理の事例と同じ役割を担っている．ただし，科学部門の位置づけが，漁業管理事例に比して大きい点が指摘できる．知床は日本において初めて，セクターをまたがる生態系保全組織が公式に組織化された事例であり，よって理論的な側面が先行せざるを得なかったことが，その要因の1つと思われる．さらに研究者には，遺産地域と領土問題地域の間の情報共有という役割も期待されている．また，中心的研究者らによるリーダーシップも，この枠組みが有効に機能する鍵であった．

前章の考察部分で，関係漁業が参画できるような適切な管理組織の地理的スケールの重要性を指摘した．知床の生態系保全では，セクターのスケールに応じた管理組織が作られている．つまり，意思決定・利害調整システムのなかに，適切に各セクターが参画できる枠組みが作られている．第13章で議論したように，この枠組みがなければ，セクターをまたがる調整は不可能である．

最後に，知床で現在の管理体制が実現したきっかけについて考察したい．本書で紹介した漁業管理事例のほとんどにおいて，深刻な資源崩壊の後，厳格な管理実施を促している．換言すれば，資源枯渇期の厳しい体験が，関係漁業者らの意識を変え，漁業管理の枠組みを変化させることにつながっている．知床の事例では，2004年の世界遺産リストへの登録申請が，関係者の意識を変えるきっかけとなった．当時，世界遺産の責任者だった環境省担当官によると，既存の管理の単なる組み合わせでは，UNESCOとIUCNを説得することは難しく，何か新しいしくみを作ることが必要と感じていたという．これが，知床で新しい枠組みが作られるきっかけであったと考える．つまり，明治維新や太平洋戦争敗戦後の漁業制度改革（第3章），あるいは国連海洋法条約批准に伴い導入されたTAC制度（第4章）と同様に，国際社会や国際NGOなどの外部要因が，知床の管理体制に影響している．また，同等に重要な点として，TACを的確に実施するために日本型TAC制度が作られたごとく，世界遺産条約で求められる生態系保全を実現するために，知床方式が作られたことが指摘できる．これは，どこか別の国に存在するしくみのコピーではなく，日本の既存の制度的枠組みに基づく新たなしくみである．そもそも，すべての社会的・生態的状況において適用可能な万能な社会制度というものは存在しない．目的を達成するためには，かならず，多様な制度的経路が存在するのである（後述）．

§2. 生態系保全制度の国際比較

2・1 比較の目的と枠組み

漁業の管理に関する制度と同様に，生態系保全に関する制度においても，その性格は当該国・地域の生態的および社会的な特徴を反映するはずである．よってここでは，異なる生態的・社会的特徴を有する国との比較を行うことにより，生態系保全における漁業セクターの役割を考察する．この作業は，第9章で議論した「生態的モザイクシナリオ」や，今後の我が国の総合的海洋政策の中での

漁業の社会的位置づけを議論するための，前提作業として位置づけられる．比較対象は，寒帯と熱帯の漁業国から，それぞれノルウェーとフィリピンを選択した（Makino et al., 2013）．

上記目的のため，前章で提示した漁業管理の比較分析の枠組みを修正する．まず（A）資源・環境面を（A'）生態系と改め，生態系の機能と構造に関する自然科学的な側面をまとめる．（B）食料供給面は，（B'）生態系サービス面，と改め，同様に，（C'）は，これらの生態系サービスを利用した産業に拡張する．（D'）は地域社会の側面であり，前章の（D）に類似するだろう．最後に（E'）は，海からの生態系サービス利用の文化，社会的資本，生態系に関する伝統的・科学的知見の蓄積，などである．ここでは生態系保全における漁業の位置づけを考察するため，生態系サービスとしての食文化や水産物消費特性と，社会関係資本としての漁業者組織に着目する．

2・2 各国の生態系と漁業の概要

まず，ノルウェー，日本，フィリピンの3カ国について，上述のA'～E'を簡単に整理する．

1）ノルウェー

ノルウェー王国は欧州北部，スカンジナビア半島の北岸に位置し，バレンツ海，ノルウェー海，北海に囲まれた国である．沿岸線は非常に長く，フィヨルドを

表15・1 3カ国の国家経済と水産業の概要

	GDP* (10億ドル)	一人当たりGDP* (ドル)	総輸出額**** (10億ドル)	総漁獲量** (千トン)	総漁獲金額*** (百万ドル)	水産輸出額**** (百万ドル)	漁業就業者数*** (千人)	漁船数*** (千隻)	一人当たり漁獲量 (トン)
ノルウェー	413	84,589	131	2,510	1,935	8,510	13	5	197
日本	5,459	43,141	769	4,320	14,080	1,285	222	185	19
フィリピン	1200	2,140	51	2,522	3,171	338	1,614	476	5
世界平均	1,075	14,633	75	397	n.a.	383			

* United Nations Statistics Division (2012)
** UN FAO FISHSTAT PLUS (2006-2010)
*** International Cooperative Fisheries Organization (2011)
**** United Nations Statistics Division (2011)

含むスカンジナビア半島部分が25,148 km，さらに属領などを含む島嶼部分は58,133 km に及ぶ（CIA2012）．これはカナダに次ぐ世界2位の距離である．日本より若干広い国土に約500万人が暮らしている．国土の北部は北極圏内にあり，その最北部は北緯71度を越える．本国周辺海域の生態系は寒帯および亜寒帯に属するため，その生物多様性は低く（Hillebrand, 2004；Makino and Matsuda, 2011），最新のFAO統計（FAO FISHSTAT PLUSによる2006-2010の統計値）によれば，総漁獲重量の90％を10種（Species），5科（Family）が占めている（A'）．

ノルウェーは生態系サービス（供給サービス）としての天然資源に恵まれた国である．石油・天然ガスの他，生産力の高い水産資源，水資源，森林資源が豊富である（B'）．ノルウェーの国家経済の規模は小さく，国内総生産（GDP）は世界平均の半分以下である．しかし，人口が非常に少ないため，一人当たりGDPは世界で最も高い水準を保っている．主な産業は，供給サービスの石油・天然ガス開発であり，GDPの20％以上を占めている．これら豊富な天然資源は，政府出資の企業により輸出に向けられ，その外貨収入に支えられた高度に発達した公共部門（公務，防衛，教育，医療，福祉など）は，GDPの15％を超えている．また，漁獲量が世界10位に位置する漁業国であるものの，漁業生産額(採捕漁業）がGDPに占める割合は約0.5％程度である．人口が少なく国内消費量は少ないため，養殖生産物を含めて国際水産市場への指向性が高く，世界で第2位の水産輸出国であり，また，水産物は石油・天然ガス・石油製品に次ぐ第2位の輸出品目である．ノルウェー水産業の最大の特徴の1つは，漁業就業者一人当たりの漁獲量が著しく大きく，日本の約10倍，フィリピンの40倍にのぼる点である．これは，ノルウェー国内の他産業並みの高所得を実現するため，意図的に漁民数を減らし，産業の経済効率化を進めてきた結果と考えられる（C'）．

漁業就業者数は，過去数十年で大幅に減少し，現在は約1万3,000人程度であるが，その半数以上がフィンマルク，トロムス，ヌールランといった北極圏およびその周辺地域に居住している（ICFO, 2011）．よって，これら遠隔地の雇用の創出と地域の維持において，水産業は主要な役割をはたしていると思われる．油田・ガス田を有する地方政府は，石油・天然ガス産業の振興政策を進めており（Buanes et al., 2005），不安定な沿岸漁業を縮小して雇用を代替する方針をすすめているという（D'）．

FAO食料需給表によれば，平均的なノルウェー国民は2007年に1日当たり

3,464 kcal の熱量を食料から摂取している．これは欧州平均（3,406 kcal/日）にほぼ等しい水準であるが，世界平均（2,769 kcal/日）とアジア平均（2,668 kcal/日）に比べると3割以上大きい．動物性タンパク質の摂取重量を比較すると，平均的ノルウェー人が1日当たり 64.2 g であり，その24％が水産物に由来する．この値は，欧州平均の 57.7 g/日を1割以上上回り，世界平均やアジア平均（それぞれ 29.8 g/日，23.4 g/日）の2倍以上にのぼる．特に，水産物への依存度をみると，欧州平均の 10.9％の2倍以上であり，世界平均の 16.1％とアジア平均 22.6％も上回っている．一人当たり GDP が著しく高く，畜肉を購入する経済力は十分にあることから，これは食文化として水産物を好む国民であることがうかがえる．漁業管理に関する社会関係資本としては，1926年に設立されたノルウェー漁業者連合（Norwegian Fishermen's Association）と，水産物の協同販売組織として1938年に設立された漁業協同販売組織（Fihsermen's cooperative sales organization）が世界的にみても長い歴史を有している．ノルウェー漁業者連合は水産業界の代表として位置づけられ，漁業政策の立案に深くかかわってきた（Mikalsen and Jentoft, 2003）．EU 共通漁業政策における国別漁獲量割当（国別クォータ）交渉にも関与し，また，国別クォータの各漁業種への分配も担当している．なお，1987年には沿岸漁業者の一部が脱退してノルウェー沿岸漁業者連合（Norwegian Coastal Fishermen's Association）を設立した．その理由としては，ノルウェー漁業者連合がまき網や底びきなど大規模水産企業に代表される漁獲割当保有者の利益団体となったことが指摘されている（Mikaelsen *et al*., 2007）．さらに，有名なロフォーテン諸島のタラ漁業の管理に代表されるように，古くから各地の地域漁業者による漁業管理が行われてきた（Jentoft and Krisoffersen, 1989）．そこでは，漁業者が管理委員会を形成し，地域ごとに自主的ルールを策定・執行している（E'）．

2）日 本

日本の生態的特徴は，すでに第2章で詳しく紹介したが，ノルウェーおよびフィリピンとの比較のため，もう一度簡単に整理しよう．太平洋北西部の中緯度に位置する日本国は，南北 3,000 km 以上に伸びる長い国土を有しており東シナ海，太平洋，日本海，オホーツク海に囲まれている．海洋生態系は熱帯から亜寒帯をカバーし，3万 5,000 km 以上にわたる世界6位の海岸線距離を有している．総漁獲重量の90％を占める種の数は31，科の数は12に上るが，さらに上述の

ような多様な生態系を反映し，目（Order）のレベルでみると3カ国で最も多様性が高い（漁獲の90％を占める目の数は，ノルウェー7，フィリピン9，日本11）．また，約38万km^{2}の国土の約9割は山岳地帯であり，約1億3,000万人の人口の居住可能地は沿岸に集中しているため，大都市周辺の海岸は，埋立などにより開発されている（A'）．

日本は総漁獲量が世界第4位を占める漁業大国であり，水産資源は現在の日本が豊富に有する数少ない天然資源（供給サービス）である．降雨量は多いものの，急峻な山地により短時間で海に流れ込み，また人口も多いことから，一人当たりの水資源量は世界平均を大きく下回るなど，その他に目立った天然資源はない（B'）．世界で3位の国家経済を有し，また総輸出額では世界4位に位置する経済大国である．よって，世界第10位の大きな人口を有するものの，一人当たりGDPは世界平均よりもかなり高い．主な産業は製造業であり，水産業が国家経済に占める比率は約0.3％と小さい．他方，世界最大の水産物輸入国の1つであり，水産物自給率は約50％，2010年の水産物貿易赤字は100億ドルを超える（C'）．

漁業就業者数は20万人を超え，また18万隻以上の漁船が操業されているが，そのほとんどが零細漁業であるという特徴をもつ．日本沿岸には6,000を超える漁業集落が存在し，その半分が遠隔地に存在することから，それらの地域の雇用創出源としての位置づけが大きい．文化的サービスとしての観光業は，第13章で触れたように，知床などの観光地で機関産業の1つとなっている．たとえば2004年度の旅行消費額は24.5兆円であり，漁業生産額（1兆6,000億円）に比しても大きな位置づけを占めるとともに，200万人以上の雇用を創出している（柴田，2006）（D'）．

平均的な日本国民は2007年に1日当たり2,812 kcalの熱量を食料から摂取している．この値は，アジア平均より若干高く，ほぼ世界平均の水準である．平均52.0g/日の動物性タンパク質摂取量のうち，42.5％を水産物に依存している．摂取量では，アジア平均と世界平均より著しく高いが，欧州平均に比べると約1割低い．水産物への依存度が欧州平均の4倍，アジア平均の約2倍という点が特徴である．一人当たりGDPが高いことを考えれば，畜肉を購入する経済力は十分にもっているため，これは水産物への指向性が高いことを意味する．漁業管理に関する社会関係資本については，既に本書で詳しく説明したように，各海域の漁業協同組合や漁業種別・漁具別の組織をはじめとして，海区漁業調整

3) フィリピン

フィリピンは太平洋の熱帯に位置し，7,107 の島からなる島嶼国である．世界で 5 位に数えられる沿岸線距離は 3 万 6,000 km 以上にわたり，南シナ海，スル海，スラウェシ（セレベス）海，太平洋に囲まれている．周辺海域の生物多様性は高く，FAO 統計によれば総漁獲重量の 90％を占める魚種は 34 種，19 科にわたるが，フィリピン国内の統計制度の普及が日本・ノルウェーより遅れていることから，特に種数については過小評価と考えられる．約 3 万 km^2 の国土に 9,400 万人以上が居住している（A'）．

フィリピンの代表的な生態系サービスは，水産資源，森林資源，鉱物資源（銅・金・ニッケル・クロムなど）の供給サービスと，海洋性レクリエーションなどの文化的サービスである（B'）．国家経済は近年急速に成長し，GDP 規模はほぼ世界平均に準ずる水準であるが，世界 12 位の大きな人口を有するため，一人当たり GDP は非常に低く，全人口の 40％以上が貧困ラインを下回っている（Wan and Sebastian, 2011）．主な産業は農林水産業であり，全就業人口の 3 割を占めている．また，沿岸域においては，マングローブ伐採，水質汚染，藻場やサンゴの破壊，海砂採取などが急速に進んでいる．漁獲量で世界 11 位を占める漁業国であるが輸出は小さく，国内での消費がほとんどである（C'）．

多数の漁業就業者が多数の漁船で操業しており，その規模は零細である．一人当たりの漁業生産は低いが，160 万人を超える雇用を創出しており，特に島嶼域では地域を支える主要な産業である．地理的には，ミマロパ，ビザヤ地方など中央部に沿岸零細漁業者が多く，南部のザンボアンガやミンダナオ地方に比較的大規模な商業漁業が多い．一方，文化的サービス利用産業として，フィリピンでは海洋観光業，海洋レクリエーション産業が発達している．2009 年には約 320 万人の外国人観光客が訪れるなど（日本貿易振興機構マニラ事務所，2011），外貨獲得産業として国家経済上も重要な位置づけを占めるとともに，ボホール島，セブ島，などの観光地では主要な雇用創出源となっている（D'）．

平均的フィリピン人は 1 日当たり 2,565 kcal の熱量を食料から摂取しており，世界平均およびアジア平均よりも低い水準にある．平均で 25.3 g/日の動物性タンパク質を摂取しており，これはアジア平均とほぼ同じ水準である．しかし，日

本と同様に水産物への依存度が高く，41.1％にのぼる．国民の平均的な収入が世界平均よりも低いことを考えれば，これは畜肉を購入することができず，目の前の水産物を自給目的で採捕・消費しているという側面もあるだろう．実際，水産物の輸出入は少なく，その自給率は98.5％である．漁業管理の社会関係資本としては，その代表として漁業水域資源管理協議会（Fisheries Aquatic Resources and Management Councils：FARMCs）があげられよう．1998年のフィリピン漁業法に基づき，漁業者やNGO，政府代表者らにより構成され，政府に対して生態系保全や漁業管理に関する助言を行う組織である．理論的には122の市，1,512の自治体，さらには村（Barangays）といった様々な地理的・行政的レベルで設立されている．また，地域に特定の問題に応じた広域組織も存在し，たとえば後述のように，セブ州南東部沿岸域の生態系保全組織として，FARMCsやNGO，セブ州政府などが参画したセブ南東部沿岸資源管理協議会（Southeast Cebu Coastal Resource Management Council）がある（E'）．

以上の整理をもとに，3国の概要をまとめたものが表15・2である．

表15・2　3カ国の生態的・社会的要因の概要

	地理・生態系（A'）	生態系サービスとその利用（B'，C'）	地域社会，食文化と社会関係資本（D'，E'）
ノルウェー	・長い海岸線 ・寒帯・亜寒帯生態系 ・低い生物多様性と大きな生物量	・小さな経済と小さな人口 ・豊かな供給サービス（石油，天然ガス，水産物） ・非常に高い平均所得 ・輸出志向の企業的水産業	・少ない漁業就業者（北極圏中心）．政策による沿岸漁業の縮小と，石油・天然ガス産業の振興による雇用の創出． ・世界の中でも著しく多いたんぱく質摂取 ・欧州の中では，魚への指向性が高い．
日本	・長い海岸線 ・多様な生態系（亜寒帯～熱帯） ・高い生物多様性（特に目レベル）	・製造業中心の大きな経済と大きな人口 ・高い平均所得 ・水産物輸入大国	・遠隔地域の雇用を支える零細中心の水産業 ・アジア人としては著しく多いたんぱく質摂取． ・魚への指向性が著しく高い．
フィリピン	・多数の島と長い海岸線 ・熱帯生態系 ・高い生物多様性（特に種レベル）	・中規模の経済と大きな人口． ・貧困な国民 ・発達した海洋観光業． ・水産物消費は国内中心．	・多数の島の雇用を支える多数の零細漁業 ・世界平均より低いたんぱく質摂取． ・魚への依存度が著しく高い．

2・3 生態系保全における漁業の位置づけと役割

1) ノルウェーの場合

ノルウェーでは，油田・天然ガス開発と，採捕漁業，および養殖業の関係を通じて，生態系保全と漁業の関係の特徴の一部を見ることができる．1970年以降，サーモン養殖業がノルウェー沿岸で急速に発達した．その結果，沿岸域の空間管理が急務となり，関連立法がなされた際に，海洋保護区も導入されることとなった（Buanes and Jentoft, 2005）．日本と同様に，水産資源の持続的な利用を目的とした空間的な漁業管理（産卵場や育成場の保護のための漁具制限や禁漁区など）は，地域の漁業者や管理委員会により古くから多くの沿岸で設置されていた．よって，沿岸漁業者はこの新たな海洋保護区制度を利用し，実質的に油田開発や大規模漁業，養殖，遊漁などの利用を排除した（Buanes *et al.*, 2005）．つまり漁業者は，生態系保全施策としての海洋保護区を，その位置やルールを自分達が主体的に決められる限りにおいて，積極的に活用したのである．このような事例は，たとえばノルウェーにおけるホッキョクダラ（*Boreogadus saida*）の産卵場として最も重要なロフォーテン諸島沿岸海域や，沿岸漁業者の雇用が比較的多いノルウェー北部において多く見ることができる．なお，漁船別クォータ制の導入後，その売買によりクォータの地理的分布が北部から南部に移動しており，漁業者の雇用もそれに伴い減少していることから，政府は養殖業，観光業，油田開発などによる雇用の代替を計画しているという（Jentoft，私信）．

2) 日本の場合

第13章で紹介した知床は亜寒帯生態系であり，また陸域生態系と海域生態系の相互作用が特徴である．しかし同時に，知床の海域生態系は，北方領土やロシア領土を含む広域生態系の一部であることも重要な特徴である．また，世界遺産における「顕著な普遍的価値」として評価された特徴としては，北半球における流氷の最南端海域であり，それに由来する豊富な一次生産もある（基盤サービス）．地域の基幹産業は，供給サービス（水産資源）と文化的サービス（景観）に基づく水産業および観光業であり，主要な雇用創出源である．知床半島は長年にわたり人が住み，水産資源を食べてきた．現在も日本の主要な水産基地の1つである．よって，知床世界自然遺産の海域管理計画では漁業が生態系の一部と位置づけられ，生態系モニタリングの中心的役割を担っている．また，観光業など他セクターとの調整を目的として新設された組織（図13・1）では，知床半島に所在する3

つの漁業協同組合が，漁業セクターの利益を代弁するとともに，他セクターとの情報共有・信頼構築を担っている．しかし知床海域特有の問題として，戦後より，北方領土問題が発生した．知床周辺海域と北方領土周辺海域の生態系は深く関連しているが，これらを地理的にカバーする包括的な管理制度はまだ存在しない．

3）フィリピンの場合

フィリピンの沿岸域では，経済発展に伴い，マングローブ伐採，水質汚染，藻場やサンゴの破壊，海砂採取などが急速に進んでいる．地域の水産業にとっては，こうした沿岸域の開発活動が生態系の構造と機能を変化させ，ひいては水産資源の生産力（供給サービス）を劣化させるのではないかという危惧を抱いてきた．こうした事態に対応するため，漁業者は沿岸域の生態系保全に参画している．たとえばルソン島北部のボリナオ地域では，国際的な環境基金である地球環境ファシリティー（Global Environment Facility）の資金に基づく活動がある．2007年に60 ha の海洋保護区が設置され，漁業水域資源管理協議会と自治体により藻場やサンゴ礁海域の沿岸水産資源の管理，モニタリング，啓発活動などが行われてきた（Geronimo et al., 2010）．ネグロスなどのダウイン地区では，地域の漁業者が組織するダウイン漁業者連合組合が海洋保護区を設置し，観光業（ダイビングなど）に供している．利用ルールの執行や利用料の徴収は，政府からダウイン漁業者連合組合に委任されており，収入の40％が自治体に，60％が管理費・人件費などとして組合に分配される．このしくみは，地域の雇用を維持し，自治体の収入も増やしつつ，生態系を守ることを目指した取り組みである．同様に，観光地であるセブ州南東部沿岸域では，マングローブ，藻場，サンゴ礁を保護するための海洋保護区が21カ所設置され，漁業者も参画するセブ南東部沿岸資源管理協議会がその管理を担当している．生態的知見に基づき，中核となる13の海域（合計139 ha）については一切の人的利用を禁止する一方で，残りの8海域（131 ha）はダイビングによる利用を認め，観光業による雇用確保を意図している（Diaz et al., 2010）．

2・4 考 察

まず，この3国の共通点として，世界で上位に位置する漁業生産国であるとともに，古くから人が住み，食料として水産物を活用してきた国であり，現在

も動物性タンパク質として水産物が重要な位置づけにあることが指摘できる．長い海岸線をもつことから，国土利用上，遠隔地や条件不利地の雇用創出源として水産業が重要な役割を果たしていると考えられる．また，様々な地理的スケールに応じた漁業管理組織が，3国ともに法律に基づいて組織されている．これは換言すれば，食料供給や地域の維持という，漁業の社会的な目的が，3国ともに公的に認識されているということになろう．これらの漁業管理組織は，全ての事例において，生態系保全施策の立案・執行の主要な役割を担っているとともに，他産業に対する水産業の利益代表組織として機能している．

　一方で，3国の国家経済，および，そこでの漁業の位置づけの違いが，生態系保全における漁業者の役割や行動原理に違いをもたらしている点が指摘できる．たとえばノルウェーは国民の平均的所得水準が著しく高いため，第一次産業である水産業は比較的不利に陥りやすい．よって，特に1990年代以降は零細漁業者数を減らし，また漁船別クォータ制を導入するなどして，水産業の経済効率性を高める政策をすすめてきた．生態系の特徴として，生物多様性は低いが生産力が大きく，したがって個々の資源の生物量が大きいノルウェー周辺海域では，漁業の大規模化・集約化の経済効果は大きかったであろう．また，クォータによる出口管理も生態的に適していると考えられる．ただし，人口が少なく国内需要は生産力よりも大幅に小さいことから，輸出志向の水産業に変換している．その結果，伝統的に水産業界全体を代表してきたノルウェー漁業者連合のアジェンダは変化し，大規模漁業を経営するクォータ保有者の利害代弁組織としての性格が強くなった．こうした変化への対応として，沿岸漁業者は別途団体（ノルウェー沿岸漁業者連合）を組織するとともに，沿岸海域からこれらの大規模漁業や養殖業を排除するツールとして，海洋保護区制度を活用したのである．またこの海洋保護区は，ノルウェー内の他の有力海洋産業（石油・天然ガス開発や観光業）を排除するツールとしても機能している．

　一方でフィリピンでは，人口が多く，漁業者数も多く，しかもそのほとんどを零細漁業が占める発展途上国である．国民は貧しく，特に島嶼地域では自給自足的な操業が多いであろう．熱帯であるため種の数が多く，個々の資源の生物量は小さいことが，クォータ制などの出口管理ではなく，海洋保護区といった「場」に基づく管理が広く採用されている理由の1つであろう．一方で，急速な経済発展に伴う沿岸環境破壊に対する自己防衛の一環として，漁業者が沿岸域の生態系保全に参画している．しかし，発展途上国であることに鑑みれば，

生態系保全施策のための予算額は先進国より相対的に小さいことが想定される．以上のような条件を反映し，国際的ファンドや外国人観光客からの外貨を活用して生態系を保全するとともに，漁業者組織がその管理を担い，雇用も守ろうという意図がみてとれる．

　知床は，日本の中でも有数の漁業生産地であり，また漁業所得も高い地域である．第13章で紹介したように，生態系の上位から下位まで多様な水産資源を漁獲対象としているため，漁業管理も多様な手法が組み合わされている．多様な漁獲物について，長年にわたり詳細な漁獲データが蓄積されていることから，生態系モニタリングの中心的役割を漁業者が担っている．これは，漁獲統計制度が古くから発達した漁業国であり，同時に先進国であったから可能であったと考えられる．また，先進的な漁業管理が自主的に導入されてきたことから，これを絶滅危惧種の餌資源の保全施策として正式に位置づけた．このような先進的管理を，地域の漁業者が自主的に導入できた要因としては，知床海域の漁業所得が高く，したがって人的資源と貨幣的資源が比較的豊富であったとともに，日本を代表する漁業生産地を支えるための行政的・科学的なサポートも手厚かったことが指摘できるだろう．

§3. 今後の研究課題

　本書で扱うことができなかったが，日本の漁業管理にとって重要な課題はまだたくさんある．たとえば，加工・流通業や，養殖，内水面漁業などがその例である．また，今後の漁業管理や生態系保全に，消費者が果たすべき役割も重要である．これらに加えて，以下の3つが今後の重要な研究課題としてあげられる．

3・1　制度の多様性

　生態系に多様性が存在するのと同様に，社会や制度にも多様性がある．生態系の多様性に関する研究は，社会や制度の多様性に関する研究よりも大幅に進んでいるように見える．しかし，これら両者の研究では，ある程度，類似の分析視点・ツールが適用できるのではないだろうか．

　第8章の最後で議論したように，異なる生態系と異なる社会制度は，異なる生態系保全の枠組みにつながるだろう．こうした制度的経路の多様性を説明す

る一般理論は，事例研究の比較分析によってのみ可能となる．前節では，日本，ノルウェー，フィリピンの3つの漁業国の比較を試みたが，今後はより詳細かつ広範な事例研究と比較分析が必要である．幸い，日本には多様な海域生態系が存在する（亜寒帯から熱帯まで）．よって，次に行うべき分析は，日本国内の他の生態系における保全制度との比較研究である．この作業により，同一制度下での生態系の違いに由来する制度の差異が明らかになるはずである．以上の観点から，現在著者らは沖縄県石西礁湖の分析を行っている．

また，第11章のミレニアム生態系評価で紹介したように，近年は権利に基づく漁業管理の概念が注目を集めている．権利に基づく管理の重要性には全面的に賛成であるが，この議論を生態系保全の文脈で検討するとき，その権利の性格が重要となる点を指摘したい．たとえば，場を対象とする漁業権と，魚種・資源を対象とする漁業権とでは，それを基盤とした生態系保全の枠組みに決定的な違いをもたらすであろう．一般的に言って，特に沿岸域については，場を対象とした権利の方が生態系保全に整合的だろうと思われる．特に，環境・生態系保全は，水産資源管理と並び，21世紀の漁業の基本となる思想・理念であり，公物たる海の本来の機能をより良く発揮させるという視点の確立が必要となる（来生，1984）．その際，日本の沿岸漁業管理制度を沿岸生態系保全へと発展的に拡大する可能性と限界については，本書で詳しく議論した．今後は，第9章の生態的モザイクシナリオで議論したように，生態系保全のための制度を漁業に関する法制度の中に積極的に位置づけるための議論が必要と考える．具体的には，漁業権の海面利用および生態系サービス利用に関する法的性質や，沿岸域の汚染防止のために陸上を含めた一般市民・他産業とどのような関係を構築するべきか，またその対策費用はどのように分担されるか，といった検討や，陸上の人為活動に起因する沿岸域汚染が漁業に質・量的リスクをもたらす場合に，漁業権は汚染者に対しどのような物権的請求権を有するのか，さらには，水産物の健康リスクに関し漁業は消費者に対しどのような生産者責任を負うべきかなど，法学分野で検討すべき課題は多くのこっている．

3・2 生態系保全の目的

漁業管理あるいは生態系保全の目的は，社会と密接に関連する．日本の場合，人々はこの列島に少なくとも数千年は住んでおり，水産物を主要なタンパク質源として利用してきた．現在でも国民は，海の利用法として，水産物の生産活

動を非常に重要と考えている（12章3・1のアンケート結果参照）．知床世界遺産の事例で示したように，地元の漁業は，手つかずの自然を壊す存在ではなく，地域の生態系の構成要素なのである．よって，第12章の自主的海洋保護区（AMPAs）で議論したように，地元の漁業者が生態系保全活動において重要な役割を果たしており，一般市民もそこに積極的に参画しているのである．

横浜のアマモ場回復NGOのリーダーは，「環境の目的が『子供達の育成』という話では，どんなに主義主張が違っても，だいたい同じ舞台に上がれるというのが，手ごたえとしてつかめてきています」と述べ，海に行って獲って食べるという体験を「この視点だけは外せない」と指摘している（自然再生を推進する市民団体連絡会，2005）．この言葉は，日本における海の生態系と社会との関係を端的に表しているとともに，今後の日本において，漁業管理や生態系保全の目的を設定する際の1つの基礎になるのではないだろうか．

第9章において，日本の漁業管理の5つの目的を紹介した．しかし，本書では，なぜこれらの5つが日本社会において発展してきたのか，については考察していない．この点を議論するためには，やはり他国制度との比較分析が有用であろう．たとえば，英米法諸国，東南アジア，アフリカ沿岸諸国はどのような目的があるのであろうか．これらの国における，望ましい生態系の姿は，どのように日本と違うのだろうか．前節で比較した3カ国は，全て漁業生産量が大きく消費においても水産物を重視している漁業国である．では，畜肉を主たるタンパク質供給源とする国においてはどのような目的が設定されるのであろうか．今後，国連などの国際的な場における漁業管理・生態系保全に関する議論を建設的なものにするためには，これらの相違点を科学的に明らかにし，その違いを前提とした議論を積み重ねることが必要と考える（コラム14参照）．

3・3 社会－生態系の変化とレジリアンス

気候変動枠組条約第15回締約国会議が，2009年12月にコペンハーゲンで開催された．この会議では，Ocean Dayが設定され，気候変動が海に及ぼす影響について集中的に議論された．その結果，水温上昇，海面上昇，嵐や台風の規模・経路・頻度の変化，数十年周期の気候変化，海洋酸性化，などが指摘されている．また，生態系への影響や，生物生産力・分布の変化なども指摘されている．

日本が存在する北西部太平洋海域は，世界のなかで，生物多様性ホットスポッ

トに指定されている．海面水温の急激な上昇はこの海域でも観察されており，たとえば黒潮域では世界平均の 1.5～3 倍の海水温上昇が観察されている．知床への流氷も年々減少しており，いずれ海域生態系に大きな変化をもたらすかもしれない．世界科学会議（ICSU）や国際社会科学会議（ISSC）が指摘するように，学術にとっての"Grand Challenges（Reid *et al*., 2010）"は，社会科学と生物物理化学との統合・連携である．漁業管理や生態系保全に関する課題も，本

コラム 14：「望ましい生態系の姿」をどう科学的に分析するか

望ましい生態系の姿は，国・地域により，あるいは歴史・文化により，大きく異なる．たとえば日本の場合，瀬戸内海や英虞湾に浮かぶ養殖筏は「優しく豊かな海と人々の暮らしの関わり」のシンボルであり，写真集にも使われる．一方で，アメリカ東海岸北部では，海に浮かぶ筏は「醜いもの」であり，海の写真を使う場合には画像処理技術を用いて筏が消去されるとのことである．

心理学の分野では，人間の意識や行動，価値観や態度などを測定するために，様々な社会科学的手法が提案されてきた．たとえば，主観的に体験される「幸福」を測定するために，客観的に計測可能な"人間の欲求"を 3 つの軸，27 の項目に分類した"欲求キューブ（下図）"がある．この"欲求キューブ"を用いることにより，幸福の構成要素の網羅的な把握と比較が可能となる．

現在著者ら研究グループ（中央水研，立教大学，（株）シタシオンジャパン）は，海の生態系サービスと人間の福利（Human Well-Being）の関係について，欲求キューブを修正した"福利キューブ"を用いての国際比較を進めている．この分析により，国による「望ましい生態系の姿」の違いを前提とした議論が可能になるとともに，この結果を各調査データへの重み付けに使用することにより，今まで見えてこなかった質的な差異や共通性が議論できるようになる．

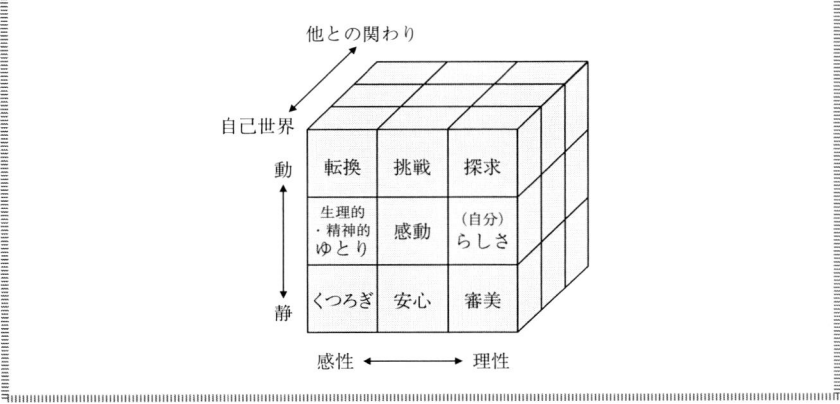

	転換	挑戦	探求
動	生理的・精神的ゆとり	感動	(自分)らしさ
静	くつろぎ	安心	審美

軸：他との関わり／自己世界／感性 ←→ 理性

質的には，人に関連する問題である．よって，社会科学からのより積極的な貢献が求められている．

多くの漁業管理成功事例は，資源崩壊などの厳しい経験によって，漁業者の意識が変わり厳格な漁業管理が導入されてきたことを示している．ここで重要な点は，このような管理の変化が，事態が生態的に復元不可能な閾値を越える前に起こらなければならない，という点である．換言すれば，多くの成功事例では，資源がまだ回復可能な状態にあるうちに，管理体制を変えたということである．ここで，自然科学は重要な使命を担うことになる．漁業者は，必ずしも生態系全体の状況を把握しているわけではないので，わかりやすい形で情報提供することが求められる．

また，漁業のレジリアンスに関しては，複数魚種漁業に関する管理の組み合わせという視点も重要となる．たとえば陸奥湾の川内町漁協（6・2節）では，ナマコ漁業とホタテ養殖業が漁業者らの主要な収入源である．しかし，2003年と2010年に，大規模なホタテ斃死現象が発生した．今後温暖化が進めば，ホタテ大量斃死現象はさらに頻発する可能性がある．この緊急事態に対応するため，漁業者はこの大量斃死の年のみナマコ漁獲量を通常より拡大した．結果的に，川内町漁協の漁業者らは，陸奥湾の他の漁協の漁業者らよりも，少ない経済被害に抑えることができた．これは，1つの資源に対して良い管理制度を導入することが，漁業経営全体としてのレジリアンスを高めたという実例である．同様に，気候変動の影響を緩和するためには，漁業集落の脆弱性という視点も含めて，適切な資源の組み合わせや採捕戦略を定量的に分析する必要があるだろう．

引用文献

Buanes A, Jentoft S（2005）：Challenges and Myths in Norwegian Coastal Zone Management. *Coastal Management*, 33: 153-167

Buanes A, Jentoft S, Karlsen GR, Maurstad A, Søreng S（2005）：Stakeholder Participation in Norwegian Coastal Zone Management. *Ocean & Coastal Management*, 48: 658-669

Central Intelligence Agency（2012）：The CIA World Factbook. Skyhorse Publishing

Diaz R D, Sabonsolin A Z, Apistar D R（2010）：Southeast Cebu. In: Coral Reef Information Network of the Philippines（PhilReefs）. State of the Coasts: Promoting the State of the Coast Reporting. Coral Reef Information Network of the Philippines（PhilReefs）, MPA Support Network, Marine Environment and Resources Foundation Inc., The Marine Science Institute University of the Philippines, pp 76-80

Geronimo R C, Vergara M W B, Alino P M, Echavez A S（2010）：Bolinao Pangsinan. In: Coral Reef Information Network of the Philippines（PhilReefs）. State of the Coasts: Promoting the State of the Coast Reporting. Coral Reef Information Network of the Philippines（PhilReefs）, MPA Support Network, Marine Environment and Resources Foundation Inc., The Marine Science Institute University

of the Philippines, pp 21-29
Hillebrand H (2004): Strength, slope and variability of marine latitudinal gradients. *Marine Ecology Progress Seriese*, 237: 251-267
International Cooperative Fisheries Organization (2011): World Fisheries. International Cooperative Fisheries Organization
Jentoft S, Kristoffersen T I (1989): Fishermen's Co-management: The Case of the Lofoten Fishery. *Human Organization*, 48 (4): 355-365
Makino M, Matsuda H (2011): Ecosystem-based management in the Asia-Pacific region. In: Ommar RE, Perry R I, Cochrane K, Cury P Ed.s World Fisheries: A Social-Ecological Analysis, Wiley-Blackwells, pp 322-333
Makino M, Cabanban A, Jentoft S (2013): Fishers' Organizations-Their roles in decision-making for fisheries and conservation. In: Garcia SM, Rice J, Charles AT Ed.s Governance for Fisheries and Marine Conservation-Interactions and Co-evolutions, Willey-Blackwells.
Mikalsen KH, Jentoft S (2003): Limits to participation? On the history, structure and reform of Norwegion fisheries management. *Marine Policy*, 27: 397-407
Mikalsen KH, Hernes H-K, Jentoft S (2007): Learning on user-groups: The role of civil society in fisheries governance. *Marine Policy*, 31: 210-219
Reid N, Chen D, Goldfarb L, Hackmann H, Lee Y T, Mokhele K, Ostrom E, Raivio K, Rockstrom J, Schellnhuber H J, Whyte A (2010): Earth System Science for Global Sustainability: Grand Challenges. *Science*, 330: 916-917
United Nations Statistics Division (2011) International Trade Statistics yearbook 2010.
United Nations Statistics Division (2012): National Accounts Statistics: Main Aggregates and Detailed Tables 2010.
Wan G, Sebastian I (2011): Poverty in Asia and the Pacific: An Update (ADB Economics Working Paper Series 267). Asian Development Bank
来生　新 (1984)：海の管理. 雄川一郎ほか編　公務員・公物 (現代行政法体系9). 有斐閣, pp 342-375
自然再生を推進する市民団体連絡会 (2005)：森, 川, 海をつなぐ自然再生. 中央法規
柴田耕介 (2006)：観光産業の実態と課題. 国際交通安全学会誌, 31 (3): 195-214
日本貿易振興機構マニラ事務所 (2011)：フィリピンにおけるサービス産業基礎調査. 日本貿易振興機構

あ と が き

　著者が京都大学に入学するとき，選んだ専攻は水産学でした．これは，長年にわたり水産業（真珠養殖・販売）に従事していた，水産大学校卒の父親の影響が大きかったと思います．学部生当時は，いろいろな海に行くこと，船に乗ること自体が楽しくて仕方がありませんでした．先輩が調査で海に行くという話をきくと，調査目的も内容も海域も関係なく，肉体労働要員としてとにかくできる限り参加させてもらっていました．当時先輩から「人間ウインチ」と呼ばれていた私は，大学4回生のころには「今年は京大の中で自分が一番多くの現場に行った」という，よくわからない自負すらもっていました．

　臨海実験所があった舞鶴をはじめ，学部指導教官の藤原健紀先生が研究をされていた瀬戸内海や伊勢湾・三河湾，あるいは琵琶湖（滋賀県のひとは琵琶湖を"ウミ"と呼びます）などに行くことが多かったのですが，なんといっても私の中で原風景となった海は，瀬戸内海です．やさしく，うつくしく，しずかで，あたたかい瀬戸内海と島々の景色は，今日でも自分にとって最高の理想の海です．

　多くの海で調査の手伝いをさせていただいているうちに，私の興味はだんだんと海から漁師に広がっていきました．特に，瀬戸内海のとある海域でいつも船を出してくださった高齢の漁師は，私にとってとても大きな存在でした．この漁師からお聞きした，朴訥な，そして経験と自信と謙虚さに満ちた，海との付き合い方に関するお話は，本当に魅力的でした．そして，このような魅力的な人にたくさん会える仕事がしたい，と強く思うようになりました．

　その後，紆余曲折を経て研究者となり，ちょうど10年がたった今，この夢はかなえられています．「これが日本の誇るべき漁師だ！」と世界に自慢したくなるような漁師を，私は北海道から沖縄まで，たくさん知っています．また，漁師と同じく海を愛し，海のことを深く知っている，水産普及指導員や漁協職員の方々にも，たくさんめぐり合うことができました．これらの方々の今後のお仕事に，そしてこれからこのような素晴らしい仕事に就く学生諸君に，本書がなにかほんの少しでもお役にたてば，望外の喜びです．最後に，私の研究を全面的に支えてくれる最愛の妻，三香子に心より感謝します．

　　2013年7月

牧野光琢

索　引

〈あ行〉

愛知目標　159, 183
アジェンダ21　168
アンコウ　104
委員会指示　69
家島諸島　124
イカナゴ　98
伊勢湾　98
遺伝的多様性　208
入会　47
入口管理　141
インフォーマルな制度　12
訴えの利益　132
裏付命令　69
英米法系　83
エガリタリアニズム　151
えり・やな漁業　41
沿岸漁業　41
沿岸漁場整備開発法　124
沿岸水産資源開発区域　186
遠洋（公海）漁業　41
大瀬崎　127
オープン・アクセス　88, 90
沖合漁業　41

〈か行〉

海域管理計画　198, 200
海区漁業調整委員会　69
海区漁業調整規則　69
海面官有宣言および海面借区制　48
海洋管理協議会　110
海洋基本計画　184
海洋基本法　22, 184
海洋産業　239
海洋水産資源開発促進法　71
海洋生物資源の保存及び管理に関する法律　21
海洋生物多様性保全戦略　159, 184
海洋性レクリエーション　123

海洋保護区　101, 113, 175, 183, 237
可航水域　83
価値観　148, 178
貨幣的効率性　149
空釣り漁業　40
環境NGO　88
環境と開発に関する国連会議　158
観察可能な含意　215
乾燥ナマコ　94
管理のあり方　138
管理の"理念"　139
気候変動　206
　　――に関する政府間パネル　206
規制緩和　148
きっかけ　230
基盤サービス　171
供給サービス　171
京都　109
共同管理（コ・マネジメント）　31, 88, 195, 214
共同漁業権　66
共有資源（コモンズ）　214
許可漁業　42
漁獲可能量　37, 75
漁獲構成　35
漁獲プール制　76
漁獲物の栄養段階　172, 177
許可使用　131
漁業　22
　　――管理　17
　　――管理組織　70
　　――管理ツール・ボックス　141, 167
　　――共済制度　73
　　――組合準則　49
　　――経済学会　78
　　――権　49, 66
　　――権漁業　42
　　――権侵害　129
　　――権の物件性　80

――者　24
――水域資源管理協議会　236
――生産力の発展　65
――センサス　225
――調整委員会　225
――調整機構　66, 68
――の危機説　177
――のレジリアンス　244
――法　20
漁区拡張　60
極東委員会　51
魚種交替　114, 121
漁場計画　69
漁場支配権説　79
漁場利用協定　124
漁場利用権説　79
漁船減価償却　118
漁船造修計画　52
漁労　23
近代国家　63
空間スケール　225
区画漁業権　66
口開け日　101
組合管理漁業権　67
経済学的定義（制度の）　12
グループクォータ　146
グローバル競争シナリオ　149
経営支援措置　72
経営者免許漁業権　67
経済学的乱獲　14
経済効率化　85
桁網漁業　96
権利集中　62
権利に基づく漁業管理　172
広域漁業管理体制の発展過程　223
広域漁業調整委員会　69, 225
行為権説　79
公共信託法理　84, 90
公共用物　128
公権　130
公物の自由使用　129
公物法理論　129

公法原理　129
公法・私法の相対化　130
国際自然保護連合　184
国際社会科学会議　243
国土の有効利用　15
国民の政策ニーズ　153
国連海洋法条約　21
御成敗式目　46
国家食料供給保障シナリオ　151
個別漁獲量割当　76
個別漁獲割当　146
コミュニタリアニズム（地域主義）　152
コミュニティークォータ　146
コモンズの悲劇　47
コンセンサスの形成　162

〈さ行〉
再生産性資源　15
最大持続収穫量　157, 174
採捕　23
竿釣り漁業　40
刺網　104
――漁業　40
里海　193
座間味　189
G8サミット　183
時間スケール　226
敷網（しきあみ）漁業　40
事業　23
私権　130
資源　24
――回復計画　72, 119
――管理　17
――管理型漁業　70
――管理協定制度　71
――管理計画　73
――管理指針　74
――評価票　36
――利用者による資源の管理　70
――量の年変動　102
自主協定　134
自主的海洋保護　186

自生的制度　47
自然海浜保全地区　186
自然環境保全地域　186
自然公園　186
自然の条件　26
持続可能な開発に関する世界首脳会議　183
執行コスト　31
指定漁業　68
私的契約　126
私的財産権　57
私的費用と社会的費用の乖離　14
私法原理　129
資本投資　118
社員権説　81
社会学的定義（制度の）　12
社会的共通資本　225
社会の条件　29
Shannonの多様度指数　27
自由競争　85
自由使用　131
種の多様性の緯度勾配　28
順応的戦略　166
順応的能力　165
上位下達（トップ・ダウン）型管理　62
譲渡可能個別漁獲割当　146
譲渡可能性個別割当　86
将来シナリオ　149
将来割引　14
食料安全保障　15
知床世界自然遺産　195
知床世界自然遺産地域多利用型統合的海域管理計画　200
知床100平方メートル運動　195
知床方式　195
新規漁業就業者　38
親告罪　129, 134
人文・社会科学　181
人類学　43
人類生態学　43
水産基本政策大綱　158
水産基本法　21
水産業協同組合法　20

水産資源法　60
水産資源保護法　20
水産政策審議会　69, 225
水産動植物　23
水産物の安全と安心　82
水産物への依存度　29
水面の総合的利用　66
ステュワードシップ　90
ズワイガニ　109
世界科学会議　243
制限主義　79, 133
生産権・アクセス権　81
脆弱性　176
生息地等保護区　186
生態学　43
生態系　156
　——アプローチ　159, 191
　——ガバナンス　168
　——管理　168
　——サービス　156, 171
　——に基づく管理　168
　——の共同管理　195
　——保全　168
　——モニタリングのコスト　201
生態的モザイクシナリオ　152
制度　11
　——の多様性　240
生物学的許容漁獲量　75
生物学的乱獲　13
生物多様性　27
　——基本法　158
　——国家戦略　158
　——条約　158, 183
政府の役割　223
世界自然保護連合　197
責任ある漁業に関する行動規範　158
石油・天然ガス産業　232
セクターのスケール　227
絶滅確率　157
絶滅危惧種　202
絶滅リスク　203
セブ南東部沿岸資源管理協議会　236

筌（せん）漁業　41
潜水料　127
総漁獲努力量　72
総合研究　181
総合的海洋政策　154
総合的漁業調整機構　62
総合的な管理　138
増殖漁業権　126
総有説　81
底びき網　104
　　——漁業　39, 109, 111

〈た行〉
大化の改新　46
大中型まき網漁業　115
対日理事会　51
大宝律令　46
多獲性浮魚類　36
卓越年級群　120
俵物　94
地域に即した取組　190
地球環境ファシリティー　238
蓄養　23
地先権　81, 132
中央集権的国家　63
鳥獣保護区　186
調節・制御サービス　171
釣り漁業　40
定置網　104
　　——漁業　39
定置漁業権　66
定量的な経済分析　19
適応　208
天然果実の原理　82
天然記念物　186
天然資源局　53
天皇杯　96
東京湾　188
統合的沿岸域管理　168
投入産出分析　215
特定区画漁業権　67
特定大臣許可漁業　68

特別使用　131
独立行政法人水産総合研究センター　36
特許主義　79
トップダウン式　88
届出漁業　68
トラフグ　105

〈な行〉
内在的価値　157
内水面漁業　41
南極海洋生物資源保存条約　158
200海里宣言　34
日本型TAC　75
日本漁業の国際的特徴　32
認定協定　76
望ましい生態系の姿　242, 243
ノルウェー漁業者連合　233

〈は行〉
排他的経済水域　26
配分文化　106
はえ縄漁業　40
ハザードマップ　208
ハタハタ　102
　　——資源管理協定　106
バランスのとれた漁業　211
反射的利益　131
東日本大震災　34
避難計画　208
秘密指令（秘密ディレクティブ）　54
評価基準　140
平等主義　151
フォーマルな制度　12
不確実性　14, 157
福利キューブ　243
富国強兵　63
物権取得権・形成権　79
船（ふな）びき網漁業　39, 100
船別割り当て　105
不飽和脂肪酸　30
ブランド価値　96
文化　216

——的サービス　*171*
——的多様性　*15*
変動性　*14*
法系論　*89*
法社会学　*16*
法定主義（所有権漁場主義）　*84*
法定知事許可漁業　*68*
法的アウトサイダー　*124*
法的海洋保護区　*186*
法律による行政の原理　*130*
保護水面　*186*
ホタテガイ　*94*
ポツダム宣言　*51*

〈ま行〉
まき網漁業　*39*
マグナ・カルタ　*90*
マッカーサー・ライン　*60, 125*
万葉集　*45*
ミレニアム生態系評価　*170*
無主物先占　*14*
無制限主義（漁場主義）　*84*
陸奥湾　*94*
村高制　*46*
明治維新　*48*
明治漁業法　*48*
モニタリング　*190*

〈や行〉
遊漁　*123*
——権　*124*
用益権　*81, 133*
養殖　*23*
養老律令　*46*
よそ者　*88*
ヨハネスブルグ行動宣言　*158*

〈ら行〉
リーダーシップ　*216, 229*
リスク　*226*
立法過程　*53*
律令要略　*46*

リバタリアニズム（自由主義）　*150*
領土問題　*212*
冷戦　*63*
レジームシフト　*114*
レジリアンス　*242*
レジリエンス（回復力）　*176*
連合国軍最高司令官　*51*
連合国軍総司令部　*53*
労働生産性　*65*

〈わ行〉
我が国における総合的な水産資源・漁業の管理のあり方　*138*

〈アルファベット〉
Allowable Biological Catch：ABC　*186*
Autonomous MPAs：AMPA　*211*
Balanced Harvesting　*31*
Co-management　*159*
Ecosystem Approach　*171, 191*
Ecosystem Services　*26*
EEZ　*211*
Fisheries Expert Group：FEG　*178*
Fishing Down　*53*
GHQ　*243*
ICSU　*86*
Individual Transferable Quotas：ITQ　*105, 146, 174, 184*
Individual Vessel Quotas：IVQ　*206*
IPCC　*76*
IQ（Individual Quota）　*146, 243*
ISSC　*141*
IUCN　*197, 211*
IUCN漁業専門家グループ　*186*
Legal MPAs：LMPA　*175*
Marine Protected Areas：MPAs　*110*
Marine Stewardship Council：MSC　*98*
Maximum Sustainable Yield：MSY　*83, 157*
MEL-Japan　*170*
Millennium Ecosystem Assessment　*183*
MPA　*174*
navigable water　*27*

OECD *51*
SCAP *97*
Total Allowable Catch：TAC *37, 72, 75*
Total AllowableEffort：TAE *204*
UNESCO 世界遺産センター *176*
Vulnerability *183*
WSSD

著者紹介
牧野 光琢（まきの　みつたく）
1973年生，京都大学農学部水産学科卒，英国ケンブリッジ大学修士（制度学），京都大学博士（人間環境学）
現職　国立研究開発法人　水産研究・教育機構　中央水産研究所　経営経済研究センター　水産政策グループ長
著　書
Fisheries Management in Japan (Springer)

共著書
Governance for Fisheries and Marine Conservation (Willey-Balackwells), World Fisheries: A Social-Ecological Analysis (Wiley-Blackwells), Handbook of Marine fisheries conservation and management (Oxford University Press), 海洋保全生態学（講談社），自然資源経済論入門1：農林水産業をみつめなおす（中央経済社），生態リスクマネジメントの基礎（オーム社），漁業経済研究の成果と展望（成山堂書店），など．

個人 Webpage
https://makino-marine.jimdo.com/

水産総合研究センター叢書
日本漁業の制度分析
漁業管理と生態系保全

2013年7月10日　初版第1刷発行
2018年6月25日　　第5刷発行
　　　定価はカバーに表示してあります

著　者　牧野光琢
発行者　片岡一成
発行所　恒星社厚生閣
〒160-0008　東京都新宿区三栄町8
電話 03 (3359) 7371 (代)
http://www.kouseisha.com/
印刷・製本　(株)デジタルパブリッシングサービス

ISBN978-4-7699-1454-9
Ⓒ　国立研究開発法人　水産研究・教育機構

JCOPY　<(社)出版者著作権管理機構　委託出版物>
本書の無断複写は著作権上での例外を除き禁じられています．複写される場合は，その都度事前に，(社)出版社著作権管理機構（電話 03-3513-6969，FAX03-3513-6979，e-mail:info@jcopy.or.jp）の許諾を得て下さい．

好評発売中！

水産総合研究センター叢書
水産資源のデータ解析入門

赤嶺達郎 著　B5判/180頁
定価（本体3,200円+税）

本書は水産資源のみならず，生物資源管理を十全に行うための基礎となるデータ解析について，対話形式で平易に解説した入門書．これまであまり紹介されていない水産資源解析の歴史や，確率分布を用いた数値計算・モデル構築の基本を丁寧に説明．前著「水産資源解析の基礎」と併用することで，資源解析の全てをマスターできる．

あぁ，そういうことか！ 漁業のしくみ

亀井まさのり著　A5判/144頁
定価（本体2,200円+税）

漁師になりたい！　漁業権があればすぐ漁ができる？　漁業権は自由に売買できる？　遊漁と漁業の違いは？　実際の問い合わせを元に，海や川での漁業に関する疑問・質問にわかりやすくお答えします．法律が細かくて面倒という漁業従事者にも現場で役立つ情報がもりだくさん，そして，漁業のしくみを手早く理解するには最適な入門書．

環境アセスメント学の基礎

環境アセスメント学会編
定価（本体3,000円+税）

本書は，環境アセスメント学会が学会創立10周年を記念して，全力を傾注して編集したもので，環境アセスメントに関する学術的，実務的知見を集大成し，学部，大学院学生，環境アセスメントの専門技術者を目指す方に利用していただく標準的なテキストとして作成．講義用テキストとして活用しやすいよう各章90分講義にあわせ構成した．

〈水産学シリーズ169〉
浅海域の生態系サービス
海の恵みと持続的利用

小路　淳・堀　正和・山下　洋 編
A5判/154頁
定価（本体3,600円+税）

人類が自然（生態系）から享受している恵みを表す生態系サービス．このサービスをいかに持続的に享受していくかが大きな課題となっている．本書は生態系サービスに関する基礎的事柄を解説し，それにふまえ水産資源生産を主題に生態系サービスを論じた唯一の本．巻頭口絵で，ビジュアルに生態系サービスを解説．巻末に重要語解説を付す．

〈水産学シリーズ162〉
市民参加による浅場
の順応的管理

瀬戸雅文 編　A5判/162頁
定価（本体2,900円+税）

本書は，漁場造成に関わるパラダイムの緩やか，かつ速やかな転換を実現するための道標としての役割を担うとともに，漁業者や行政・企業のみならず，一般市民や研究者が，浅場における漁場づくりの意義や，事業目標の達成度を，実感し共有しながら協働するための様々なノウハウを提供する．

恒星社厚生閣